高职高专土建类专业“十四五”规划教材
“互联网+”创新型教材

装配式建筑概论

主　编　罗　琼　李　珂
参　编　温兴宇　王　娜　李　根
　　　　潘柏宇　石恩岭
主　审　黄　敏

武汉理工大学出版社
·武　汉·

内容简介

随着建筑工业化的快速发展,装配式建筑作为一种高效、环保、节能的建筑方式,逐渐成为现代建筑领域的重要发展方向。为顺应这一趋势,本书系统性地介绍了装配式建筑的基本概念、技术原理、设计方法、施工工艺及其应用前景,旨在为读者提供全面而深入的理论与实践指导。

本书分为五大模块。模块一简要介绍装配式建筑的分类,常用的建筑材料、结构构件以及构造等方面的内容。同时,回顾了装配式建筑在国内外的历史发展脉络,分析了当前政策支持与市场需求,展望了其在未来建筑行业中的潜力与挑战。模块二讲解了标准化、模块化设计理念,以及如何通过 BIM(建筑信息模型)技术实现设计与施工的协同。此外,还介绍了装配式建筑设计的流程与要点,包括构件拆分、连接节点设计、结构抗震性能分析等内容。模块三、四、五分别介绍了装配式混凝土结构、钢结构、木结构常用的预制构件及吊装、连接等主要施工工艺流程。全书还配有微课对一些关键知识点进行深入讲解。

本书通过理论与实践相结合的方式,全面展现了装配式建筑的核心内容与技术特点,注重实用性与前瞻性,力求为读者提供全面、系统的知识框架,使其能够深入理解装配式建筑的本质与价值,并在实践中灵活应用。本书不仅适用于高等院校建筑类专业的教学,也可为建筑设计、施工、管理等相关从业人员提供参考,助力建筑行业向工业化、智能化方向转型升级。通过学习和掌握装配式建筑的知识与技术,读者将为推动建筑行业的创新发展贡献自己的力量。

图书在版编目(CIP)数据

装配式建筑概论 / 罗琼, 李珂主编. -- 武汉 : 武汉理工大学出版社, 2025. 5. -- ISBN 978-7-5629-7448-2

Ⅰ. TU3

中国国家版本馆 CIP 数据核字第 2025AQ4874 号

项目负责人:戴皓华　　责任编辑:戴皓华

责任校对:夏冬琴　　排版设计:芳华时代

出版发行:武汉理工大学出版社

社　　址:武汉市洪山区珞狮路 122 号

邮　　编:430070

网　　址:http://www.wutp.com.cn

经　　销:各地新华书店

印　　刷:荆州市精彩印刷有限公司

开　　本:787×1092　1/16

印　　张:12.75

字　　数:326 千字

版　　次:2025 年 5 月第 1 版

印　　次:2025 年 5 月第 1 次印刷

定　　价:49.00 元

凡购本书,如有缺页、倒页、脱页等印装质量问题,请向出版社发行部调换。

本社购书热线电话:027-87384729　87391631　87165708(传真)

前　言

在现代建筑行业迅猛发展的背景下，传统施工方式面临着诸多挑战，如施工周期长、资源消耗大、环境污染严重等问题日益凸显。为了应对这些问题，装配式建筑作为一种新型的建筑模式应运而生，并逐渐成为全球建筑行业的重要发展方向之一。

装配式建筑，是指将建筑的主要构件在工厂内进行预制生产，然后运输到施工现场进行组装的建筑方式。与传统的现场浇筑施工相比，装配式建筑具有施工速度快、质量可控、资源利用率高、环境污染小等显著优势。这些特点使得装配式建筑不仅能够有效提高建筑行业的整体效率，还能够为推动绿色建筑和可持续发展提供强有力的支持。

近年来，随着国家政策的大力推动和技术的不断进步，装配式建筑在我国得到了快速发展。政府相继出台了一系列支持政策，鼓励企业加大研发投入，推广装配式建筑的应用范围。同时，随着建筑工业化、信息化和智能化的深度融合，装配式建筑的技术水平和应用领域也在不断拓展。

然而，尽管装配式建筑具有诸多优势，但其在实际应用中仍面临一些挑战。例如，装配式建筑的初期投资成本较高，技术标准和规范体系尚不完善，以及市场接受度有待提高等问题，都需要我们进一步研究和解决。因此，深入理解装配式建筑的原理、技术与应用，对于推动其健康发展具有重要意义。

本书旨在为读者提供一本全面、系统的装配式建筑概论，内容涵盖了装配式建筑的基本概念、发展历程、技术体系、设计方法、施工工艺等方面。通过本书的学习，读者将能够了解装配式建筑的基本知识和关键技术，了解其在现代建筑中的应用前景，为今后从事相关领域的研究和实践打下坚实的基础。

本书由四川建筑职业技术学院罗琼、李珂、温兴宇、王娜、李根、潘柏宇、石恩岭共同编写，由四川建筑职业技术学院黄敏教授主审。本书在编写过程中参考了大量公开出版的书籍和资料，在此表示由衷的感谢！

由于编者水平有限，书中难免有疏漏之处，恳请广大专家读者批评指正。

编　者

2025 年 2 月

数字资源目录

目　录

模块 1　装配式建筑概述

主要内容

本模块简要介绍了装配式建筑的概念和装配式建筑国内外发展历史及现状，重点介绍了装配式建筑的分类、装配式建筑的特点及装配式建筑的发展前景。

教学目标

1. 了解装配式建筑国内外发展历史；
2. 掌握装配式建筑的分类、特点及发展前景。

拓展延伸

装配式建筑作为建筑领域的一项重大创新，其发展历程展示了科技进步对产业变革的深远影响。这启示学生应树立创新意识，勇于探索未知领域，积极投身于科技创新实践，为推动社会进步贡献力量。同时，装配式建筑具有节能环保的特点，体现了绿色建筑和可持续发展的理念。这引导学生认识环境保护的重要性，增强生态文明意识，倡导绿色生活方式，为建设美丽中国贡献自己的力量。

1.1　装配式建筑的概念及分类

1.1.1　装配式建筑的概念

微课 1：什么是装配式建筑

随着科技的飞速发展，我国建筑业正式迈入工业化时代，装配式建筑作为其中的重要代表，正日益受到广泛关注。装配式建筑通过工厂化、机械化的生产方式，将大量现场作业转移到工厂内完成，使得建造房屋变得像制造汽车一样快速、高效。这种建造方式不仅显著提升了建筑品质和建造效率，还符合全生命周期的绿色理念，有助于节约资源和实现低碳减排。

1. 新型建筑工业化

2011 年，《建筑工业化发展研究》（北方工业大学，纪颖波）通过住房和城乡建设部建筑节能与科技司组织的专家验收，提出了我国建筑工业化的概念。

2013 年 1 月 1 日，国务院转发住房和城乡建设部与国家发展改革委的 2013 年 1 号文件《绿色建筑行动方案》中，明确提到推进“建筑工业化”。再从党的十八大报告中汲取精神，报告中明确提出“新型工业化道路”，即现在的工业化与传统相比，应是新型的工业化。“新型”主要是新在信息化，体现在信息化与建筑工业化的深度融合。

2. 工业化建筑

工业化建筑的主要特征是标准化(含模数化、定型化)设计，机械化施工(含制造过程)，规模化实施，信息化管理。图 1-1 所示为工业化建筑实现路径。

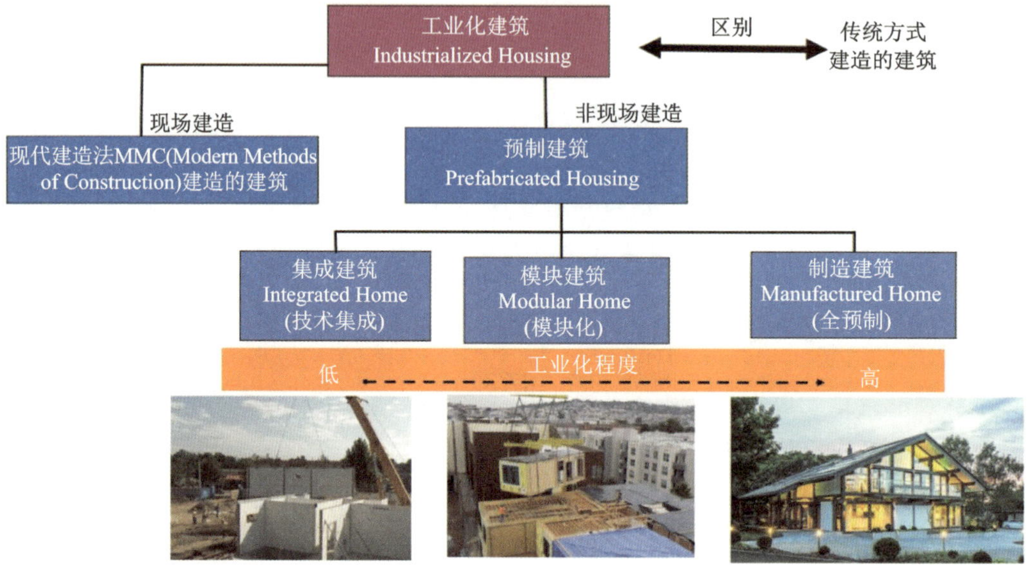

图 1-1　工业化建筑的实现路径

3. 装配式建筑

装配式建筑是工业化建筑的一种。与工业化建筑相比，装配式建筑强调的是施工技术手段、设计方案要满足施工要求，主要特征是系统化设计、模块化拆分、工厂分步制造、现场组装(无二次加工，无湿作业)，是工业化程度较高的建筑。

国内外的一系列政策文件，对装配式建筑进行了明确的定义和规范。2016 年发布的《装配式混凝土建筑技术标准》明确了装配式建筑的概念，强调其结构系统、外围护系统、设备与管线系统、内装系统的主要部分采用预制部品部件集成。而 2018 年生效的《装配式建筑评价标准》则进一步简化了这一概念，将其定义为由预制部品部件在工地装配而成的建筑，包括装配式钢结构建筑、装配式木结构建筑、装配式混凝土结构建筑等。

微课 2:装配式建筑的类型

1.1.2　装配式建筑的分类

装配式建筑按结构材料分类，分为装配式钢结构建筑、装配式木结构建筑、装配式混凝土结构建筑、装配式轻钢结构建筑和装配式复合材料建筑(钢结构、轻钢结构与混凝土结合的装配式建筑)等。

装配式建筑按建筑高度分类，分为低层装配式建筑、多层装配式建筑、高层装配式建筑和超高层装配式建筑。

装配式建筑按结构体系分类，分为框架结构、框架-剪力墙结构、筒体结构、剪力墙结构、无梁板结构、空间薄壁结构、悬索结构、预制钢筋混凝土柱单层厂房结构。

装配式建筑按预制率分类，分为超高预制率(70%以上)、高预制率(50%～70%)、普通预制率(20%～50%)、低预制率(5%～20%)和局部使用预制构件(0%～5%)几种类型。

不同的装配式建筑类型决定了建筑材料的多样性。目前，装配式建筑主要有三种技术模式：装配式钢结构建筑、装配式木结构建筑、装配式混凝土结构建筑。

1. 装配式钢结构建筑

根据 CSA(加拿大标准协会)标准的解释,钢结构建筑是以钢材为结构构件加上相应的连接件和相关建筑部品,组装而成的完整的建筑实体。

(1)装配式钢结构建筑材料

钢结构建筑的构成可分为结构系统、外围护系统、内装系统、设备管线系统四大部分。其中结构系统主要包括梁柱体系、楼板体系、楼梯体系三个部分,为主要受力构件。外围护系统主要包括建筑外墙、屋面、外门窗及附属物,主要起围护内部结构构件、抵抗外界水平力和保温隔热等作用,如表 1-1、表 1-2 所示。

表 1-1　装配式钢结构建筑构成

构成	结构系统	外围护系统	内装系统	设备管线系统
主要部分部件	梁柱、楼板、楼梯	建筑外墙、屋面、外门窗及附属物	楼地面、墙面、轻质隔墙、吊顶、内门窗、厨房、卫生间等	给水排水、供暖通风空调、电气和智能化、燃气等设备与暖线组合

表 1-2　装配式钢结构建筑配套部品部件分类明细表(部分)

<table>
<tr><th>类号</th><th>功能类别</th><th>序号</th><th>工序类别</th><th>部品类别</th></tr>
<tr><td rowspan="23">C01</td><td rowspan="23">场平功能</td><td rowspan="8">C0101</td><td rowspan="8">场景布置</td><td>临建房屋</td></tr>
<tr><td>施工围挡</td></tr>
<tr><td>施工大门</td></tr>
<tr><td>洗车设备</td></tr>
<tr><td>旗杆</td></tr>
<tr><td>钢筋加工棚</td></tr>
<tr><td>场内交通设施</td></tr>
<tr><td>户外安保岗亭</td></tr>
<tr><td rowspan="6">C0102</td><td rowspan="6">安全文明施工</td><td>成品马道</td></tr>
<tr><td>脚手架</td></tr>
<tr><td>配电箱房防护栏</td></tr>
<tr><td>临边防护栏</td></tr>
<tr><td>降尘喷雾机</td></tr>
<tr><td>环境监测设备</td></tr>
<tr><td rowspan="5">C0103</td><td rowspan="5">施工设备与机械</td><td>塔吊</td></tr>
<tr><td>吊车</td></tr>
<tr><td>施工电梯</td></tr>
<tr><td>施工吊篮</td></tr>
<tr><td>钢筋加工设备</td></tr>
<tr><td rowspan="3">C0104</td><td rowspan="3">施工机具</td><td>测量仪器</td></tr>
<tr><td>手动工具</td></tr>
<tr><td>电动工具</td></tr>
<tr><td rowspan="2">C0105</td><td rowspan="2">可视化与信息化</td><td>监控系统</td></tr>
<tr><td>闸机</td></tr>
</table>

续表 1-2

类号	功能类别	序号	工序类别	部品类别
C02	基坑基础	C0201	基础	地下外墙支撑
				模板
				方木
				套筒
C03	主体钢构	C0301	钢结构	钢结构梁柱
		C0302	楼梯	钢结构楼梯
				楼梯踏步
				预制混凝土(PC)楼梯
		C0303	钢板剪力墙	组合钢板剪力墙
				延性钢板剪力墙
		C0304	阻尼器与屈曲支撑	阻尼器
				屈曲支撑
		C0305	楼板	钢筋框架楼承板
				叠合楼板
				预应力带肋混凝土(PK)叠合楼板
				楼板支撑及模型
C04	围护墙体	C0401	外墙	砂加气(AAC)条板
				PC 外墙板
				保温装饰一体板
		C0402	内墙	砂加气砌块
				砂加气内隔墙板
				泡沫混凝土轻质隔墙
				中空轻质隔墙
		C0403	门窗	窗户
				单元门
				入户门
				防火门

续表 1-2

类号	功能类别	序号	工序类别	部品类别
C05	机电系统	C0501	给水排水	供水设备
				仪表
				阀门
				污水系统
				排水设备
		C0502	供热供暖	散热器
		C0503	电气系统	配电箱柜
				接线盒
				桥架线槽
				灯具灯饰
		C0504	通风及空调	通风系统
				空调系统
		C0505	消防系统	消防水系统
				锅炉房水喷雾系统
				配电室气体灭火系统
				消防分区及隔断系统
				消防报警及控制系统
		C0506	管线综合	综合支吊架
		C0507	弱电系统	可视对讲门禁系统
				户内呼救报警系统
				小区周边防范报警系统
				闭路电视监控系统
				保安巡更系统
				停车场管理系统
				小区背景音乐系统
		C0508	智能家具	智能家居
		C0509	乘用电梯	客用电梯

续表 1-2

类号	功能类别	序号	工序类别	部品类别
C06	装饰装修	C0601	地面装饰	架空地板
				瓷砖
				石材
		C0602	墙面装饰	轻钢龙骨
				水泥压力板
		C0603	顶面装饰	吊顶龙骨
				石膏板
		C0604	卫生间	整体卫浴
				卫生洁具
				卫浴五金
				热水器
		C0605	厨房	橱柜
				烟机
				灶具
		C0606	家具	沙发
				茶几
				餐桌
				餐椅
				床
				床头柜
				衣柜
				书柜
				电视柜
				鞋柜
C07	室外装配	C0701	小区配套	小区标识路牌
				车库标识路牌
				信报箱
				栏杆扶手
C08	园林景区	C0801	园林绿化	乔木苗木
				灌木苗木
		C0802	小区照明	小区路灯

(2)装配式钢结构建筑构造

目前,装配式钢结构建筑主要有:钢管混凝土装配式建筑体系、新型模块化钢结构建筑体系、钢管混凝土组合异形柱结构体系、整体式空间钢网格盒式结构体系、钢管束组合剪力墙结构体系。

①钢管混凝土装配式建筑体系。该体系以钢管混凝土为基本受力构件,同时设置钢板、核心筒、钢支撑等抗侧力构件。其围护结构以轻质混凝土砌块或新型轻质墙板为主,新型轻质墙板根据构造方式分为内嵌式、外挂式以及嵌挂结合式。内嵌式墙板需要设置钢支撑,施工工序复杂,限制了其应用推广。外挂式墙板有轻质混凝土夹芯板、太空复合板、增强夹芯板。嵌挂结合式墙板有 DK 复合板、ALC 板等。该体系使用装配化的楼板,免去了支模施工工序,实现了部分装配化。钢管混凝土装配式建筑体系与传统的钢柱建筑和钢筋混凝土建筑相比,装配化率达到 70%左右,力学性能、抗震性能和热工性能优良,具有节省钢材、造价较低、施工工期短等优点。但是,钢管混凝土装配式结构没有实现主体结构系统与外围护系统、内部管线设备系统的一体化建造。楼板施工中的水电管线等设备大都需要敷设在现浇层内,这还有待研究开发。

②新型模块化钢结构建筑体系。该体系一般用于工业建筑,装配化率超过 90%。该体系目前主要有两类:模块化和盒子建筑。

模块化钢结构建筑体系的主体结构包括装配式主板和斜向支撑。装配式主板由工厂预制好,并与斜向支撑立柱共同组成空间受力体系。装配式主板由压型钢板组合板、支撑钢桁架组成,装配式主板内部嵌入空调、消防、水电等管线设备。该体系具有施工速度快、现场安装无垃圾等优点。同时,建筑的户型以及门窗的位置可自由改变。但该结构还存在结构受力构件裸露以及隔音效果差等问题。

盒子建筑,是先将传统建筑房间按功能区域进行划分,由工厂提前预制好模块的立柱、墙体、楼板、门窗等构件,然后将箱型模块运输到现场进行整体吊装组合,其装配化程度高,建筑自重轻,工期短。盒子建筑在国内应用较少,目前还在研究阶段。对工厂要求较高,由于构件尺寸较大,运输、吊装、施工都有困难,成本较高等是制约盒子建筑发展的原因。

③钢管混凝土组合异形柱结构体系。钢管混凝土组合异形柱结构体系竖向构件相互连接,并按设计要求设置纵、横向加劲肋,从而能够使各异形柱之间形成有效的空间格构式整体结构,相互之间协同工作,具有很强的抗震能力。异形柱的截面尺寸较小,方便隐藏在墙体内部,房间布置灵活;钢异形柱较常规混凝土墙柱,承载力和构件延性更好,施工效率更高;在地震多发地区,对建筑抗震要求较高,采用钢管混凝土异形柱,不但能提供优美的建筑空间,也能保证良好的抗震性能。该结构体系具有以下缺点:较常规钢结构,用钢量增大;较常规钢管混凝土柱,由于此类构件空腔数量较多、截面较小,因此对混凝土作业的质量要求更高,人工及材料成本有一定的上升;组合截面在工厂生产过程中,在具备完整的机械化生产线前,人工及时间成本较高,且焊接次数较多,焊缝较多,质量较难控制,同时检测成本也相应提高。该体系可用于小高层项目中。

④整体式空间钢网格盒式结构体系。空间钢网格盒式结构多应用于高层建筑中(图 1-2)。空间钢网格(单层、双层空腹)力学效应等效为空间网格板,竖向与横向的空间网格板组成空间网格盒式结构,它具有“板”的力学效应。空间钢网格板,由工厂焊接或拼装单元,在节间中央弯矩最小处采用高强螺栓等强连接后形成整体,现场可杜绝电焊,防止火灾。空间钢网

格结构或钢框架-核心筒结构作为竖向承重外墙及分户墙，横向钢网格楼盖作为建筑的楼板，两者连接后就形成了三维受力结构。空间钢网格结构或钢框架-核心筒结构可以根据建筑功能自由划分，居室布置较为灵活。

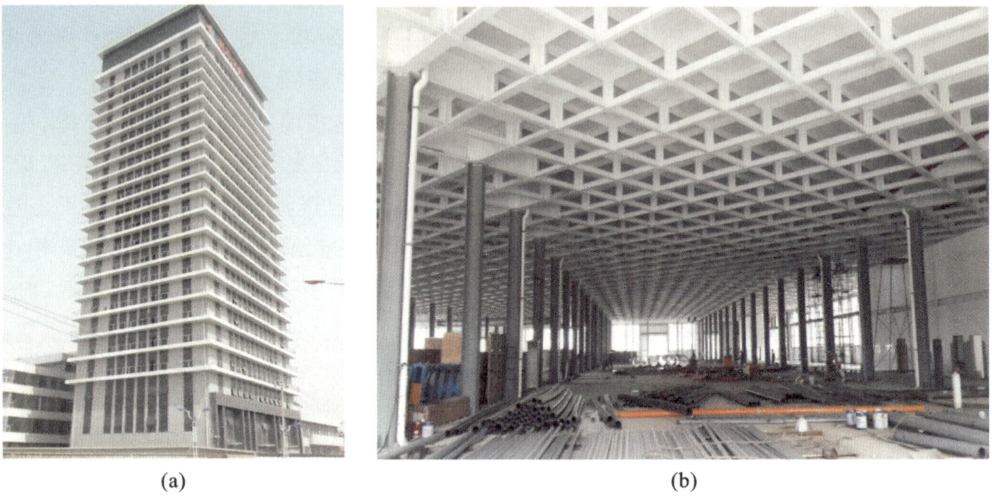

图 1-2 钢网格盒式结构实例

(a)唐山新型盒式结构建成实景；(b)多层大跨度钢网格盒式结构实例

⑤钢管束组合剪力墙结构体系(图 1-3)。该体系由钢管束剪力墙作为竖向承重构件，钢筋桁架作为楼板体系。在钢管束内浇筑混凝土，使钢管束和混凝土协同工作。同时，可根据需要将钢管任意排列，解决了梁柱在室内容易暴露的问题。其缺点是用钢量多，施工工作量大。

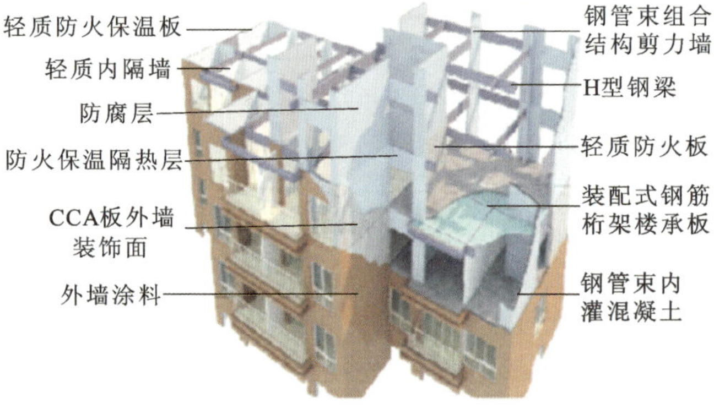

图 1-3 钢管束组合剪力墙结构体系

2. 装配式木结构建筑

装配式木结构是指以木材为主要受力体系的工程结构。与其他材料建造的结构相比，木结构具有资源再生、绿色环保、保温隔热、轻质、美观、建造方便、抗震和耐久等许多优点。现代装配式木结构建筑与我国传统的木结构建筑相比，虽然主要材料都是木材，但是在结构体系、建筑材料、连接方式上有本质的区别。

从结构上看，传统的木结构建筑主要采用梁柱式的建筑体系，而现代木结构选择更加宽泛，可采用方木原木结构、胶合木结构以及轻型木结构；从建筑材料上看，传统的木结构多采用未经加工的原木，而现代木结构使用的木材都是经过一系列加工处理后的，木材材料和规格也会有所不同，现代木结构所用的材料不仅有天然木材，还有许多新型木产品，如结构胶合材、层板胶合木、工字型梁和木桁架等；从连接方式上看，传统木结构基本上采用了榫卯连接，而现代木结构的连接处是由金属连接件连接而成。

3. 装配式混凝土结构建筑

装配式混凝土结构是由预制混凝土构件通过可靠的连接方式装配而成的混凝土结构，包括装配整体式混凝土结构、全装配混凝土结构。

装配整体式混凝土结构是由预制混凝土构件通过可靠的方式进行连接并与现场后浇混凝土、水泥基灌浆料形成整体的装配式混凝土结构，如图 1-4 所示。全装配混凝土结构是全部由预制构件装配形成的混凝土结构，如图 1-5 所示。本书主要介绍装配整体式混凝土结构。

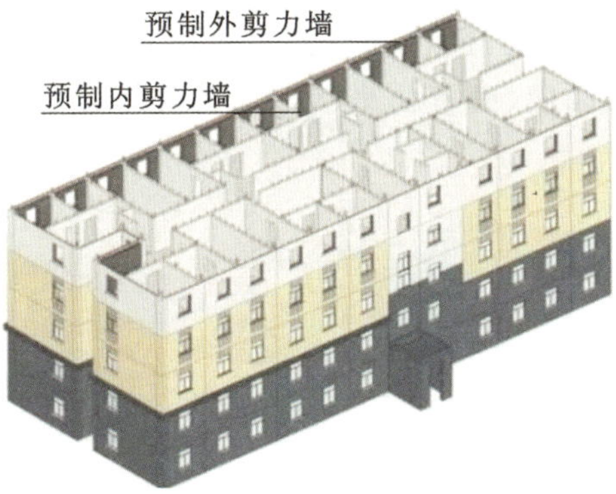

图 1-4　装配整体式剪力墙结构体系

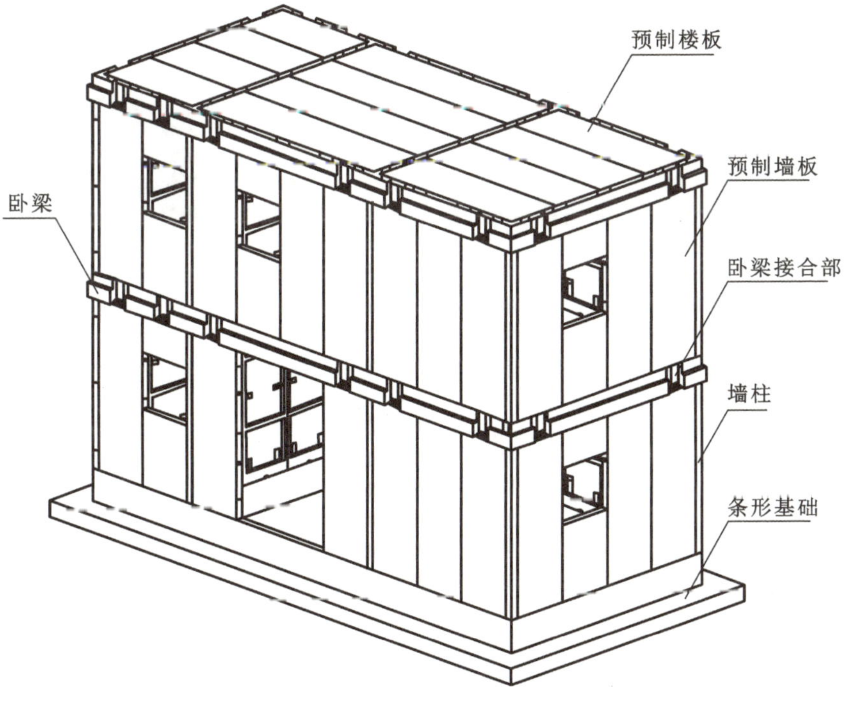

图 1-5　螺栓连接全装配式剪力墙体系示意图

装配式混凝土结构体系一般可概括为装配式混凝土剪力墙结构体系、装配式混凝土框架结构体系、装配式混凝土框架-剪力墙结构体系、装配式预应力混凝土框架结构体系等。结构体系的选择可根据具体工程的高度、平面、体型、抗震等级、设防烈度及功能特点来确定。

(1)装配式混凝土剪力墙结构体系

装配式混凝土剪力墙结构体系为工程主要受力构件(剪力墙、梁、板)部分或全部由预制混凝土构件(预制墙板、叠合梁、叠合板)组成的装配式混凝土结构。其工业化程度高,房间空间完整,几乎无梁柱外露,可选择局部或全部预制,适用于住宅、旅馆等小开间建筑。

(2)装配式混凝土框架结构体系

装配式混凝土框架结构体系为混凝土结构全部或部分采用预制柱或叠合梁、叠合板、双T板等构件,竖向受力构件之间通过套筒灌浆形式连接,水平受力构件之间通过套筒灌浆或后浇混凝土形式连接,节点部位通过后浇或叠合方式形成可靠传力机制,并满足承载力和变形要求的结构形式。装配式混凝土框架结构体系工业化程度高,内部空间自由度好,可以形成大空间,满足室内多功能变化的需求,适用于办公楼、酒店、商务公寓、学校、医院等建筑,如图1-6所示。

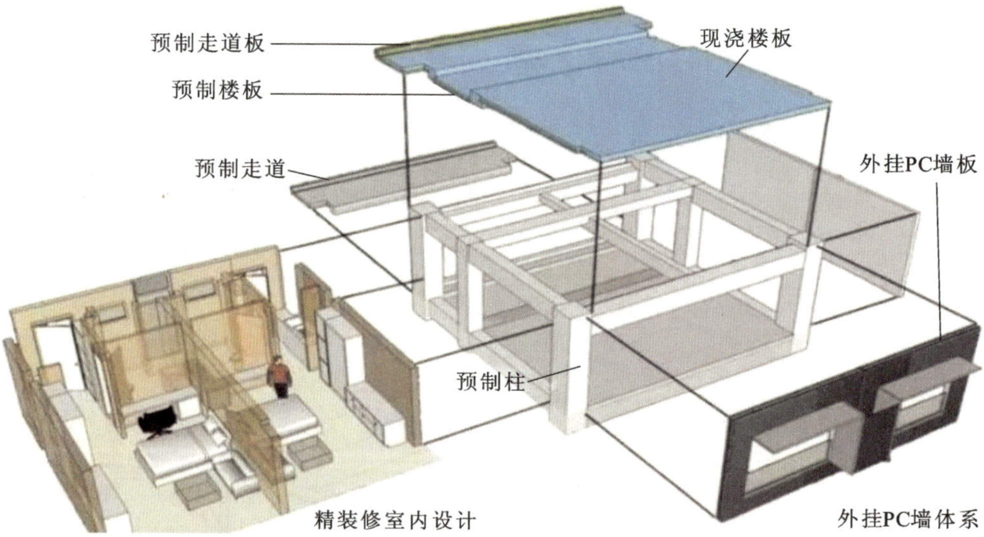

图1-6 装配式混凝土框架结构体系

(3)装配式混凝土框架-剪力墙结构体系

装配式混凝土框架-剪力墙结构体系是由框架与剪力墙组合而成的装配式结构体系,是将预制混凝土柱、预制梁,以及预制墙体在工厂加工制作后运至施工现场,通过套筒灌浆或现浇混凝土等方法装配形成整体的混凝土结构形式。该体系工业化程度高,内部空间自由度较好,适用于高层、超高层的商用与民用建筑,如图1-7所示。

(4)装配式预应力混凝土框架结构体系

装配式预应力混凝土框架结构体系是指一种装配式、后张、有粘结预应力混凝土框架结构形式。建筑的梁、柱、板等主要受力构件均在工厂加工完成,预制构件运至施工现场吊装就位后,将预应力筋穿过梁柱预留孔道,对其实施预应力张拉预压后灌浆,构成整体受力节点和连续受力框架。该体系在提升承载力的同时,能有效节约材料,可实现大跨度并最大限度地满足

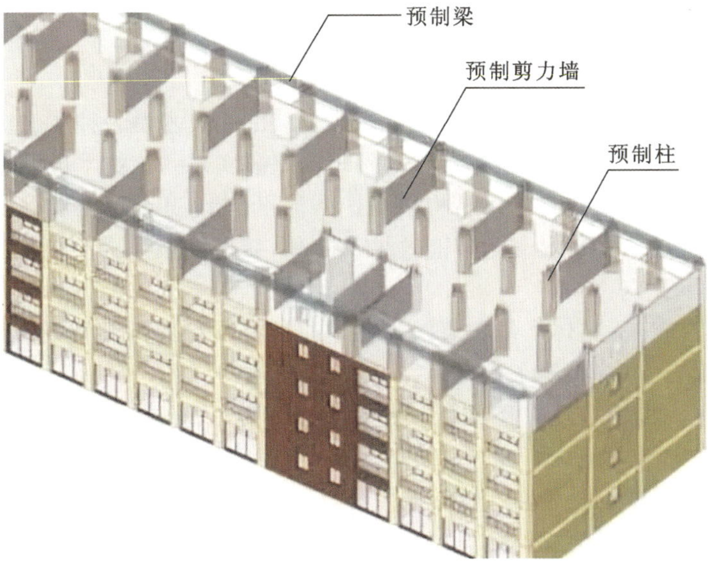

图 1-7　装配式混凝土框架-剪力墙结构体系

建筑功能和空间布局。预应力框架的整体性及抗震性能较佳，有良好的延性和变形恢复能力，有利于震后建筑物的修复。

在装配式预应力混凝土框架结构体系中，装配式预应力双 T 板结构体系应用较为广泛，如图 1-8 所示，其梁、板结合的预制钢筋混凝土承载构件由宽大的面板和两根窄而高的肋组成。其面板既是横向承重结构，又是纵向承重肋的受压区。在单层、多层和高层建筑中，双 T 板可以直接搁置在框架梁或承重墙上作为楼板或屋盖结构。预应力双 T 板跨度可达 20 m 以上，如用高强轻质混凝土，跨度则可达 30 m 以上。

图 1-8　装配式预应力双 T 板结构

1.2 装配式建筑的特点

装配式建筑的优点可以从其技术上进行探讨。装配式技术是一种在建筑工程中应用标准化、装配化施工方式的技术，主要通过预制构件现场组装实现。该技术可以使建筑主体在工厂内完成制作，并通过现场拼装将主体结构与围护结构相连接，甚至可完成整体拆卸。与传统施工方法相比，装配式技术具有显著的节能效果。此外，装配式技术需要应用大量模板、钢筋等材料，因此具有以下优点：

①有效提高建筑工程整体质量。装配式技术通过将预制部件和现场施工结合使用，不仅可以保证建筑质量，还可提高施工效率。

②有效降低施工成本。随着我国经济水平日益提高，装配式建筑得到迅速发展。这种技术的应用可以有效降低建筑施工成本，促进建筑行业持续健康快速发展。

③减少拆除次数和环境污染。传统施工方法中需要对建筑物进行大量的拆除工作，而装配式技术可以减少拆卸次数、降低拆房成本，有效降低环境污染程度，并减少建筑垃圾的产生。

尽管装配式建筑具有诸多优点，但同样存在一些缺点，具体如下：

①运输成本提高。与传统建筑工程相比，装配式建筑的造价可能会高出许多。这是因为装配式建筑涉及预制构件的生产、运输和现场组装等多个环节，每个环节都可能增加成本。特别是当工厂与施工现场距离较远时，运输成本会显著增加。

②技术要求高。装配式建筑对放线准确度和标高测量精度要求较高。由于预制构件的尺寸已经定死，如果放线时尺寸不准确，将影响构件的安装。同时，对预留孔洞位置精度也有较高要求，否则需要额外的施工来弥补误差，增加施工难度。

③尺寸限制。由于构件的大小和形状不一，生产大型或特殊形状的构件可能会受到限制。这可能导致一些设计上的灵活性降低。

④应用领域相对较小。尽管装配式建筑受到国家的大力推广，但目前其在建筑总高度以及层高上仍受到一定限制，因此其应用领域相对较小。

⑤抗震性较差。装配式建筑的整体性和刚度相对较弱，因此其抗震性能可能不如传统建筑。这需要在设计和施工中特别注意。

⑥维修与更换不便。装配式建筑中的某些部件，如外墙板缝处理采用的耐候胶，一旦老化需要更换时，施工可能较为困难。

⑦施工精度要求高。装配式建筑对施工精度的要求非常高，包括构件的尺寸、角度、连接点等都需要精确控制，否则可能会影响整个建筑的质量。

⑧依赖工厂生产。装配式建筑高度依赖工厂生产预制构件，如果工厂生产出现问题或供应链中断，可能会对整个工程进度产生严重影响。

1.3　装配式建筑国内外发展历史及现状

1.3.1　国外装配式建筑发展历史

国外装配式建筑发展历史可以分为 4 个阶段。

1. 早期起源(19 世纪初)

木制结构装配式住宅:19 世纪初至 19 世纪 20、30 年代的装配式住宅主要是木制结构,这些结构被广泛预制,与现场制作相比显著减少了劳动力和时间。曼宁小屋是当时具有代表性的便携式殖民小屋,如图 1-9 所示。英国殖民运动促进了建筑钢铁制造业的发展,那时的门楣、窗、梁、桁架等预制部件在车间生产和组装,然后运到工地,装配成不同的结构和封闭系统。

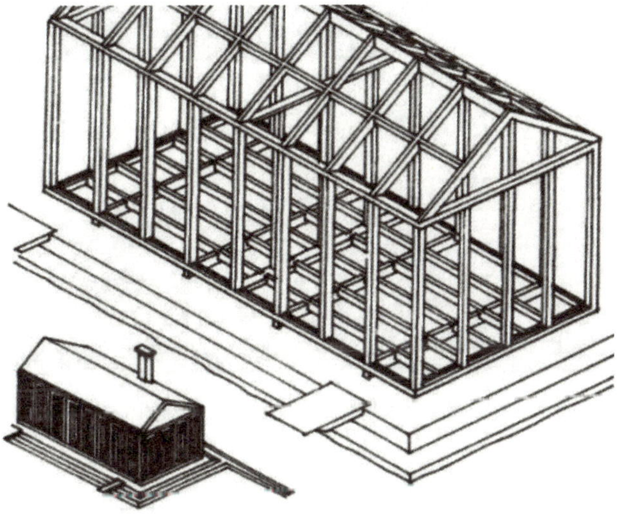

图 1-9　曼宁小屋框架及外观图

微课 3:装配式建筑发展现状及发展前景

1833 年美国人奥古斯汀·泰勒在芝加哥迪尔伯恩堡建设圣玛丽教堂时,借鉴气球框架,制作了预制框架构件。

2. 技术突破与创新(19 世纪中后期)

铸铁与玻璃的应用:1851 年英国世界博览会前夕,现有的古典建筑方案不仅难以提供足够的展馆空间,甚至不能在博览会开幕前如期建成,欧洲各国建筑师纷纷出谋献策。无奈之下的维多利亚女王采用了花匠的方案:用铸铁和玻璃打造一个大型"花房"。铸铁梁柱在工厂制作,玻璃幕墙按玻璃工厂最大的规格制作,运到现场装配,最终 6 个月内完成了建设,解决了人空间和工期紧的难题。这是第一座大型现代建筑,也是装配式建筑的开山之作,由于建筑效果美观,展馆获得了"水晶宫"(The Crystal Palace)的美誉,如图 1-10 所示。

1871 年的大火让芝加哥首先尝试了建造钢铁结构的建筑,进而为现代建筑学的发展提供了有益的尝试。铸铁建筑作为钢结构建筑的先驱,通过标准化生产、规模经济,节省了时间和成本。

图 1-10　第一座装配式大型公共建筑——伦敦水晶宫(图片来自网络)

1896 年,美国著名建筑师、芝加哥学派代表人物沙利文设计了圣路易斯温莱特大厦,它是铁骨架结构加上石材、玻璃表皮的装配式建筑。这座装配式高层建筑是美国摩天大楼的里程碑,如图 1-11 所示。

图 1-11　美国最早的高层装配式建筑——温莱特大厦

混凝土与钢筋的发明：罗马人最早利用火山灰、石灰、石子和水等搅和在一起发明了早期混凝土，为大跨度建筑提供了可能，也开创了世界建筑史上划时代的创举，但后来混凝土发展应用消失了 13 个世纪，直到 1756 年，英国工程师约翰·斯米顿应用水硬性石灰产生了混凝土。1824 年英国的阿斯普丁(Aspdin)获得“波特兰水泥”专利，标志着水泥的发明。此后，水泥以及混凝土开始广泛应用到建筑上。19 世纪中期约瑟夫·莫尼尔制造出钢筋混凝土花盆，他在 1867 年获得专利权并建造了首座钢筋混凝土桥。混凝土中放入钢筋并在建筑中使用，使得建设高楼大厦成为可能。

3. 工业化与标准化(20 世纪初)

先进的浇注技术和原材料的可用性使混凝土具有了各种各样的功能。

1908 年，托马斯·爱迪生发明了一种钢筋混凝土房屋原型，使用铸铁模板技术生产了 Single-pour 房子(图 1-12)。斯图加特建筑展中的住宅建筑、法国 Mopin 多层公寓等是这一时期装配式建筑的代表性建筑。

1931 年，纽约帝国大厦竣工。这座被誉为“现代七大工程奇迹”之一的摩天大楼也采用了装配式工艺，采用“钢结构＋石材幕墙”设计，全部工期仅 410 天，平均 4 天建成一层楼。如图 1-13 所示。

图 1-12　爱迪生设计、浇注的混凝土建筑

图 1-13　采用“钢结构＋石材幕墙”设计的纽约帝国大厦

第二次世界大战后，返乡士兵使住房市场需求增加。1946 年，美国政府通过了紧急住房法案(VEHA)，在两年内授权生产 850000 套预制房屋。这一举措在战后的住宅设计中引发了多种设计理念，其中包括建筑师瓦尔特·格罗皮乌斯和康拉德·瓦克斯曼“预制房屋”的提议。新型建材的出现，新的需求使得有些房屋需要大跨度和幕墙开口、需要采用梁柱设计和大片玻璃，有些房屋设计则需要在一个刚性网格上建造，并具有标准化的机械和管道系统。传统建筑技术无法满足这些新的要求，于是人们着手研究新技术、新方法，制订装配式技术规范，并形成

各种建筑体系。建筑机械化使得大量生产和使用钢、幕墙、PC 构件等装配式房屋成为可能，大批量的生产和采购，降低了建筑成本。

1954 年，苏联在著名领导人赫鲁晓夫的要求之下，发明了一种可“复制粘贴”的建筑模板——预制件均为工厂流水线生产的标准件，采用统一的工业化建造方式，所有楼房统一规格，成本较低。“赫鲁晓夫楼”很大程度上奠定了早期预制装配式建筑规模化的基础，如图 1-14 所示。

图 1-14　1954 年苏联典型的赫鲁晓夫楼

20 世纪 50 年代，世界四大著名建筑大师之一的勒·柯布西耶设计了马赛公寓，采用了大量预制清水混凝土构件，如图 1-15 所示。勒·柯布西耶还为印度规划设计了昌迪加尔城，也大量采用了预制构件。

1968 年，“住宅产业”的概念开始在日本出现；1972 年，著名的舱体大楼落地东京，该装配式建筑所有家具设备都实现了单元化，140 个舱室错落有致、构思新奇，如同一座巨型“乐高积木”公寓，如图 1-16 所示。

图 1-15　采用了大量预制混凝土构件的马赛公寓

图 1-16　坐落于东京的舱体大楼

美国最早的装配式混凝土高层住宅之一费城社会岭公寓(Society Hill Towers)，由著名建筑师贝聿铭设计，这也是一个代表性的旧城改造项目，利用装配式技术的低成本、高效率优势，来解决城市人口居住问题，如图 1-17 所示。

图 1-17　1964 年贝聿铭设计的费城社会岭公寓

4. 多样化与个性化(20 世纪中后期至今)

20 世纪中后期至今，国外装配式建筑进入了全新的发展阶段，这一时期的装配式建筑发展表现出了几个显著的特点和趋势。

(1)行业标准与规范的建立

美国：20 世纪 70 年代能源危机期间，美国开始实施配件化施工和机械化生产，并出台了一系列严格的行业标准规范，这些规范一直沿用至今，并与后来的美国建筑体系逐步融合。

其他国家：如日本、德国、法国等都在这一时期或稍晚些时候，建立了各自的装配式建筑标准和规范，以确保建筑质量和安全。

(2)技术创新与工业化生产

这一时期更多地应用了预制与现浇相结合的技术，并形成了主导体系，装配式建筑标准体系开始从专用体系向通用体系发展。

1973 年建成的悉尼歌剧院也是 20 世纪装配式建筑典型代表之一。约翰·伍重设计的曲面造型以当时的技术靠现浇很难实现，采用装配式技术才解决了施工难题。该建筑曲面薄壳是装配式叠合板，外围护墙体是装饰一体化外挂墙板，如图 1-18 所示。

1992 年建成的凤凰城图书馆带来了技术革新。它是采用全装配式柱梁结构的建筑，预制柱采用螺栓连接(干式连接)，如图 1-19 所示。欧洲国家的许多装配式建筑都采用了全装配式技术。

图 1-18　悉尼歌剧院

图 1-19　凤凰城图书馆

美国：大城市住宅的结构类型以装配式混凝土结构和装配式钢结构为主，小城镇则多以轻钢结构、木结构住宅体系为主。住宅用构件和部品的标准化、系列化、专业化、商品化、社会化程度很高，几乎达到100%。

瑞典：开发了大型混凝土预制板的工业化体系，大力发展以通用部件为基础的通用体系，住宅预制构件达到了95%之多。

法国：装配式建筑以预制装配式混凝土结构为主，钢结构、木结构为辅。多采用框架或板柱体系，焊接、螺栓连接等均采用干法作业，结构构件与设备、装修工程分开，减少预埋，生产和施工质量高。

(3)政策推动与市场发展

日本：通过立法和认定制度大力推广住宅产业化，20世纪60、70年代出台的《建筑基准法》成为日本大规模推行产业化的节点。到20世纪90年代，采用产业化方式生产的住宅占竣工住宅总数的25%～28%。

德国：提出了零能耗的被动式建筑，并采用了装配式住宅来实施，装配式住宅与节能标准相互之间充分融合。

(4)国际合作与交流

这一时期，各国在装配式建筑领域也加强了国际合作与交流，共同推动装配式建筑技术的发展和应用。例如，美国乐高公司宣布进军装配式建筑领域，将建筑业的全球标准与乐高玩具模块有机结合，建造的建筑将优先服务于孩子。

1.3.2 我国装配式建筑发展历史

相较于西方国家的快速发展，我国装配式建筑发展起步相对较晚，20世纪50年代，我国开始推行装配式建筑，装配式建筑得到快速发展，其结构形式主要以混凝土结构为主。

1. 起步阶段(20世纪50年代)

在这一时期，我国开始尝试发展装配式建筑技术，主要是为了推动建筑工业化进程。通过学习苏联经验，我国开始建立装配式建筑技术体系，如大板住宅体系、大模板“内浇外挂”住宅体系和框架轻板住宅体系等。同时，预制构件生产技术也取得了长足进步，为装配式建筑的发展奠定了基础。1959年，我国最早的装配式建筑——北京民族饭店，如图1-20所示，仅用了10个月就顺利完工，这标志着我国装配式建筑技术的初步应用。

图1-20 北京民族饭店(12层，首个装配式框-剪结构)

2. 持续发展阶段(20 世纪 60 年代至 80 年代初)

在这个阶段,我国的装配式建筑进入了快速发展期。随着正规构件厂的建立和机械设备的引进,多种混凝土装配式建筑体系得到了广泛应用。北京等地从东欧引入了装配式大板住宅体系,建设了大量的装配式建筑。同时,全国范围内也形成了大量的预制构件厂,装配式建筑技术得到了广泛推广,如图 1-21 所示。

图 1-21　20 世纪 60 年代我国的装配式混凝土结构

3. 低潮阶段(20 世纪 80 年代末至 2010 年)

20 世纪 80 年代末至 2010 年这一时间段,装配式建筑的发展遭遇了挫折。由于唐山大地震等自然灾害的影响,人们对预制板的抗震性能产生了担忧,如图 1-22 所示,加之大板住宅建筑出现了一系列问题,如渗漏、隔音差、保温差等,导致装配式建筑在建设中的比例逐渐减少。同时,随着建筑设计逐步多样化、个性化,现浇结构得到了更广泛的推广应用。

图 1-22　唐山大地震后大面积受损的房屋

4. 新发展阶段(2010 年至今)

近年来,随着国民经济的发展和人民生活水平的提高,人们对住宅建筑品质的要求也日益提高。装配式建筑以其绿色施工、环保高效的特点,再次迎来了新的发展机遇。如表 1-3、表 1-4 所示,中央及各地方政府出台了一系列政策文件和执行标准,明确推动建筑工业化,形成了多种形式的装配式建筑技术。这些新技术不仅提高了施工效率,还提升了建筑品质,符合当前绿色建筑和可持续发展的要求。图 1-23 所示为部分地区对 2025 年装配式建筑面积占新建建筑面积的比例规定。通过对比各省市装配式建筑产业发展目标,同样可以看出各地的发展目标差异较大。如江西等一些中西部地区装配式建筑产业发展目标为 2020 年占比达到 30%以上,提前 5 年实现全国 2025 年发展目标。而宁夏等经济欠发达地区,2020 年发展目标均设定为 10%。值得一提的是,虽然广东珠三角城市群 2020 年装配式建筑产业发展目标设定仅为 15%,但 2025 年发展目标为 35%,后续发展速度加快。

表 1-3 2016—2024 年国家层面有关装配式建筑行业的政策重点内容

发布时间	政策	内容
2024/5/23	《2024—2025 年节能降碳行动方案》	加快建造方式转型。严格执行建筑节能降碳强制性标准,强化绿色设计和施工管理,研发推广新型建材及先进技术。大力发展装配式建筑,积极推动智能建造,加快建筑光伏一体化建设。因地制宜推进北方地区清洁取暖,推动余热供暖规模化发展
2024/3/12	《加快推动建筑领域节能降碳工作方案》	推进绿色低碳建造,加快发展装配式建筑,提高预制构件和部品部件通用性,推广标准化、少规格、多组合设计。严格建筑施工安全管理,确保建筑工程质量安全。积极推广装配化装修,加快建设绿色低碳住宅。发挥政府采购引领作用,支持绿色建材推广应用
2022/5/6	《关于推进以县城为重要载体的城镇化建设的意见》	大力发展绿色建筑,推广装配式建筑、节能门窗、绿色建材、绿色照明,全面推行绿色施工
2022/4/25	《国务院办公厅关于进一步释放消费潜力促进消费持续恢复的意见》	推动绿色建筑规模化发展,大力发展装配式建筑,积极推广绿色建材,加快建筑节能改造
2022/3/1	住房和城乡建设部《"十四五"建筑节能与绿色建筑发展规划》	到 2025 年,城镇新建建筑全面建成绿色建筑,建筑能源利用效率稳步提升,建筑用能结构逐步优化,建筑能耗和碳排放增长趋势得到有效控制,基本形成绿色、低碳、循环的建设发展方式,为城乡建设领域 2030 年前碳达峰奠定坚实基础
2021/7/5	《住房和城乡建设部 2021 年政务公开工作要点》	做好推动智能建造与新型建筑工业化协同发展政策信息发布,及时公布智能建造创新服务案例。多渠道做好装配式建筑标准体系政策解读,大力推广钢结构建筑,深入实施绿色建筑创建行动。落实建设单位工程质量首要责任,持续开展建筑施工安全专项整治,提高政策解读针对性和传播力,坚决遏制重特大事故

续表 1-3

发布时间	政策	内容
2021/6/8	《关于加强县城绿色低碳建设的意见》	大力发展绿色建筑和建筑节能。发展装配式钢结构等新型建造方式。全面推行绿色施工。提升县城能源使用效率，大力发展适应当地资源禀赋和需求的可再生能源
2020/11/1	住房和城乡建设部《"十四五"建筑节能与绿色建筑发展规划(征求意见稿)》	提出全面提升绿色建筑发展质量，稳步提高建筑能效水平。加快发展新型建筑工业化等重点任务
2020/8/28	《住房和城乡建设部等部门关于加快新型建筑工业化发展的若干意见》	提出要加快新型建筑工业化发展，以新型建筑工业化带动建筑业全面转型升级，打造具有国际竞争力的"中国建造"品牌，推动城乡建设绿色发展和高质量发展
2020/7/15	《绿色建筑创建行动方案》	提出要推广装配化建造方式，大力发展钢结构等装配式建筑，新建公共建筑原则上采用钢结构。推动装配式装修。打造装配式建筑产业基地，提升建造水平
2020/7/3	《关于推动智能建造与建筑工业化协同发展的指导意见》	加快建筑工业化升级。大力发展装配式建筑，推动建立以标准部品为基础的专业化、规模化、信息化生产体系。加快推动新一代信息技术与建筑工业化技术协同发展，在建造全过程加大建筑信息模型(BIM)、互联网、物联网、大数据、云计算、移动通信、人工智能、区块链等新技术的集成与创新应用
2020/2/25	《人力资源社会保障部办公厅 市场监管总局办公厅 统计局办公室关于发布智能制造工程技术人员等职业信息的通知》	提出装配式建筑施工员定义以及装配式建筑施工员主要工作任务
2019/12/23	全国住房和城乡建设工作会议	着力改善农村住房条件和居住环境，总结推广钢结构装配式等新型农房建设试点经验，推进建筑业供给侧结构性改革，促进建筑产业转型升级，大力推进钢结构装配式住宅建设试点
2019/11/15	《装配式住宅建筑检测技术标准》	制定集成卫浴系统检测内容和要求，包括：外表面平整、洁净、色泽一致，无裂缝、翘曲及损坏；防水底盘允许偏差范围+5 mm；壁板接缝平整，胶缝均匀；配件外边无缺陷
2019/4/1	《装配式内装修技术标准(征求意见稿)》	对装配式建筑内装修的设计、生产、施工、验收及维护五大环节的技术标准做出规范

续表 1-3

发布时间	政策	内容
2019/3/11	《住房和城乡建设部建筑市场监督司 2019 年工作要点》	开展钢结构装配式住宅建设试点，在试点地区保障性住房、装配式住宅建设和农村危房改造、易地扶贫搬迁中，明确一定比例的工程项目采用钢结构装配式建造方式
2019/2/2	《住房和城乡建设部办公厅关于开展农村住房建设试点工作的通知》	决定开展农村住房建设试点工作，并要求应用绿色节能新技术工艺，探索装配式建筑、被动式阳光房等建筑应用技术，注重绿色节能技术设施与农村住房的一体化设计
2019/1/17	《开展 2018 年度装配式建筑发展情况统计工作的通知》	针对 2018 年度各地发展装配式建筑情况进行统计，具体包括装配式建筑组织机构建设情况、政策措施及目标任务情况、标准规范
2018/3/27	《住房和城乡建设部建筑节能与科技司 2018 年工作要点》	积极推进建筑信息模型技术在装配式建筑中的全过程应用，推进建筑工程管理制度创新，积极探索推动既有建筑的装配式装修改造，开展装配式超低能耗高品质绿色建筑示范
2017/12/12	《装配式建筑评价标准》	《装配式建筑评价标准》为国家标准，自 2018 年 2 月起实施，原国家标准《工业化建筑评价标准》同时废止
2017/9/14	《住房和城乡建设部关于加强和改善工程造价监管的意见》	深化工程造价咨询业监管改革，营造良好市场环境，建立以信用为核心的新型市场监管机制，营造良好的工程造价咨询业发展环境
2017/8/1	《住房和城乡建设部关于印发工程造价事业发展“十三五”规划的通知》	健全市场决定工程造价机制，建立与市场经济相适应的工程造价监督管理体系
2017/3/23	《“十三五”装配式建筑行动方案》 《装配式建筑示范城市管理办法》 《装配式建筑产业基地管理办法》	重点做好装配式建筑产业发展规划，合理布局产业基地，实现市场供需基本平衡
2017/2/24	《国务院办公厅关于促进建筑业持续健康发展的意见》	完善监管体制机制，优化市场环境，提升工程质量安全水平，强化队伍建设，增强企业核心竞争力，促进建筑业持续健康发展
2017/1/10	《装配式混凝土建筑技术标准》	批准《装配式混凝土建筑技术标准》为国家标准，编号为 GB/T 51231—2016，自 2017 年 6 月 1 日起实施
2016/10/31	《产业技术创新能力发展规划(2016—2020 年)》	明确“十三五”期间工业和信息化领域技术创新能力发展的目标和主要任务，引导和加强重点产业的技术创新工作，提升产业技术创新能力，促进工业转型与升级
2016/9/30	《国务院办公厅关于大力发展装配式建筑的指导意见》	以京津冀、长三角、珠三角三大城市群为重点推进地区，常住人口超过 300 万的其他城市为积极推进地区，其余城市为鼓励推进地区，因地制宜发展装配式混凝土结构、钢结构和现代木结构等装配式建筑

续表 1-3

发布时间	政策	内容
2016/7/28	《"十三五"国家科技创新规划》	加强装配式建筑设计理论、技术体系和施工方法研究。研究装配式混凝土结构、钢结构、木结构和混合结构技术体系、关键技术和通用化、标准化、模数化部品部件
2016/2/6	《中共中央 国务院关于进一步加强城市规划建设管理工作的若干意见》	促进经济社会发展，优化城乡布局，完善城市功能，增进民生福祉

表 1-4　我国现行装配式建筑相关规范或行业标准(部分)

序号	名称	编号
1	装配式混凝土剪力墙结构住宅施工工艺图解	16G906
2	装配式混凝土结构表示方法及示例(剪力墙结构)	15G107-1
3	预制混凝土剪力墙外墙板	15G365-1
4	预制混凝土剪力墙内墙板	15G365-2
5	桁架钢筋混凝土叠合板(60 mm 厚底板)	15G366-1
6	预制钢筋混凝土板式楼梯	15G367-1
7	装配式混凝土结构连接节点构造(楼盖结构和楼梯)	15G310-1
8	装配式混凝土结构连接节点构造(剪力墙结构)	15G310-2
9	预制钢筋混凝土阳台板、空调板及女儿墙	15G368-1
10	混凝土结构工程施工质量验收规范	GB 50204—2015
11	装配式混凝土建筑技术标准	GB/T 51231—2016
12	装配式建筑工程投资估算指标	TY 01-02-2023
13	钢筋套筒灌浆连接应用技术规程	JGJ 355—2015(2023 年版)

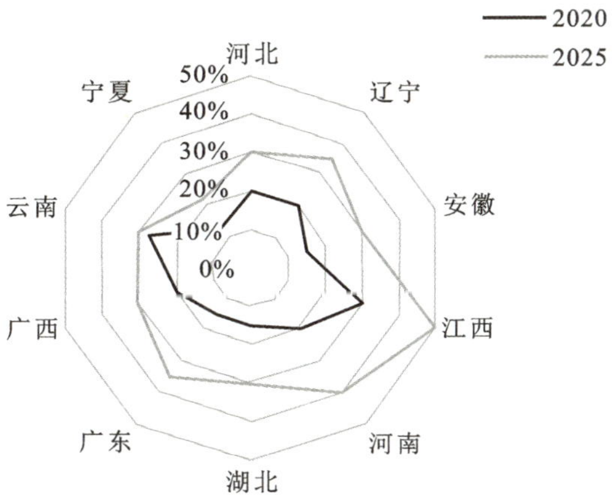

图 1-23　部分地区装配式建筑面积占新建建筑面积的比例

1.3.3 我国装配式建筑发展现状

近年来，我国装配式建筑快速发展的同时，也出现了一些问题，如项目所取得的效益离目标有很大的差距，部分项目存在保温效果较差、隔音性能差、防水性能差等质量问题，影响了装配式建筑在我国的推广和应用。

1. 缺乏统一的标准

现阶段我国装配式技术还处于发展阶段，没有形成统一的施工技术规范，缺乏统一的标准和规范为施工企业提供施工依据，因此在实际操作中存在一定的难度。需要完善相关技术标准和规范，为施工提供约束和指导。

2. 缺乏相关专业人才

由于装配式建筑是新型技术，其施工过程中需要大量的专业人才，但是我国在现阶段房屋建筑施工过程中缺乏相关专业人才，这制约了我国装配式建筑的发展。

3. 装配式技术尚不成熟

目前，我国的装配式技术还处于研究阶段，尚未达到成熟水平。整体技术水平较低，难以保障施工质量。部分装配式建筑企业技术水平不高，缺乏必要的认知和经验，导致施工过程容易出现质量问题。建筑质量不仅事关企业声誉，而且关系到居民的生命财产安全和社会的和谐稳定，建筑质量不佳问题是困扰企业推行装配式建筑生产模式的另一重要因素。在装配式建筑发展过程中，某些项目出现了保温效果较差、隔音差以及渗水等很多功能性的问题，也打击了很多企业实施装配式建筑的信心。目前装配式建筑主要运用于经济适用房、公租房、棚户区改造安置房等政府主导的保障性住宅项目，使消费者产生装配式住宅等同于低档住宅的认识。人们越来越追求对装配式建筑产业的个性化设计，但这与标准化住宅全装修存在冲突，从而降低了消费者对装配式住宅的认可程度。

4. 生产成本高

生产成本是建筑企业经营效益的关键，建筑企业引入新技术、新产品首先考虑的便是是否能够更有效地降低生产成本，为企业带来更高的收益。而目前部分装配式建筑的建造成本高于传统的建筑方式。另外由于相关标准与体系不健全，装配式建筑建造过程中仅有部分环节实现了工业化，而其他环节则沿用传统的建造方法。这种工业化生产脱节问题，不能完全把产业化的规模效益体现出来，影响了企业实施装配式建造模式的积极性。

5. 管理信息化水平亟待提升

随着装配式建筑产业的发展，建筑业也开始转向信息化。一些规模企业已建立了局域网，实现了企业内部数据资源共享。虽然大部分企业愿意采用项目信息化管理，但担心增加额外的工作量和资金投入。而且建筑施工企业具有施工项目分布面广、流动性大和劳动密集等特点，都不同程度地限制施工企业在市场经济竞争中的生存和信息化发展。

1.4 装配式建筑的发展前景

1.4.1 建造技术的创新

随着科学技术的进步，智能化、信息化、数字化技术的应用以及机械设备的研发，驱动了装配式建筑在设计、生产、施工等方面的技术创新。在装配式建筑设计阶段运用建筑信息模型(BIM)技术可对建筑建造过程进行全面模拟，工作人员可在同一个平台上进行工作协同，有效提高工作效率、降低成本、节省资源和能源，表现出较强的协同性和可视化特征，能够提前发现并解决潜在的问题。有研究人员采用BIM技术对装配式建筑构件进行深化设计，分别采用Revit软件、SQL数据库作为建筑设计平台和数据存储平台，依次完成建库、验算、生产计划、建立信息模型等工作，从而实现分层推进装配式建筑设计构件的信息管理工作，能够有效提高装配式建筑构件的设计精度和可视化管理水平。

装配式建筑由大量建筑构件拼装而成，提升建筑构件的生产技术以及加强生产设备的研发有利于提高建筑构件的产品质量和生产效率，对装配式建筑的建造尤为关键。3D打印属于一种快速成型技术，出现在20世纪90年代中期，首先利用专业软件进行模型设计，然后以模型文件为基础，使用3D打印设备将粉末状金属、塑料等具有黏结性的黏合材料通过逐层打印的方式构造物体。3D打印技术常用于模具制造、工业设计等领域，而将该技术运用于建筑领域一直以来受到研究人员的青睐，随着建筑用3D打印设备的研发以及3D打印技术的研究，利用3D打印技术能够大幅提升建筑构件的生产效率和产品质量，有助于加快施工进度、节省成本、控制施工质量，表1-5列举了3D打印技术在装配式建筑中的应用。

表1-5 3D打印技术在装配式建筑中的应用举例

技术名称	技术特点
黏合剂喷射	打印成型速度较快，可彩色打印，无需支撑物，但难以打印大型构件或模型
Cable-suspended Contour Crafting	采用悬索式移动平台，通过计算机控制；具有打印成本低，拆卸、组装、运输方便的特点，能够打印大型构件
Concrete Printing	打印精度较高，但打印表面粗糙；材料和结构性能取决于材料配比、打印方向和环境等
Apis	将打印头安装在可360°旋转的起重机上，在一定半径内以较高的精度和速度进行打印，适用于单层房屋，且半径较小
无人机3D打印	无人机上装载测距仪和导航，采用重力辅助装置完成混凝土打印

装配式建筑构件在施工现场的拼装技术亦是影响装配式建筑质量的重要因素，有工程人员经过大量实践后研究设计了构件精准对位技术、智能放样技术、钢筋自锁连接技术，能够提升装配式建筑构件在放样、连接过程中的施工质量，从而保障了装配式建筑的整体质量。此外，有学者研究了无人机测量装配式建筑倾斜的方法，利用无人机完成施工现场三维地形模型构建，并对装配式建筑构件进行建模，为装配式建筑构件的安装提供数据基础。

1.4.2 政策的支持与市场的需求

2016年2月，国务院发布《关于进一步加强城市规划建设管理工作的若干意见》，指出力争用10年左右的时间，使装配式建筑占新建建筑的比例达到30%。随后，各地市相继出台了一系列政策文件，通过财政补贴、税费减免等措施来支持和推动装配式建筑的发展。表1-6列举了部分地区到2030年左右关于装配式建筑发展要求的文件内容，这些政策文件的发布既指明了装配式建筑的发展方向，同时也为装配式建筑的发展提供了保障。另一方面，随着我国城市化进程的不断推进，建筑需求量依然保持增长趋势，而人口红利逐渐消失，导致人工费用上涨，装配式建筑因具有施工效率高、周期短、用工量少、环境污染小、碳排放低的优势而逐渐被认可接纳，市场需求量在不断增大。同时，随着科技的发展，建筑工业化将会成为建筑业的未来发展方向，而装配式建筑作为建筑工业化的重要体现，符合建筑行业的发展趋势。

表 1-6　部分地区对装配式建筑的发展要求

地区名称	发展要求
新疆	以节能建筑、绿色建筑、装配式建筑和被动式超低能耗建筑需求为导向，深入推进建筑行业与建材行业融合协同发展
武汉	开展农村住房建设试点示范工作，大力推广武汉农村建房标准图集和装配式建筑，开展农村建筑工匠培训，引导塑造具有武汉特色的乡村建筑风貌
佛山	大力推进装配式建筑的发展，到 2030 年，装配式建筑占当年城镇新建建筑的比例达到 50%
江门	加快推进建筑工业化，大力发展装配式建筑，在政府投资建设项目中积极应用装配式示范项目，到 2030 年，装配式建筑占当年新建城镇建筑的比例力争超过 40%
雄安新区	支持预制拼装管廊技术研发和应用，加快部品部件生产数字化、智能化升级，鼓励企业推广应用智能建造、装配式新技术、新工艺
洛阳	严格落实国家相关税收优惠政策，落实对装配式建筑项目容积率奖励，制定新建建筑工业化基地财政扶持政策
苏州	全市新开工装配式建筑面积占同期新开工建筑面积的比例达到 50%以上，成品化住房占新建商品住宅 70%，装配化装修占成品住房比例达到 30%，可以申请不超过计容总建筑面积 2%的容积率奖励

1.4.3　积极发挥试点示范作用

为了消除消费者对装配式建筑的质量与维修成本等方面的顾忌，提高消费者的接受度，需要积极开展装配式建筑试点示范建设，由保障性住房向商品房建设延伸，由毛坯式交房逐步向全装修与菜单式装修过渡。完善全装修住宅的质量标准体系和实体样板房制度等方式，致力于向市场提供质量更好、满足个性化需求的产品，提高装配式建筑的市场认可度，消除产业发展的障碍。完善装配式建筑工程质量安全管理体系，完善质量安全责任制。建立全生命周期质量责任追溯制度，提高装配式建筑整体质量水平。

1.4.4　提升信息化管理水平

落实智能建造，推动建筑工程信息化，充分考虑不同方面的需求，建立多层次网络信息平台，实现各种资源信息化。在研发过程中必须充分考虑建筑工程管理在项目实施过程中所遇到的各种问题，要合理地将各项内容有机地联系起来，实现各业务模块的联合监控。采用物联网技术，可实现人岗复合，节约人力资源成本，并能有效地协调项目部门间的工作关系，形成一个全过程、无死角的工作整体。

课后思考题

1. 简述装配式建筑的主要优势。

2. 装配式建筑与工业化建筑有何联系和区别？

3. 简述我国装配式建筑发展的几个阶段。

4. 请简述装配式建筑在我国发展过程中面临的两个主要挑战，并分别给出可能的解决方案。

模块2 装配式建筑信息化

主要内容

本模块介绍了装配式建筑信息化 BIM 的概念，以及 BIM 在设计、施工管理、成本管理、建筑运营维护各阶段中的应用。

教学目标

1. 了解 BIM 的概念；
2. 了解 BIM 在建筑设计、结构设计、预制构件深化设计、设备各专业设计中的应用；
3. 了解 BIM 在施工管理（工程项目管理）各阶段中的应用；
4. 了解 BIM 在成本管理和建筑运营维护中的应用；
5. 了解装配式建筑的集成化、参数化、标准化设计。

拓展延伸

通过本章的学习，学生可以更好地了解 BIM 及装配式建筑中 BIM 的相关应用知识，为未来的学习和工作打下坚实的基础。同时，也可以引导学生关注建筑行业的智能发展，积极探索和创新，为引领建筑行业智能发展贡献力量。

2.1 BIM 概述

近年来，在政府推动、市场需求、企业参与、行业助力和社会关注下，BIM 技术已经成为业界研究和应用的重点，备受关注，业内已经普遍认识到 BIM 技术对建筑业技术升级和生产方式变革的作用和意义。

BIM 技术通过建立数字化的 BIM 模型，涵盖与项目相关的大量信息，服务于建设项目的设计、施工、运营整个生命周期，为提高生产效率、保证工程质量、节约成本、缩短工期等发挥出巨大的作用。BIM 的作用具体体现在如下几个方面：

1. 通过 BIM 技术应用可实现建筑全生命周期的信息共享

过去，工程技术人员主要依靠符号文字形式表达的蓝图进行项目建设和运营管理，这种工作方式的信息共享效率较低，也间接导致管理的粗放化。BIM 技术能够有力地支持建筑项目信息在设计、施工和运行维护全过程的充分交换和共享，促进建筑全生命周期管理效益的提升。应用 BIM 技术可以使建设项目的所有参与方（包括政府主管部门、业主、设计团队、施工单位、建筑运营部门等），在项目从概念产生到拆除的整个生命周期内都能够在模型中操作信息和在信息中操作模型，进行协同工作。

2. BIM 是实现可持续设计的有效工具

BIM 技术有力地支持建筑安全、美观、舒适、经济等目标的实现。通过节能、节水、节地、节材、环境保护等多方面的分析和模拟，进而容易做到建筑全生命周期全方位可预测、可控制。例如，利用 BIM 技术，可以将设计结果自动导入建筑节能分析软件进行能耗分析，或导入虚拟施工软件进行施工虚拟，避免技术人员花费很大气力在节能分析软件或施工模拟软件中重新建立模型。又如，利用 BIM 技术，不仅可以直观地展示设计结果，而且可以直观地展示施工细节，进而对施工过程进行仿真，增加施工过程的可控性。

3. BIM 技术应用促进建筑业生产方式的改变

BIM 技术能够有力地支持设计与施工一体化，减少建设工程“错、缺、漏、碰”现象的发生，从而可以减少建筑全生命周期的浪费，带来显著的经济和社会效益。英国机场管理局利用 BIM 技术降低希思罗 5 号航站楼 10％的建造费用。美国斯坦福大学整合设施工程中心(CIFE)根据 32 个项目总结了使用 BIM 技术的以下优势：消除 40％的预算外更改；造价估算控制在 3％精确度范围内；造价估算耗费的时间缩短 80％；通过发现和解决冲突，将合同价格降低 10％；项目工期缩短 7％，及早实现投资回报。

4. BIM 技术应用促进建筑行业工业化发展

我国建造水平与发达国家相比还有较大的差距，其中一个主要原因是建筑工业化水平较低。制造业的生产效率和质量在近半个世纪得到突飞猛进的发展，生产成本大大降低，其中一个非常重要的因素就是以三维设计为核心的 PDM(Product Data Management，产品数据管理)技术的普及应用。建设项目本质上都是工业化制造和现场施工安装结合的产物。提高工业化制造在建设项目中的比例，是建筑行业工业化的发展方向和目标。工业化建造至少要经过设计制图、工厂制造、运输储存、现场装配等主要环节，其中任何一个环节出现问题都会导致工期延误和成本上升。例如，图纸不准确导致现场无法装配，需要装配的部件没有及时到达现场等。BIM 技术不仅为建筑行业工业化解决了信息创建、管理、传递的问题，而且 BIM 三维模型、装配模拟、采购制造运输存放安装的全程跟踪等手段为工业化建造的普及提供了技术保障。同时，工业化还为自动化生产加工奠定了基础，自动化不但能够提高产品质量和效率，而且利用 BIM 模型数据和数控机床的自动集成，还能完成通过传统的“二维图纸-深化图纸-加工制造”流程很难完成的下料工作。BIM 技术的推广应用将大大推动和加快建筑行业工业化进程。

5. BIM 技术应用可把建筑产业链紧密联系起来提高整个行业的竞争力

建设工程项目的产业链包括立项、勘察、设计、施工、项目管理、监理、造价，以及部品、材料、设备供应等，一般项目都有数十个参与方，大型项目的参与方可以达到几百个甚至更多。二维图纸作为产业链成员之间传递沟通信息的载体已经使用了几百年，其弊端也随着项目复杂性和市场竞争的日益加大变得越来越明显。打通产业链的一个技术关键是信息共享，BIM 就是全球建筑行业专家同仁为解决上述挑战而进行探索研究的成果。当前，我国的 BIM 应用还处于普及应用的初期阶段，但是认识并发展 BIM、实现行业的信息化升级转型已成必然趋势。

2.2 BIM在装配式建筑各环节中的应用

2.2.1 BIM与设计

微课4：BIM与装配式建筑

1. BIM与建筑设计

随着我国经济的高速发展，建筑也如雨后春笋一般，从地面拔地而起，从而也带动了我国建筑设计的发展，由此也影响了城市规划的发展步伐。然而，世界竞争日益激烈，城市规划的协调竞争也越来越激烈，成为城市规划发展急需解决的问题。建筑是一个城市的重要组成部分与象征，是人类精神文化和物质文化的结合体，它具有时代的特征，一方面满足人类的居住问题，另一方面承载着时代的精神。因此，首先要解决好建筑设计与城市之间的关系，才能更好地发挥建筑设计对城市规划的重要作用。因此BIM大量应用在了建筑设计方面（图2-1）。

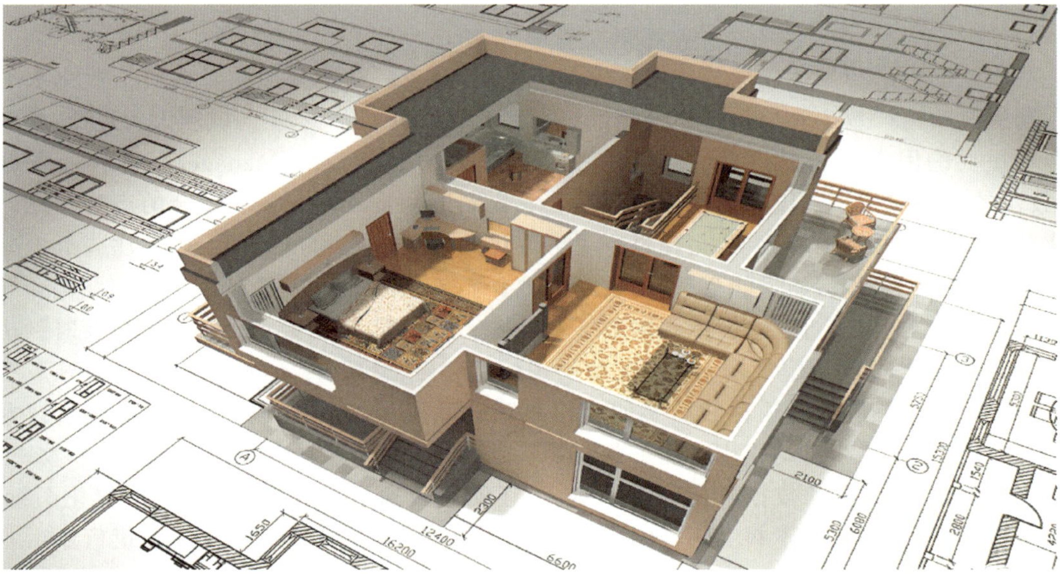

图2-1 BIM在建筑设计中的应用

（1）BIM对建筑设计的重要性

在传统的建设工程设计领域，往往存在很多方面的问题，比方说各专业设计信息交流不畅、整体性太差等。为了使这些问题得以解决，应当实现一体化以及各专业的协同设计等。BIM就是这个能够提高设计效率以及提供协同设计的工具平台，它可以使设计、周期、效率以及品质得到非常明显的提高。目前，建筑软件从2D绘图向模拟3D建筑转换，并且累积整个建筑物生命周期中经由各专业领域的设计者提供的该领域所贡献的建筑资料与专业知识，把这些资料储存起来就形成一个建筑信息模型，其他领域可从建筑信息模型中获取所需的资料与欲处理的建筑物的信息，如此便达到资料共享与信息再利用。所以BIM是一个信息库；又因为将该建筑物生命周期里所有的资料与信息存在其中，所以也是各个专业领域设计者知识与经验的累积所汇集的知识库。因此，建筑产业逐渐将图形与非图形信息整合于此模型中，以期达成整个生命周期的需求。BIM 模型在三维建筑设计中的应用，表现为通过计算机模拟降低成本与风险，提高项目规划设计的质量，加快项目实施进度，加强各相关部门对于项目的认知、了解和管理。对工程的各个参与方来说，减少错误对降低成本有很重要的影响，既能减少建造所需要的时间，同时也有助于降低工程的成本。

(2)BIM 在建筑设计中的应用

传统的 CAD 2D 系统存在许多弊端，建筑设计人员在绘制图纸和制作图表过程中需要浪费大量时间，导致建筑设计的时间相对不足，并且和业主、建筑用户以及其他工程设计人员之间缺乏有效的沟通交流。而应用 BIM 软件，可以建立虚拟建筑模型，并自动生成相关图纸、图表和文档。通过直观形象的三维模型，更有利于人们的沟通交流，也能够有效缩短设计时间，提高建筑设计服务质量和工作效率。它在计算机辅助建筑设计中的应用优势包括以下内容：

①场地分析

在建筑设计初始阶段，场地的一些信息往往是影响设计的决定性因素，通常需要通过对场地的分析来评定与分析环境现状、建后交通流量、景观规划等各种因素，也通过对场地的分析来确定建筑物的空间位置，建立建筑物与周围环境的联系。传统的场地分析有着许多弊端，例如主观因素太重、大量数据处理迟缓、定量分析不足等，但是 BIM 的引入给了场地分析新的可能，通过与 BIM 结合的地理信息系统，可以对场地和在场地上拟建的建筑物的数据进行处理，通过 BIM 技术虚拟成型，可迅速得出数据以支持设计，可以帮助新建项目做出最理想的建筑布局、场地规划等。

②能够实现可视化虚拟建筑设计

BIM 软件可以让建筑设计人员轻松地建立虚拟建筑模型，并能够身临其境地随时感受建筑内部的空间设计效果，更好地形成设计思路，对比分析相关材料、颜色、空间、环境、体量造型等。因此 BIM 能够把建筑设计人员从过去的绘图制图中解放出来，充分激发其想象力与创造力。BIM 能够建立直观形象的三维建筑模型，方便建筑设计人员的沟通交流，也让业主、建筑用户等非专业人员能够掌握建筑项目的功能。通过预演设计方案，业主和建筑设计方能够更好地进行场地分析、性能预测以及成本估算等，从而完善设计方案。对于复杂项目的建筑外形，可利用 BIM 技术对建筑外形进行数字化设计，通过参数的调整反映建筑形体，称为参数化找形。

③能够自动生成和修改图纸文档

建立虚拟建筑模型以后，即可在设计阶段随时自动生成建筑设计相关的全部图表、图纸和文档等，发挥了计算机技术的优势，有效提高了工作效率，并且确保图形图纸准确无误。全部图形图纸都从模型中直接生成，修改变更等也会在项目文件中自动反映并达到实时更新效果。因此，可以让建筑设计人员更好地进行设计工作，能够高效智能地进行设计评估。

④建筑性能分析评估

BIM 技术建立的虚拟建筑模型包含大量非图形数据信息。从模型中提取数据信息导入专业分析模拟软件即可进行面积、体形系数、可视度、日照轨迹、建筑疏散、结构、热工性能、管道冲突检验、防火安全检验、能量、规范检验等各类分析评估，从而准确反映出设计方案的可行性和可靠性，让设计方案更加科学合理，缩减性能分析周期，提高建筑设计质量。

⑤各专业协同设计

协同设计是一种新兴的建筑设计方式，它可以使分布在不同地理位置的不同专业的设计人员通过网络的协同展开设计工作(图 2-2)。协同设计是在建筑业环境发生深刻变化、建筑的传统设计方式必须得到改变的背景下出现的,也是数字化建筑设计技术与快速发展的网络技术相结合的产物。

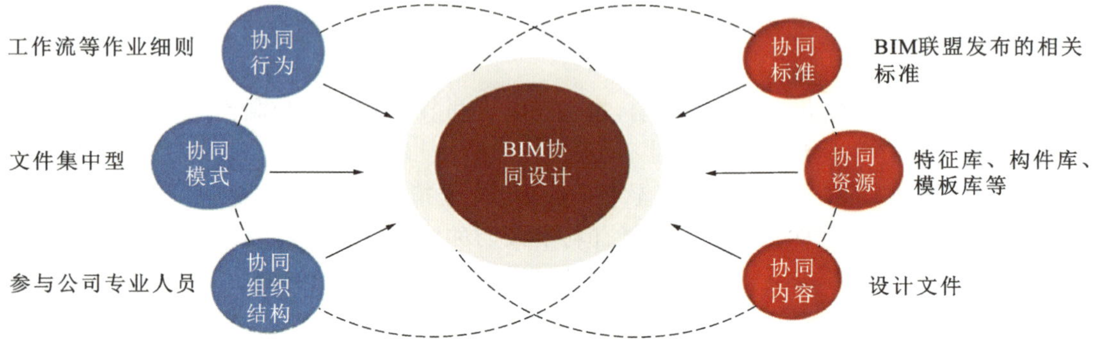

图 2-2 BIM 协同设计

一个建筑项目的设计,通常涉及规划、建筑、结构、电气、暖通、给排水等多个专业,各专业之间存在大量的信息交换、提资与反提资的过程。在传统的 CAD 平台上,各专业设计人员的沟通基本上都是通过面谈和 CAD 过程图纸来完成的,容易出现遗漏或延迟的现象,导致最后的设计成果不完善。

BIM 技术通过三维可视化的设计,实时地实现不同专业设计之间的信息共享、各专业之间的协同设计。某个专业设计的对象被修改,其他专业设计中的该对象会实时随之更新。各专业可从信息模型中获取所需的设计参数和相关信息,不需要重复录入数据,避免数据冗余、歧义和错误。BIM 将专业内多成员、多专业、多系统间原本各自独立的设计成果(包括中间结果与过程),置于统一、直观的三维协同设计环境中,避免因误解或沟通不及时造成不必要的设计错误,提高设计质量和效率。

⑥管线碰撞检测

随着建筑物规模的增大和使用功能复杂程度的增加,业主和施工企业对机电管线综合的要求愈加强烈。在 CAD 时代,主要由建筑或者机电专业牵头,将各专业的 CAD 图纸叠在一起进行管线综合,由于二维图纸的信息缺失以及没有直观的交流平台,管线综合难以做到完全没有管网的碰撞冲突。BIM 技术通过搭建各专业的模型,设计师能够在虚拟的三维环境下方便地发现设计中的碰撞冲突,并可对机电管线之间以及管线与建筑结构之间的碰撞冲突进行自动检测,从而大大提高了管线综合的设计能力和工作效率。基于 BIM 技术的碰撞检查功能有助于在施工图设计阶段发现问题,这不仅为各工程设计专业的协同工作提供了辅助手段,有利于提高设计质量,更能及时排除项目施工环节中可能遇到的碰撞冲突,减少后期施工阶段的变更和改动,大大提高施工现场的生产效率,降低由于施工协调造成的成本增长和工期延误。

⑦工程量分析

在传统的设计流程里,设计人员需要人工对图纸进行测量和统计,或者使用专门的造价计算软件对 CAD 文件进行重新建模后再进行计算统计,前者会消耗大量的人力物力,而手工计算也会带来误差,导致最后的结果不精确,同时后者也需要对图纸进行重新建模,较为麻烦。两者同样的问题在于,如果图纸的信息发生了改变,不能及时地对其做出修改和反映,数据则失去了原有的作用。造成这些弊端的主要原因则是二维设计的制约性，CAD 的图形不含有任何建筑属性和信息，对于信息的反应也比较迟缓。而 BIM 的介入则可以解决这些问题，最主要的原因就是 BIM 模型里含有大量的信息，信息的修改可以直接对模型进行修改，与之关联的工程量数据也随之更新。BIM 真实地提供了造价管理所需要的工程量信息，减少了人工操作的潜在错误，极为容易实现工程量信息与方案的一致。

(3)BIM 在建筑技术上的前景观望

如今，BIM 在我国主要应用于造型奇特以及复杂的建筑之中，但这仅仅是一种片面的存在。这并不利于 BIM 在普通的技术人员以及广大设计企业之中进行应用。如果 BIM 能够应用在平常的民用建筑设计中，对于积累经验十分有利，而且能够促进新技术的发展，同时降低学习 BIM 技术以及应用其技术的门槛，使复杂的项目获得更多经验。

2. BIM 与结构设计

随着现代工程技术的发展，设计变得越来越复杂，也需要越来越多的专业参与到其中，那么就更需要对同一个模型和相同的数据进行分享。BIM 是整个建筑生命周期的建筑信息模型化，在这整个周期中，设计是上游阶段，因此，BIM 在设计阶段应用得是否成功决定了 BIM 在其他阶段应用的连续性和有效性。

通过研究总结 BIM 的技术特点，建立 BIM 结构设计方法，明确 BIM 结构设计工作流程、协同工作方式、参与人员职责、BIM 标准实施、数据交互、计算分析、图纸绘制、数据资源管理、质量控制原则、成果交付要求等，论述如何利用 BIM 技术和先进的 BIM 软件工具提升设计过程的标准化和质量控制，使设计工作更加高效，促进基于 BIM 结构设计的实际生产作业。基于传统的结构设计工作方法，研究其工作程序与 BIM 技术优势，遵照现行的生产管理方式，全面提升结构设计在 BIM 技术应用下的可实施性，例如外部模型数据的格式要求、内外部设计资源的统一管理、协同设计方式的选取等，实现减免部分重复工作、避免设计过程中信息的缺失和不对称，提高设计成果的质量。

(1)BIM 在结构设计中的应用

①BIM 结构设计组织架构、工作流程

BIM 结构设计开始之前应有明确的设计项目组织架构和适合项目的工作流程。明确的 BIM 结构设计组织架构能清楚地区分设计团队成员的职责和工作内容。在基于 BIM 的设计过程中，遵循合理的工作流程有利于各专业之间互相协调，同时可以保证项目的顺利进行，可以及时有效地解决设计过程中遇到的问题和冲突。设计过程中 BIM 设计师可以通过更新模型实时检查设计冲突，不必在设计结尾时再解决。

从图 2-3 可以看出各专业的联系，在 BIM 设计过程中，建筑、结构、暖通、电气、给排水五部分设计均需要设计师和绘图员完成，而每一部分又是通过软件的协同联系在一起的(图 2-4)。

②BIM 协同设计方式

协同设计开始前，项目组应确定一个适合项目的协同设计方式。建筑专业应建立“起始模型”以供其他专业以“起始模型”为基础开始协同设计。在协同设计之前使用 Revit 中的“共享坐标”工具定义项目中某一点的真实世界坐标，并将其发布到所有链接的模型，采用“通过共享坐标”插入方法链接其他子模型，同时应正确建立“正北”和“项目北”之间的关系。采用外部参照时参照路径应使用“相对路径”进行参照，防止文件位置变化后参照丢失。同时，整个项目应确定一个共同的原点坐标，以便协同设计时各专业之间的模型能够正确链接(图 2-5)。

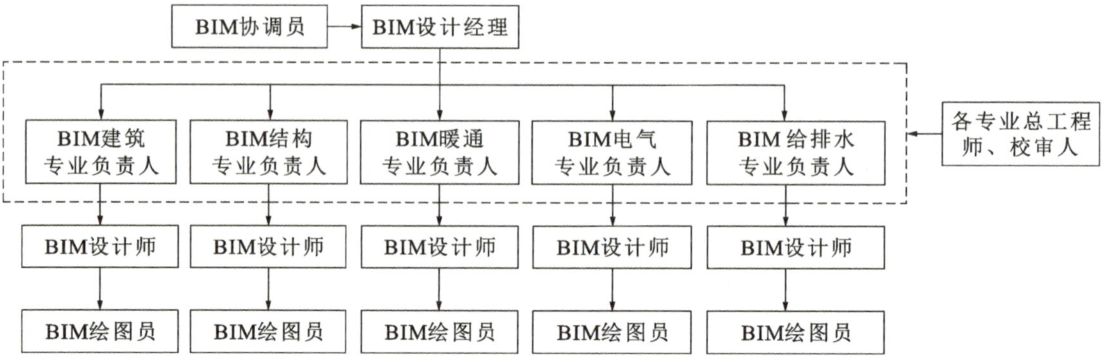

图 2-3 各专业的联系

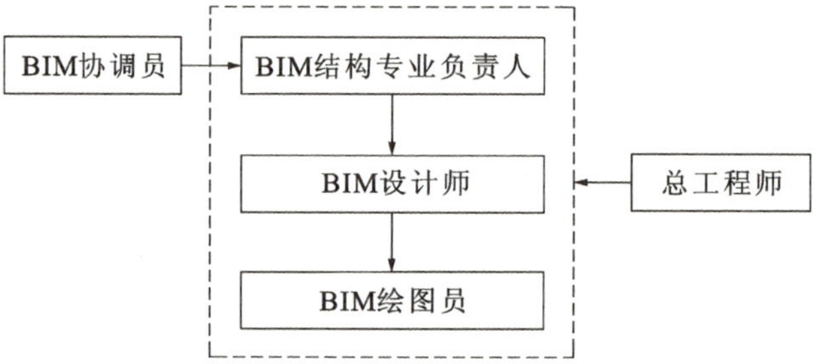

图 2-4 结构专业 BIM 设计团队架构

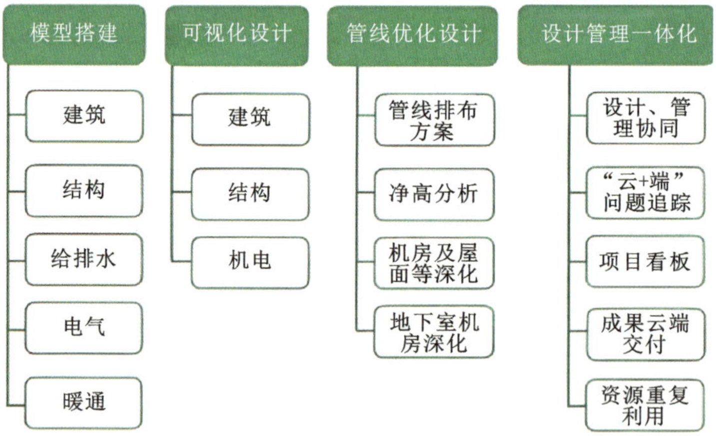

图 2-5 各专业之间的模型链接

③数据资源管理

a. 外部数据资源管理

设计过程中应对外部提供的项目资源进行统一管理，不同类型、属性的资源应分别存放至项目“共享”区，当设计团队人员使用外部资源时应复制至本地后应用，不得修改、破坏原始资源。外部资源在使用前应将现有的工作模型留存副本，以防止由于外部资源的引入导致模型崩溃。外部资源应由 BIM 经理统一批准进入，由 BIM 协调员统一管理，由 BIM 专业负责人统一使用。当外部资源更新时由 BIM 经理统一发布。项目的 BIM 协调员应预先检查导入的数据是否适用，然后才能将其放到项目的“共享”区域进行共享。建议在导入或关联至 BIM 模型之前对数据进行清理，以去除所有无关或冗余数据，因为这些数据可能会影响 BIM 数据库的稳定性。

b. 内部数据资源管理

内部资源是指在 BIM 创建过程中，用户通过软件功能添加的资源。同一专业下不同设计师添加的资源应分别命名，命名规则应符合本标准总则命名规则的要求，不同类型的资源应分别存放至独立的文件夹下。内部资源由创建该资源的设计师统一管理、发布，当其他设计师引用该资源时应注意资源的更新情况。当将外部资源转化为内部资源时，应由 BIM 专业负责人统一执行，经检验后再发布。外部资源转化为内部资源后的参数名称、类型属性均应与项目已有的参数名称、类型属性协调一致。转化用的外部资源应留存副本，转化后的内部资源源文件也应该留存副本，并存放至独立的文件夹下，由 BIM 专业负责人统一管理、发布。设计师新建立的内部资源文件，经过 BIM 专业负责人、BIM 设计经理的逐级审核后及时归入 BIM 项目数据库，以便其他 BIM 设计师调用资源。内部资源是 BIM 工作的成果和积累，所有的项目参与者与管理者应特别重视内部资源的保护，防止内部资源被随意拷贝与发布。

④BIM 结构设计

a. 链接建筑模型

在 BIM 的核心建模软件中，目前得到推广使用较多的是来自 Autodesk 公司的 Revit 系列软件，其出色的性能得到了广大用户的喜爱。对于 BIM 在结构中的应用，下面将以 Revit Structure 这款软件为例对 BIM 结构建模进行介绍。

通过链接建筑 Revit 模型，把建筑模型里的轴网和柱网参照到 Revit Structure 里，应用“复制/监视”工具将建筑模型的轴网和柱网复制到结构模型中（图 2-6），此时结构复制的轴网、柱网和建筑模型中的轴网、柱网建立了监视关系，如果被监视的对象发生了移动或者修改，程序会发出警告提示结构设计师。有了轴网和层高，就可以继续添加结构构件了，如梁、板、柱、屋架等，来完善结构模型，形成初步的物理结构模型。在添加构件的同时应勾选构件属性对话框中的“启用分析模型”选项。

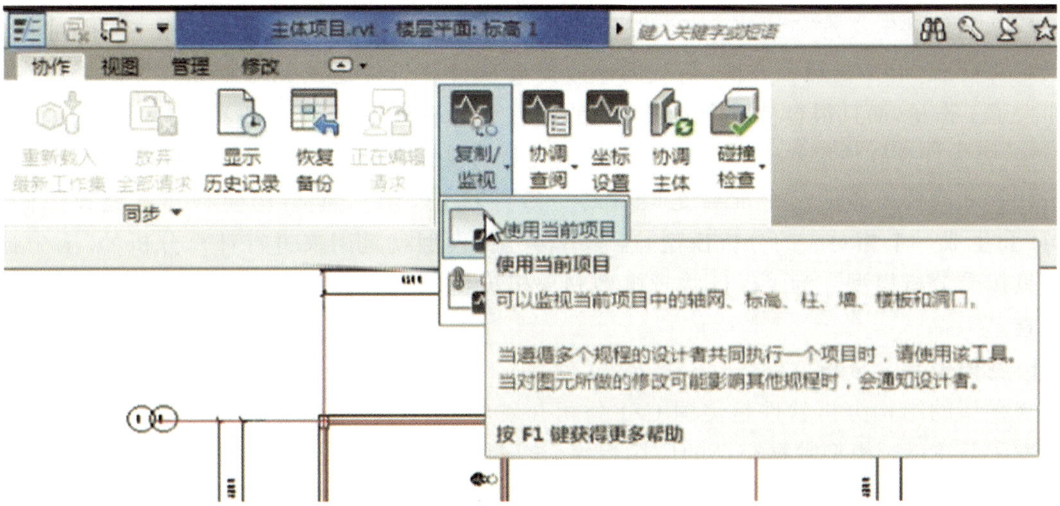

图 2-6　复制/监视建筑构件

b. 分析模型建立

启用分析模型之后，在结构构件建立的过程中会同时建立计算分析用的有限元线、面单元模型(图 2-7)。在结构设计时几何模型和物理模型仍然存在一定的区别，例如对于较小的高差在分析时结构一般采用同平面处理，对节点相近的杆件一般采用共用节点处理，以减少计算中刚度矩阵产生歧义。在 Revit 里可以通过分析对象属性对话框中的“分析平差”选项调整分析模型与几何模型构件之间的相对关系，实现分析模型与几何模型的差别共存。

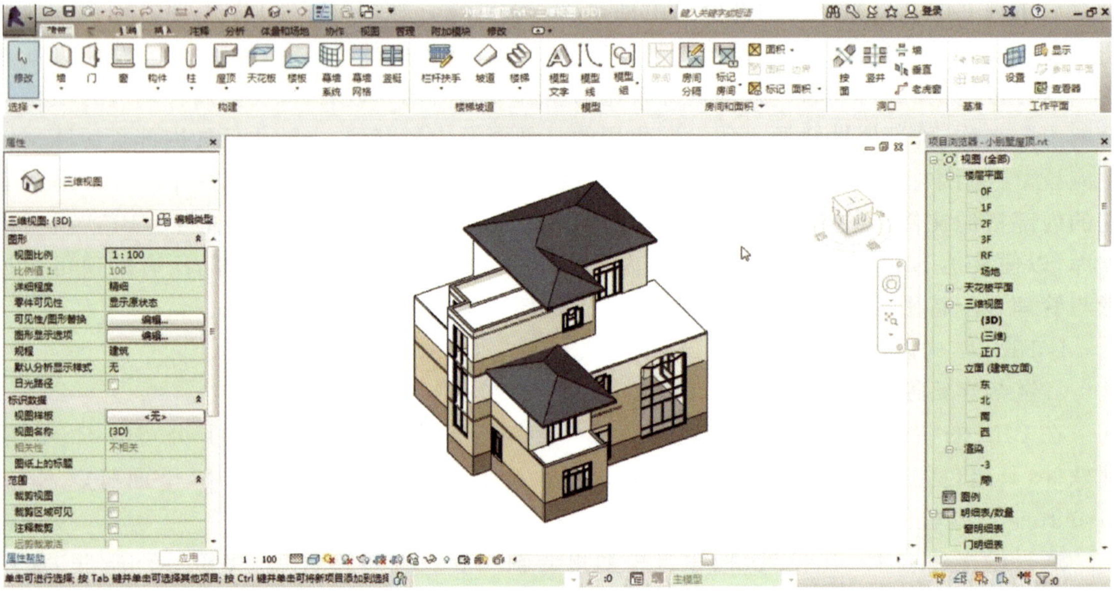

图 2-7 Revit 分析模型

⑤BIM 结构设计分析计算

a. 进行结构计算分析之前的准备

在结构模型建好之后，就需要进行结构的分析计算。在模型导入结构分析软件之前，我们还要做一些计算前的定义。

给结构模型定义准确的荷载是保证计算结果正确的重要的一步，在 Revit Structure 里也可以定义荷载，但是仍然不方便，荷载的修改需要从计算软件返回到模型软件里去修改，这样就加大了工作量，而且很容易出错。若荷载直接在计算软件里定义，这样更方便，定义的荷载也更稳定，因为计算软件里的荷载类型更多，而且可以直接修改，不需要返回到模型软件里去修改。

计算之前还要做的一个准备是模型的一致性检查。在一个结构模型建立完成的同时，Revit 会生成一个相对应的分析模型，这个结构分析模型就是用来进行计算分析的，因为计算软件只接受分析模型。为了保证物理模型和分析模型的一致性，在计算之前必须要进行一致性检查。

b. 将模型导入分析软件

常采用的结构分析软件是美国 CSI 公司开发的 ETABS 结构有限元分析软件，该软件自行开发了与 Revit 模型数据交换的应用程序，该应用程序既可通过 Revit 模型生成新的 ETABS 分析模型，也可以更新现有 ETABS 模型，反向亦可。鉴于规定的 BIM 结构设计流程和图纸绘制的要求，可采用 Revit Structure 模型作为主设计模型，原因是 Revit Structure 模型需要与外部专业的 BIM 模型保持一致，同时 Revit Structure 模型还有作为图纸绘制的基础作用。

应用程序会将 Revit Structure 的分析模型导出为.exr 文件，打开 ETABS 软件导入生成的.exr 文件即可生成 ETABS 分析模型。在生成基础的 ETABS 模型后，结构设计师继续在分析软件中定义约束、荷载、抗震等分析参数，同时设计师应对导入的分析模型进行仔细检查。

⑥BIM 结构设计图纸绘制

图纸是 BIM 结构设计成果最终的交付物之一，也是最重要的交付物。在 BIM 结构设计中，二维图纸的表达方法仍然采用了传统的“结构平法施工图表达方法”。下面就主要以梁、板结构平面图的绘制方法做一个简单介绍。

首先，将 Revit 转至平面视图，更改视图名称如“三层梁平法施工图”，Revit 会自动生成基本的结构平面图，也能区分构件的可见线（实线）和不可见线（虚线），若我们还不满足于软件自动生成的线型，可以通过“修改”工具集里的“线处理”工具对线型进行自定义修改。图纸说明文字可以通过“注释”工具集下的“文字”工具进行添加。对于结构钢筋字体，Revit 安装时并没有自带结构钢筋字体，解决方法如下：a. 获取字库文件“REVIT0. ttf”，该字库文件可以从互联网上的 BIM 相关论坛下载。b. 将 Windows 字库文件“REVIT0. ttf”复制到您机器的“系统盘（默认为 C：）\windows\fonts”的路径下，然后安装。

REVIT0. ttf 钢筋符号字体应用方法如下：

$——代表 HPB300，输入后显示的符号为 Φ；

%——代表 HRB335，输入后显示的符号为 Φ；

&——代表 HRB400，输入后显示的符号为 Φ；

#——代表 HRB500，输入后显示的符号为 Φ。

选中文字对象，修改或定义字体格式。

（2）BIM 在结构设计应用中的特点

随着建筑业的发展，建筑结构趋于复杂，一般大型项目均是由结构设计团队共同完成的。但现有的结构设计流程和规则很难保证团队成员之间实现及时准确有效的信息共享和交换，由此带来错、漏、碰、缺等设计错误。相比传统的结构设计，BIM 技术有以下几个优点：

①信息传递的效率加快。对于传统的结构设计，各种结构分析与结构计算软件产生的文件散乱地分布在不同人员的计算机中，导致数据传递慢，利用率低，文件更新不及时，错误和相互不一致，文件丢失、损坏等情况发生。这些问题耗费了结构工程师大量的时间和精力，增加了成本。BIM 技术的应用，使建筑师与结构工程师将更多地通过建筑模型交流，减少双方的误解，让他们将更多的精力投入到对方案的优化设计上来。

②协作。在基于 CAD 的设计方法中，各个设计者都是各自独立工作的，彼此之间很少有协同工作的时候。而在基于 BIM 的设计方法中，协同工作贯穿始终。协同工作不仅存在于不同专业的设计者之间，同时也存在于同一个专业的不同设计者之间。

③“自动化”。在基于 CAD 的设计流程里，很多的工作都需要人工完成，例如人工读 CAD 图、人工检查 CAD 图纸的一致性以及人工进行信息传递等。然而，在基于 BIM 的设计流程里，这些工作都是自动完成的，例如有“Link”“Workset”，结构和建筑模型可以随时自动地加载和更新，任何修改都可以随时自动更新到相关的地方，各个专业模型之间的一致性也可以自动进行检查。

④工作效率提高。利用工具软件快速创建 3D 模型，并自动生成各层平面结构图（模板

图）和剖面图，以完成结构设计图。

⑤减少成本。结构设计成果交付给施工单位的形式是一套结构施工图，以前的结构设计图纸有自身的局限性，难以全面地表现设计人员的设计意图。同时，施工单位的工程师们往往在对设计结果进行处理时，花费相当一部分工作精力又来重新建模，如施工单位需要重新按照施工图建模完成施工图预算、图纸分类与汇总等。而 BIM 技术的加入，使过程一体化，节约了时间和人力成本。

（3）BIM 在结构设计应用中的问题

基于 BIM 技术的理想 3D 物理模型与结构分析模型是可以双向链接的。由于分析模型中包含了大量第三方分析程序所要求的各种信息，如荷载、荷载组合、支座条件，这就使得工具软件中采用的参数更加繁多，让初学者难以适应。

除了模型外，流程上也有些问题。设计师和设计团队从 CAD 设计方法到 BIM 设计方法发生了根本的变化，虽然 BIM 的应用越来越多，但它目前还仅是一些大型建筑设计公司在尝试应用，许多中小型建筑设计公司仍采用常规的 CAD 方法，而且也很满足于此。这是因为在设计过程中还存在着很多困难。第一个问题是：建筑师和结构师之间的信息共享不是很充分，如建筑模型里的构件自重不能自动传递到结构模型里，因此所有的构件自重都需要手动计算并加到结构模型里去，这是个很烦琐的工作并且很容易出错。第二个问题是：在结构模型软件和别的结构计算软件之间，数据导入和导出的双向性并不是那么可靠。第三个问题是：因为结构计算的复杂性，单一的计算软件很难满足计算的需要，模型数据格式的通用性和可传递性并不是那么完美。第四个问题：在使用 BIM 设计方法时，二维结构图纸中梁、柱、墙采用平法表达的工作效率并不比传统方法高。还有就是在基于 BIM 的建筑设计过程中，工作团队里各人的职责分工不够明确。

（4）BIM 在结构设计中的展望

结构设计关系着建筑物的安全性、经济性和适用性，这将是未来 BIM 理论发展和不断成熟的关键之一，以后会有越来越多的工程师和其他项目参与方会重视它在结构设计方面所带来的理论价值和现实意义。从以上的设计过程和分析可以看出，尽管 BIM 设计流程还有很多的缺点，它仍然是个很实用的方法，并且可以在建筑设计中成功采用。因此，BIM 软件开发者应该尽力改善 BIM 软件的缺点，并且加强和其他计算软件的数据格式合作，从而达到一个真正的建筑信息化时代——真正的 BIM 时代。

3. BIM 与预制构件深化设计

微课 5：BIM 技术在装配式深化设计的应用

工业化建筑中应用了大量的诸如预制混凝土墙板、预制混凝土楼板、预制混凝土楼梯等预制混凝土构件，这些预制构件的标准化、高效和精确生产是保证工业化建筑质量和品质的重要因素。从大量预制混凝土构件的生产经验来看，现有采用平面设计的预制构件深化设计和加工图具有不可视化的特点，加工中经常因图的问题而出现偏差。BIM 技术在产业化住宅预制混凝土构件的深化设计、生产加工等过程中，能够提高预制构件设计、加工的效率和准确性，同时可以及时发现设计、加工中的偏差，便于在实际的生产中改进。

（1）BIM 预制构件的深化设计

预制构件的深化设计阶段是工业化建筑生产中非常重要的环节。由于预制混凝土构件是在工厂生产、运输到现场进行安装，构件设计和生产的精确度就决定了其现场安装的准确度，所以要进行预制构件设计的“深化”工作，其目的是保证每个构件到现场都能准确地安装，不发生错、漏、碰、缺。

一栋普通工业化建筑往往存在数千个预制构件，要保证每个预制构件到现场拼装时不发生问题，仅靠人工进行校对和筛查显然是不可能的，但 BIM 技术可以很好地担负起这个责任。利用 BIM 模型，可以把可能发生在现场的冲突与碰撞在模型中进行事先消除。

深化设计人员通过使用 BIM 软件对建筑模型进行碰撞检测，不仅可以发现构件之间是否存在干涉和碰撞，还可以检测构件的预埋钢筋之间是否存在冲突和碰撞。根据碰撞检测的结果，可以调整和修改构件的设计，并完成深化设计图。图 2-8 所示是利用 BIM 模型进行预制梁柱节点处的碰撞检测。

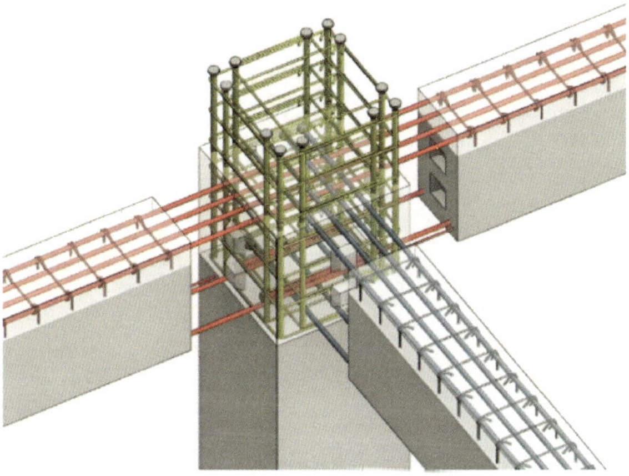

图 2-8　利用 BIM 模型进行预制梁柱节点处的碰撞检测

由于工业建筑工程预制构件数量多，建筑构件深化设计的出图量大，采用传统方法手工出图工作量相当大，而且若发生错误改图也不可避免。

采用 BIM 技术建立的信息模型深化设计完成之后，可以借助软件进行智能出图和自动更新。对图纸的模板做相应定制后就能自动生成需要的深化设计图，整个出图过程无须人工干预，而且有别于传统 CAD 创建的数据孤立的二维图，一旦模型数据发生修改，与其关联的所有图都将自动更新。

图样能精确表达构件相关钢筋的构造布置，各种钢筋弯起的做法、钢筋的用量等可直接用于预制构件的生产。例如，一栋 3 层的住宅楼工程，建筑面积为 1000 m^2，从模型建好到全部深化设计图出图完成只需 8 天时间，通过 BIM 技术的深化设计减少了深化设计的工作量，避免了人工出图可能出现的错误，大大提高了出图效率。例如，某工程采用预制装配式框架结构体系，建筑面积为 1008 m^2，建筑高度为 14.1 m，地上 3 层（即实际建筑的首层、标准层和顶层部分），梁柱节点现浇及楼板是预制现浇叠合，其他构件由工厂预制，预制率达到 70% 以上。该工程的建设采用 BIM 技术进行了深化设计。该住宅楼共有预制构件 372 个，其中外墙板 59 块，柱 78 根，主、次梁共计 142 根，楼板（预制现浇叠合板，含阳台板）86 块，预制楼梯 6 块，利用传统 Tekla Structures 中自带的参数化节点无法满足建筑的深化设计要求，所有构件独立配筋，人工修改的工作量很大。为提高工作效率，建设团队对 Tekla 进行二次开发，除一些现浇构件外，把标准的预制构件都做成参数化的形式（图 2-9），通过参数化建模极大地提高了工作效率。典型的如外墙板，在不考虑相关预埋件的情况下配筋分两种情况，即标准平板配筋和开口配筋，其中开口分为开口平板和开口 L 形板片两种，开口平板的窗口又有三种类型，女儿墙也有 L 形板片和标准板片两种，若干组合起来进行手动配筋相当烦琐，经过对比考虑将外墙板做成三种参数化构件，分别对应标准平板、开口墙板和女儿墙，这样就能满足所有墙板的配筋要求。经过实践统计，如果手动配筋，所有墙板修改完成最快也需要两个人一周的时间，而通过参数化的方式，建筑整体结构模型搭建起来只需一个人 2 天的时间，大大提高了深化设计的效率。

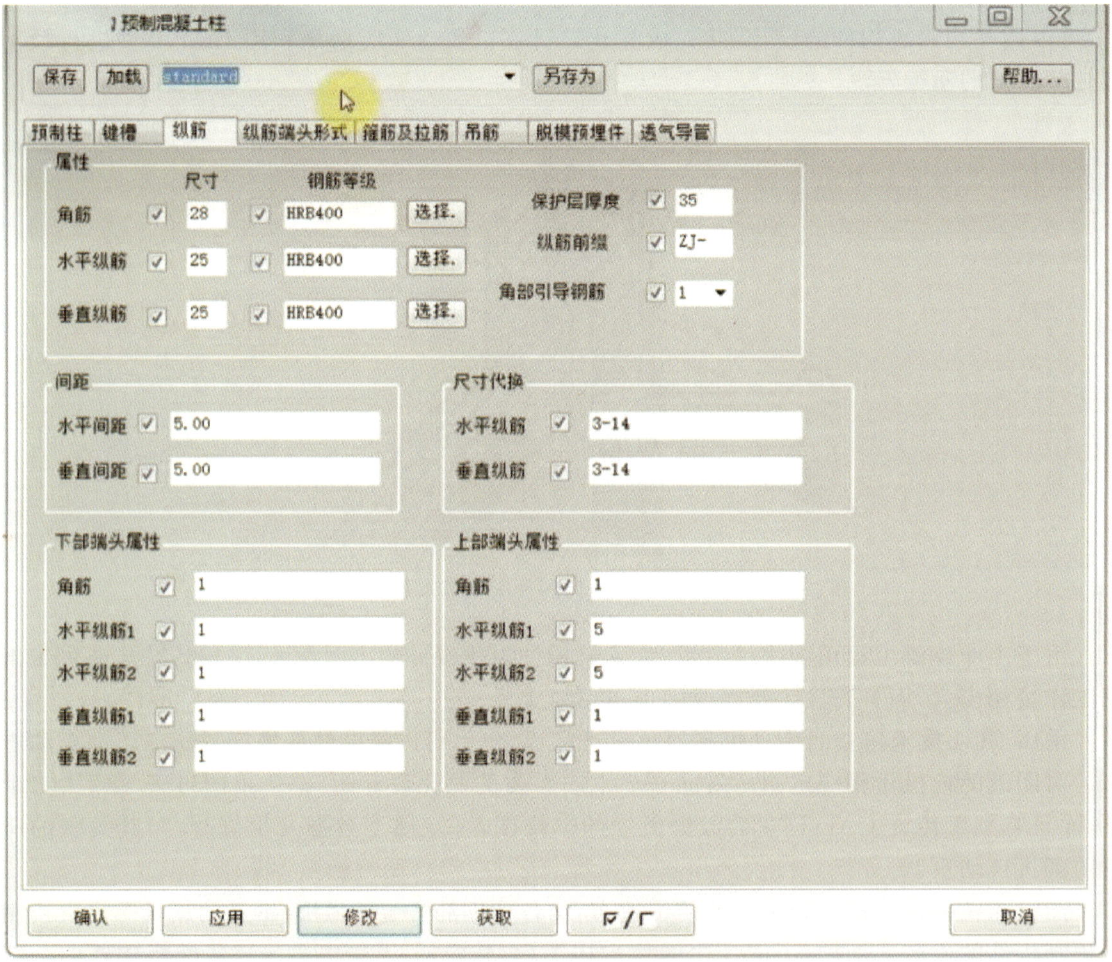

图 2-9 预制柱的参数化界面

（2）预制构件信息模型建立

预制构件信息模型的建立是后续预制构件模具设计、预制构件加工和运输模拟的基础，其准确性和精度直接影响最终产品的制造精度和安装精度。

在预制构件深化设计的基础上，可以借助 SolidWorks 软件、Autodesk Revit 系列软件和 Tekla BIMsight 系列软件等建立每种类型的预制构件的 BIM 模型（图 2-10）。这些模型中包括钢筋、预埋件、装饰面、窗框位置等重要信息，用于后续模具的制作和构件的加工。该模型经过深化设计阶段的拼装和碰撞检查，能够保证其准确性和精度要求。

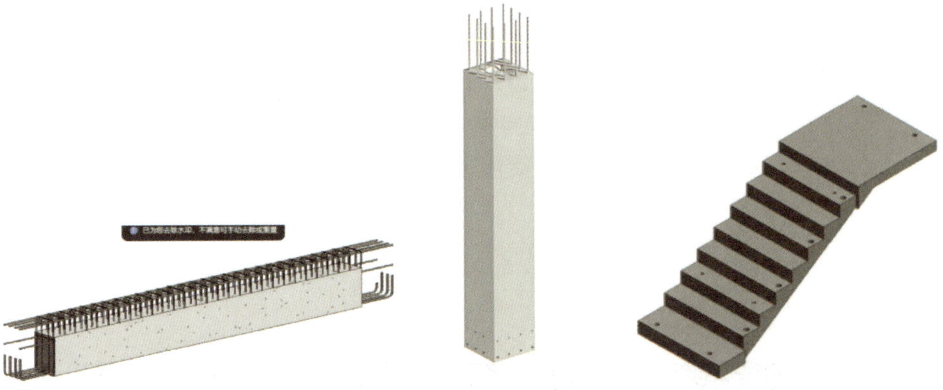

(a)　(b)　(c)

图 2-10　预制构件的 BIM 模型

(a)预制梁；(b)预制柱；(c)预制楼梯

(3)预制构件模具的数字化设计

预制构件模具的精度是决定预制构件制造精度的重要因素，采用 BIM 技术的预制构件模具的数字化设计，是在建好的预制构件的 BIM 模型基础上进行外围模具的设计，最大限度地保证了预制构件模具的精度。图 2-11 至图 2-13 所示是常见工业化建筑预制构件及模具。

图 2-11　外墙挂板构件

图 2-12　阳台板构件模具

图 2-13　楼梯板构件及模具

(4)BIM 预制构件的数字化加工

BIM 预制构件的数字化加工基于上述建立的预制构件的信息模型。以预制墙板构件为例，由于该模型中包含了尺寸、窗框位置、预埋件位置及钢筋等信息，通过视图转化可以导出该构件的三视图，类似传统的平面 CAD 图，如图 2-14 所示。由于三维模型的存在，使得该图纸的可视化程度大大提高，工人按图加工的难度降低，大大减少了因图样理解有误造成的构件加工偏差。

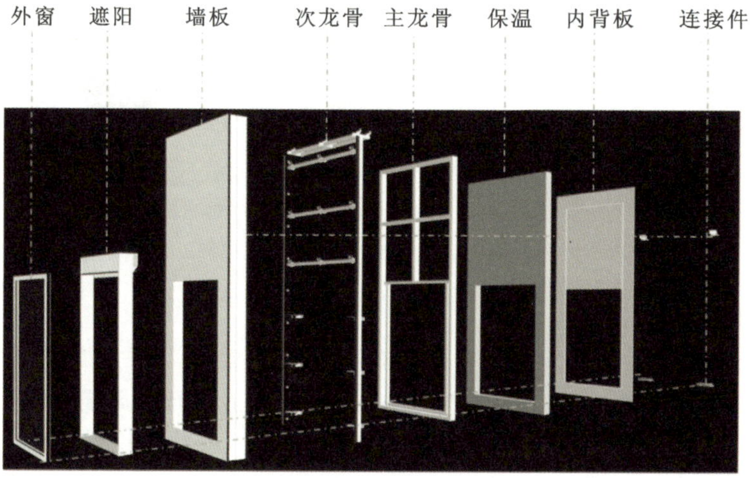

图 2-14 预制墙板加工图

4. BIM 与设备专业设计

(1)BIM 与给排水专业

相对于传统的设计流程，基于 BIM 的给水排水设计依然存在方案阶段、初步设计阶段、施工图阶段三个阶段，但在初步设计开始至施工图结束的过程中，专业内部、专业间的信息交换共享均基于不断深化的 BIM 模型，二维表达根据模型生成。减少了根据专业内、专业间设计变化导致的分别调整各平面图纸的工作步骤，避免了设计信息的丢失、错漏。通过数据模型的参数化特性，基于模型进行水量计算、水力计算等计算工作，同时运用信息化工具完成部分模型的自动建立及系统图自动生成、设计成果自动校验等。从工作流程的角度看，基于 BIM 的工作流程如图 2-15 所示，与传统的工作流程相比，主要发生了以下变化：

①在专业分析环节，通过信息交换，可以用 BIM 模型生成各类分析模型，避免重复输出和错误。

②在专业校审环节，通过可视化手段，可以完成关键设备、复杂管路等的检查。

③在专业协调环节，通过将机电模型与其他模型综合，减少错、漏、碰、缺等现象，提升专业协调的效率和质量。

④在图纸生成和交付环节，在准确的 BIM 模型基础上，通过模型剖切及模型转换，可快速生成机电各专业的平、立、剖二维视图。由于生成的二维视图与现阶段执行的设计深度要求不符，还需对生成的二维视图进行深化调整。

(2)BIM 与暖通专业

基于 BIM 的暖通空调设计相较于传统设计流程，从上游专业获取信息及处理所需信息更

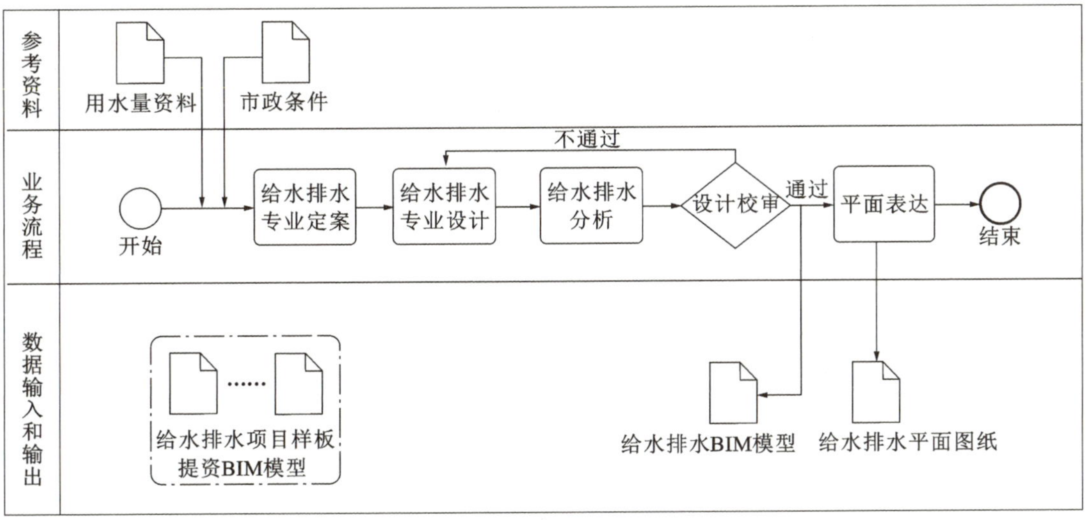

图 2-15 基于 BIM 的给水排水设计流程

加便捷。在具体工作的开展过程中,由于建筑专业信息模型的传递,暖通负荷计算可随建筑专业修改多次进行;专业间提资通过模型协同的方式,避免了孤立工作造成的错碰问题;对于下游配套设计如电气配电等,通过数据关联,也减少了设计修改后各方的修改工作量。

借助软件的发展、人员能力的提升以及设计资源的积累,BIM 设计可以实现相较于传统设计更高的总体设计效率和质量,某些建模、修改工作可通过软件程序自动完成,但相较于以二维图纸为基础的传统设计形式,BIM 设计增加了调整模型二维表达的工作步骤。

同时,由于模型数据的关联性,自校设计成果及校审人员审查设计成果时,可减少针对数据一致性及可靠性的检查工作,更加注重于设计的合理性、经济性及优化建议的提出。从图 2-16 流程图中可见,分析计算、提资与反提资围绕贯穿项目始终的统一模型进行,而非阶段性进行,数据完整的其他专业模型亦可直接用于分析计算,不需要由暖通专业单独建立分析计算模型。

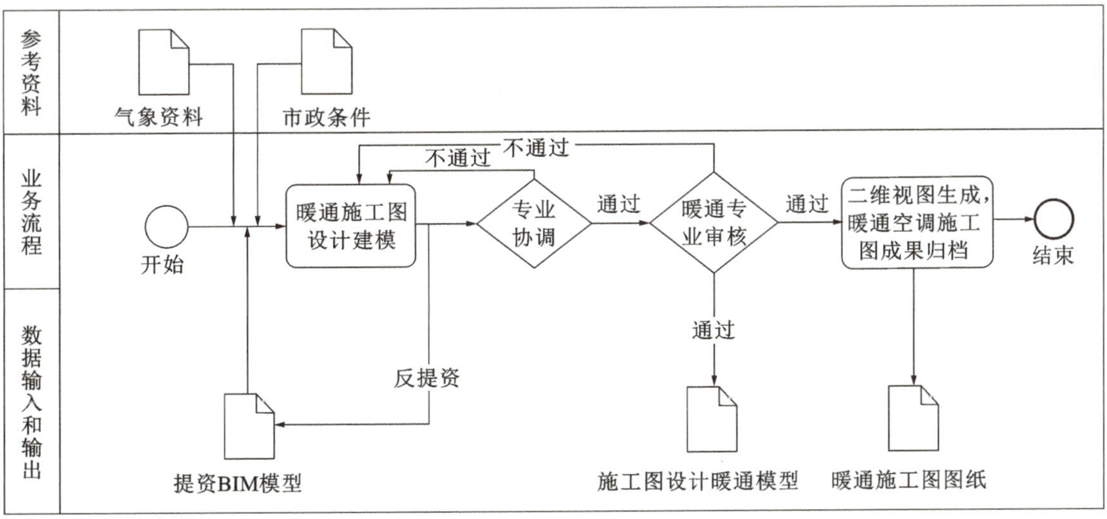

图 2-16 基于 BIM 的暖通设计流程

（3）BIM 与电气专业

基于 BIM 的电气初步设计，如图 2-17 所示。准备阶段除了要收集各种参考信息、标准、资料之外还要进行软件的准备工作，如选择、设定项目样板，链接建筑模型获取轴网、标高，关闭不需要的图元，进行电气设置等。在出图阶段，由于模型导出的图纸与现阶段执行的设计深度要求不符，因此在 BIM 电气初步设计阶段新增加了二维图纸生成及调整的步骤。

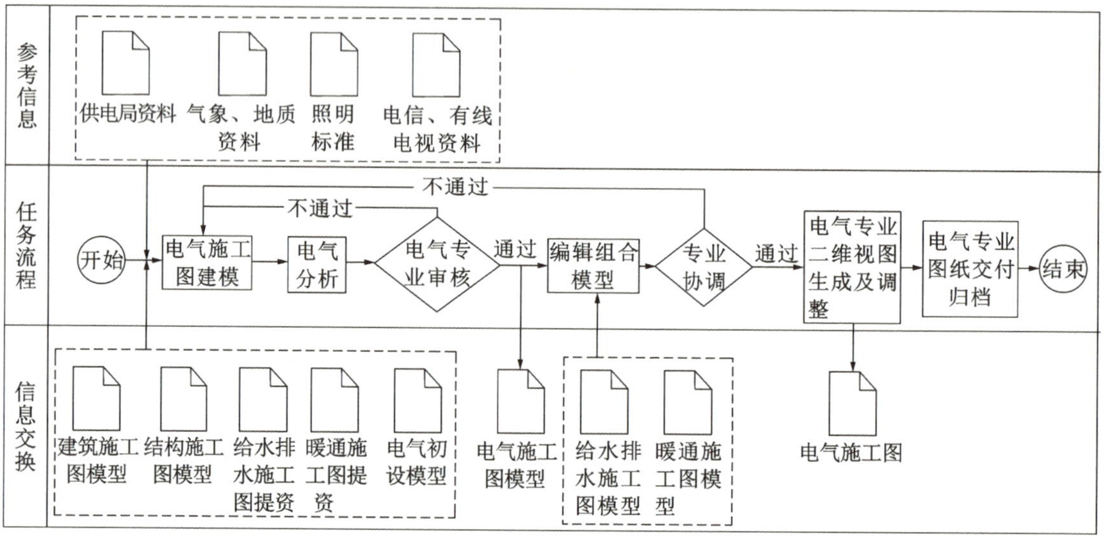

图 2-17 基于 BIM 的电气施工图设计流程

由于数据的通用性和读取的便利性，电气负荷计算的结果更为准确。但由于计算要求的问题，设备参数、计算所需参数（如需求系数、功率因数等）等需要提前确定，并在设计准备阶段录入电气设置中，使得电气初设阶段工作量有所增加，并且准备阶段录入的参数可能在后期会修改，因此造成返工。设计人员应自行权衡，尽早确定准确可用的参数。

基于 BIM 的电气施工图阶段设计流程与初步设计阶段流程基本一致，但应在初步设计模型的基础上，考虑工程预算、施工安装、后期运营维护等上下游需求，进一步完善系统模型及相应文件，包括电气图纸目录、电气施工图设计说明、平面图纸、主要设备表、计算书等。

5. BIM 与招投标

BIM 概念在 2002 年首次引入我国市场后，历经二十多年的时间，我国的建筑行业正在经历着一场 BIM 的洗礼。软件公司、设计单位、房地产开发商、施工单位、高校科研机构等都已经设立 BIM 研究机构。国内已经有不少建设项目在项目建设的各个阶段不同程度地运用了 BIM 技术。所以 BIM 除了在设计中的应用外，在招投标阶段中也有应用，而且提高了成本的控制力度。通过应用 BIM 技术，建设方在工程项目投标阶段取得了更多的可靠数据，施工方案能以 3D 的形式清晰简明地展示给客户，大大提升了中标率。

（1）BIM 在招投标中的应用

自 2000 年招标投标法颁布至今，我国招投标事业取得了长足的发展，新技术在招投标过程中的应用十分普遍。基于信息与网络技术，利用 BIM 进行招投标是近几年在建筑市场逐渐开始采用的一种新型工程承发包交易手段。经过多年的探索与实践，信息化招投标系统建设日趋成熟，发展前景光明。2012 年颁布的《中华人民共和国招标投标法实施条例》第五条明确提出鼓励利用信息网络进行 BIM 招标投标，更使 BIM 在招投标领域的推广得到了法律层面的支持。

①BIM 在招标控制中的应用

利用三维设计模型，辅助审计团队进行重、难点区域的工程量信息提取，方便业主对工程量、造价及复杂造型中不同类型构件复杂程度的全面了解。

对各投标单位进行项目三维总体情况、重难点区域细节设计、方案调整过程等的介绍，方便承包商快速了解项目情况，正确评估项目难易程度，准确报价。同时，对投标单位进行 BIM 投标方案和 BIM 实施能力评估。通过导出 Navisworks 软件制作的动画，对项目进行具体的操作介绍和动画演示，所见即所得。

在招标控制环节，准确和全面的工程量清单是关键。工程量计算是招投标阶段耗费时间和精力最多的重要工作。BIM 是一个富含工程信息的数据库，可以真实地提供工程量计算所需要的物理和空间信息。通过 BIM 获得的准确工程量统计可以用于前期设计过程中的成本估算、在业主预算范围内进行不同设计方案的探索或者不同设计方案建造成本的比较，以及进行施工开始前的工程量预算和施工完成后的工程量决算。同时，借助这些信息，计算机可以快速对各种构件进行统计分析，从而大大减少根据图纸统计工程量带来的烦琐的人工操作和潜在错误，在效率和准确性上得到显著提高（图 2-18）。

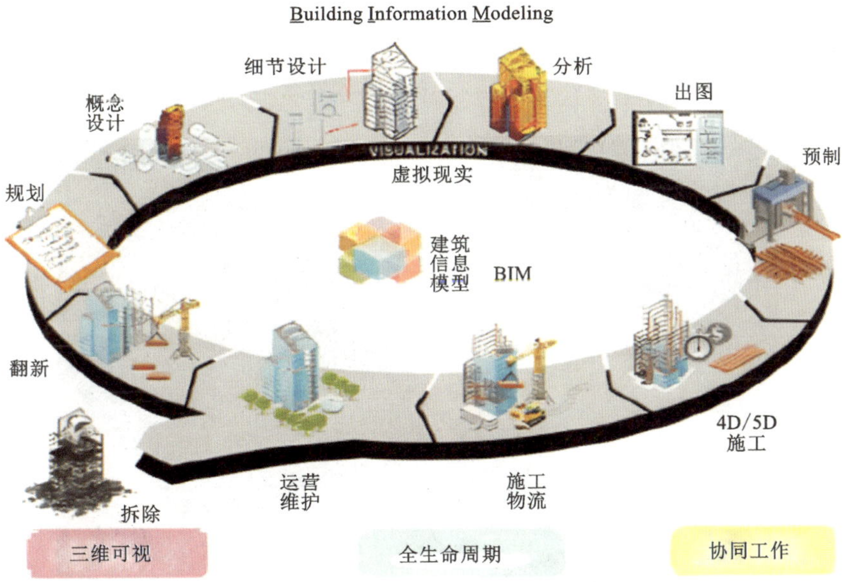

图 2-18　BIM 的应用阶段

a. 建立或复用设计阶段的 BIM 模型

对于 BIM 模型的建立，一种是最基础的方法，即直接按照施工图纸重新建立 BIM 模型；另一种是利用软件提供的识图转图功能，将.dwg 格式的二维施工图转成 BIM 模型。除此之外，就是复用和导入设计软件提供的 BIM 模型，生成 BIM 算量模型，这是从整个 BIM 流程来看最合理的方式。

b. 基于 BIM 的快速、精确算量

基于 BIM 算量可以大大提高工程量计算的效率。

利用 BIM 的自动化算量方法提高了工程量计算的准确性，将人们从手工烦琐的劳动中解放出来，节省的时间和精力可用于更有价值的工作，如询价、评估风险等，也可以利用节约的时间编制更精确的预算。

②BIM 在投标过程中的应用

投标文件一般包括经济标、技术标和商务标三大块。经济标主要指投标报价，技术标主要包括组织技术方面的内容，商务标就是公司的资质、执照、获奖证书等方面的东西。下文从经济标和技术标两个方面介绍 BIM 技术在投标阶段发挥的作用。

a. 经济标

在工程投标过程中，招标单位一般给投标单位的准备时间大概为 15～20 d。如按传统方式，这么短的时间内，不太可能对招标工程量进行详细复核，只能按照招标工程量进行组价，得出总价以后进行优惠报价。而 BIM 的应用使快速准确算量不是难事。

b. 技术标

投标除了经济标拿分，很多单位忽视了技术标的分数。想要中标，除了在报价方面的优惠，技术方案的编制也非常关键，尤其是一些超高层或是标志性工程，业主对技术标的标准要求非常高，对评标细则也很苛刻。一项超高层的项目，总造价一般都在 5 亿元人民币以上，要知道，技术标的 1 分之差相当于经济标总价的几千万差额。那么应用 BIM 技术在投标阶段可以发挥哪些作用呢？下面列举了五个 BIM 在投标时的亮点：

第一，碰撞检查，可减少返工、节约工期、降低建造成本(图 2-19)。

图 2-19　地下一层局部电缆桥架与消防水管碰撞

由于施工图是各专业设计师各自绘制在各自的施工图纸上的，各专业设计师之间的沟通不到位会出现各种专业之间的碰撞问题，比如给排水等专业中管道正好布置在有电气专业设计的电缆桥架等构件的位置。

第二，虚拟施工，通过模型提前预知施工难点，提出切实可行的施工方案。

运用 BIM 三维可视化功能再加上时间维度，利用碰撞优化后的三维管线方案，可以发现工程的重难点施工部位，按照场地特点、国家规范制订详细的施工方案，将施工方案模型化、动漫化，让评标专家，甚至非工程行业出身的业主领导都对施工方案的各种问题和情况了如指掌。然后进行方案论证，项目投资方可以使用 BIM 来评估设计方案的布局、视野、照明、安全、人体工程学、声学、纹理、色彩及规范的遵守情况。BIM 甚至可以做到建筑局部的细节推敲，迅速分析设计和施工中可能需要应对的问题。

第三，加强施工现场的安全管理和实时监控。

BIM 模型中，对洞口、临边、电梯井等存在安全隐患的位置，布置上安全围栏，施工前，对施工人员进行安全交底，形象又直观，让施工人员对安全隐患位置有较深的印象，确保施工过程不出安全事故。

第四，利用 BIM，分区统计材料用量，避免二次运输，加快施工进度（图 2-20）。

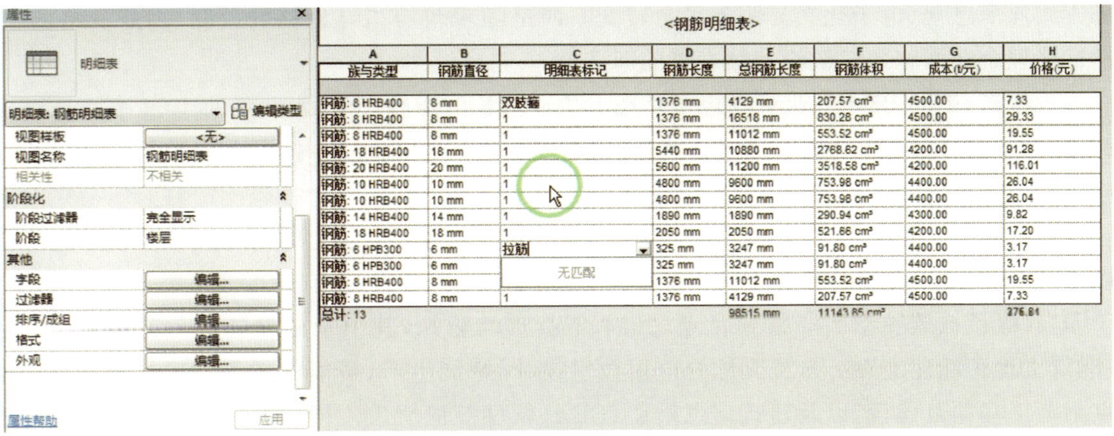

A 族与类型	B 钢筋直径	C 明细表标记	D 钢筋长度	E 总钢筋长度	F 钢筋体积	G 成本(t/元)	H 价格(元)
钢筋：8 HRB400	8 mm	双肢箍	1376 mm	4129 mm	207.57 cm³	4500.00	7.33
钢筋：8 HRB400	8 mm	1	1376 mm	16518 mm	830.28 cm³	4500.00	29.33
钢筋：8 HRB400	8 mm	1	1376 mm	11012 mm	553.52 cm³	4500.00	19.55
钢筋：18 HRB400	18 mm	1	5440 mm	10880 mm	2768.62 cm³	4200.00	91.28
钢筋：20 HRB400	20 mm	1	5600 mm	11200 mm	3518.58 cm³	4200.00	116.01
钢筋：10 HRB400	10 mm	1	4800 mm	9600 mm	753.98 cm³	4400.00	26.04
钢筋：10 HRB400	10 mm	1	4800 mm	9600 mm	753.98 cm³	4400.00	26.04
钢筋：14 HRB400	14 mm	1	1890 mm	1890 mm	290.94 cm³	4300.00	9.82
钢筋：18 HRB400	18 mm	1	2050 mm	2050 mm	521.86 cm³	4200.00	17.20
钢筋：6 HPB300	6 mm	拉筋	325 mm	3247 mm	91.80 cm³	4400.00	3.17
钢筋：6 HPB300	6 mm		325 mm	3247 mm	91.80 cm³	4400.00	3.17
钢筋：8 HRB400	8 mm		1376 mm	11012 mm	553.52 cm³	4500.00	19.55
钢筋：8 HRB400	8 mm	1	1376 mm	4129 mm	207.57 cm³	4500.00	7.33
总计：13				98515 mm	11143.85 cm³		276.81

图 2-20　梁钢筋明细表

利用 BIM 技术可以及时制订采购计划，限额领料，做到对材料用量的对比分析。可以让管理人员随时获取需要的数据，比如要浇筑某一层的柱子，施工员只要用鼠标轻轻地点击该柱子，就可以得出柱子的混凝土数量，方便报料。还有就是想要知道下个月所需要的材料计划用量，也只要鼠标框选一下计划施工区域，就可以迅速得到材料用量。利用已经建立的模型，可以准确快速地统计每个区域、每个构件的材料用量，实现点对点的材料运输，使得材料一次性到位，减少材料的二次搬运，进而有效提高各工序的配合程度，加快施工进度。

第五，提交运维 BIM 模型，方便业主管理。

工程竣工后，向业主提供 BIM 资料数据库，这是一种 6D 关联数据库，业主方可以根据各种条件快速检索到相应资料，例如，当甲方发现一些渗漏问题，首先不是实地检查整栋建筑，而是在 BIM 系统中查找位于嫌疑地点的阀门等设备，获得阀门的规格、制造商、零件号码和其他信息。比如要更换一种阀门，只要按一下键盘，该阀门的厂家，如型号、寿命、质保期、位置等信息立即可知，用不着一张图纸一张图纸去查看，可大大提高效率，大大提升了物业管理能力。

如果你是业主，面对这样的投标你是不是很心动呢？总之，利用BIM技术可以提高招标投标的质量和效率，有力地保障工程量清单的全面性和精确性，促进投标报价的科学性、合理性，加强招投标管理的精细化水平，减少风险，进一步促进招投标市场向规范化、市场化、标准化发展。

(2)BIM在招投标中的规定与政策

当下，招投标行业已进入新常态。这种新常态具有以下明显的特点：一是以“互联网”为标志，大数据、BIM技术、电子化三大科技手段正在促进工程建设领域快速发展，并产生质的飞跃，也为建筑业的改革发展带来革命性、方向性的变化。同时，PPP(公私合作模式)项目等一系列新的资本运作模式也给招投标方式带来了新的挑战。二是我国的行政监管正在充分体现简政放权的理念，在取消非行政许可事项的同时，进一步简化审批事项，延伸服务内涵。三是全国招投标交易场所按国务院最新要求，正在进行全面整合。但总体目标依然是体现了可持续这一经济学的核心，其方向是明确的，即公共资源及建设工程交易中心从传统意义的监管服务方式向信息化、电子化交易服务平台转变。四是随着政府指导价格的放开、企业资格弱化，招标代理企业面临如何健康持续发展的新课题。

近年来，中国BIM行业市场规模呈现出快速增长的态势。从2016年的40.5亿元增长至2023年的102.50亿元，年复合增长率达到较高水平，显示出BIM技术在建筑行业中的广泛应用和市场需求的不断增加。

同时，2024年，国家及全国各地关于BIM(建筑信息模型)的政策纷纷进一步出台或实施，以推动BIM技术在建筑行业中的广泛应用。2024年2月2日，国家发展改革委等部门发布关于印发《绿色低碳转型产业指导目录(2024年版)》的通知，其中基础设施绿色升级章节中将“建筑工程智能建造”纳入，提到综合应用数字设计、智能生产、智能施工等技术的智能建造试点示范工程项目建设，以及建筑信息模型(BIM)软件等的研发。同时，工程质量、安全生产和市场行为应符合各类工程建设及相关工业、信息产业标准规范要求，专项技术需符合《建筑信息模型应用统一标准》(GB/T 51212)等国家、地方、行业智能建造相关标准规范要求。《产业结构调整指导目录(2024年版)》于2024年1月9日发布，其中鼓励类包括对经济社会发展有重要促进作用的技术、装备及产品。涉及建筑行业的鼓励类相关项包括先进建造技术以及绿色建筑技术研发和应用，后者具体提到建筑信息模型(BIM)相关技术研发与应用。

各地方也积极出台政策，推动BIM技术应用。2024年5月11日，天津市住房和城乡建设委员会发布关于印发《2024年天津市智能建造试点城市推进工作要点》的通知，要求推行工程建设全过程BIM技术应用，并加快其在规划报批、施工图设计、施工图审查等全生命周期的集成应用。2024年2月8日，重庆市住房和城乡建设委员会发布关于颁发《重庆市智能建造(建筑机器人)消耗量标准(1.0版)》的通知。2024年2月26日，重庆市住房和城乡建设委员会发布关于印发《重庆市智能建造、建筑工业化项目技术复杂认定标准(试行)》的通知，加快智能建造与建筑工业化协同发展。2024年3月5日，江苏省住房和城乡建设厅发布《江苏省改善型住宅设计与建造导则》，指出改善型住宅宜采用智能建造技术，通过BIM等进行辅助施工作业，提升全生命周期品质。自2024年2月1日起，上海市在工程建设项目审批管理系统中上线基于BIM技术的智能辅助审查子系统，对房屋建筑工程的BIM模型实施部分规范条文的

智能辅助审查。同时上海市近年来还出台了一系列政策推进 BIM 技术在监督管理方面的应用，如 2023 年 9 月印发的《上海市全面推进建筑信息模型技术深化应用的实施意见》，要求加强各环节 BIM 审批和监管，并试点基于 BIM 技术的工地现场质量安全智能监管体系。

BIM 在招投标中的应用主要表现在模型上面。而甲方对总承包方（施工单位）的 BIM 招标中技术标（就是投标文件里涉及技术方面的方案、内容、机具设备、人力、保障措施等）占 16 分，而信息化实施能力占 3 分。信息化实施能力就是在 BIM 方面根据招标文件 BIM 的实施大纲中，结合本工程实际情况利用 BIM 模型对工程的进度、物料、机械、现场布置等安排进行动态管控和协调方案的合理可行等进行评分（0～1 分）；在 BIM 重难点分析中根据投标文件，结合本工程实际情况利用 BIM 模型对现场施工难点、重点分析等进行评分（0～1 分）；对于数字化工地方案，根据招标文件数字化工地软硬件配置符合要求，实施方案合理可行，符合招标文件要求等进行评分（0～1 分）。

（3）BIM 在招投标中的前景

应用 BIM 技术做出来的投标文件，业主能直观地了解该建筑物的所有信息，在投标阶段的确能为施工单位带来巨大价值。但 BIM 的建模需要长期积累，应用 BIM 技术投标现属于起步阶段，投标成本也相对较高，投标的时候需要投入一整个专业团队，他们对建模软件必须很熟练。所以，应用 BIM 技术投标现仅限于造价高和标志性建筑的项目。但 BIM 技术并不是噱头，业主也是希望通过 BIM 实现价值。BIM 建筑信息模型的建立，是建筑领域的一次革命，将成为项目管理强有力的工具。掌握 BIM 技术，才能在建筑行业更好地发展。因此，应用 BIM 中标只是第一步，如何在施工过程中有效利用 BIM 节约工期、造价成本，提升建筑质量，打造绿色建筑，才是各单位应该认真思考的问题。

2.2.2　BIM 与施工管理（工程项目管理）

项目管理（Project Management，PM）是指在项目活动中运用专门的知识、技能、工具和方法使项目能够在有限资源限定条件下，实现或超过设定的需求和目标的过程。项目管理是对一系列目标活动（比如任务）的整体监测和管控。项目管理是运用管理的知识、工具和技术于项目活动上，来解决项目的问题或达成项目的需求。所谓管理包含领导（Leading）、组织（Organizing）、用人（Staffing）、计划（Planning）、控制（Controlling）等五项主要工作。

工程项目管理是项目管理下的一个分支，主要是指项目管理在工程类项目、投资项目以及施工项目中的应用。其中，如施工项目管理主要是做到成本和进度的把控，这一把控主要依靠工程项目管理软件。工程项目管理根据所处角度（业主、承包商、监理方、供应商）不同，其职能重点也不同，共性职能是：为保证项目在设计、采购、施工、安装调试等各个环节的顺利进行，围绕“安全、质量、工期、投资、决算”控制目标，在项目集成管理、范围管理、时间管理、成本管理、质量管理、人力资源管理、沟通管理、风险管理、采购管理、结算管理、决算管理等方面所做的各项工作。

工程项目管理是建设工程项目规划、可行性研究、选址和勘察设计中的重要组成部分，是保证建设项目顺利实施、保证建设工程质量、提高经济效益的重要因素。工程项目管理的准确性和科学性对建设项目具有极大的影响。

工程项目管理三大目标：进度、质量、成本。对承包商来说，三大目标的实现和自身利益紧密联系在一起，目标控制的好坏直接或间接地影响承包商乃至业主的经济利益。施工阶段的

工程项目管理是整个工程项目管理中最复杂最重要的。因此,工程建设实施过程中,承包商主要是围绕这三大目标进行工程项目管理的。而BIM技术是继CAD技术之后的又一次应用于工程项目管理的重要的技术革新,其具有高效的信息处理和传输能力。下文中主要站在承包商的角度探讨BIM在工程项目管理三大目标上的运用及产生的价值。

1. BIM与进度管理

所谓工程项目进度管理,是指对工程项目建设各阶段的工作内容、工作程序、持续时间和衔接关系根据进度总目标及资源优化配置的原则编制计划并付诸实施,然后在进度计划的实施过程中经常检查实际进度是否按计划要求进行,对出现的偏差情况进行分析,采取补救措施或调整原计划后再付诸实施,如此循环,直到建设工程竣工验收交付使用的活动。进度计划是进度控制的依据,是实现工程项目工期目标的保证。因此,进度控制首先要编制一个完备的进度计划。但进度计划实施过程中由于各种条件的不断变化,需要对进度计划进行不断的监控和调整,以确保最终实现工期目标。

将3D模型在空间上增加时间维度,形成4D模型,可以用于项目进度管理。4D建筑信息模型的建立是BIM技术在进度管理中核心功能发挥的关键。4D施工进度模拟通过施工过程模拟对施工进度、资源配置以及场地布置进行优化。过程模拟和施工优化结果在4D可视化平台上动画显示,用户可以通过观察动画验证并修改模型,对模拟和优化结果进行比选,选择最优方案。将BIM与空间模拟技术结合起来,通过建立基于BIM的4D施工信息模型,将项目包含建筑物信息和施工现场信息的3D模型与施工进度关联,并与资源配置、质量检测、安全措施、环保措施、现场布置等信息融合在一起,实现了基于BIM的施工、进度、成本、安全、质量、劳动力、机械、材料、设备和现场布置的4D动态集成管理以及施工过程的可视化模拟。在模拟的过程中会暴露很多问题,如结构设计、安全措施、场地布局等各种不合理问题,这些问题都会影响实际工程进度,甚至造成大规模窝工。早发现早解决,并在模型中做相应的修改,可以达到缩短工期的目的。

BIM进度管理应用步骤如下:

(1)建立建筑工程4D信息模型

建立建筑工程4D信息模型可以分为三个步骤。首先创建3D建筑模型,然后建立建筑施工过程模型,最后把建筑模型与过程模型关联。

①创建3D建筑模型

从其他基于IFC标准的3D模拟系统中直接导入项目的3D建筑模型,也可以利用系统提供的建模工具直接新建3D建筑模型。墙、门、窗等经常使用的构件类型,只需输入很少的参数就可以建立相应的构件模块,并且给构件模块赋予相应的位置、尺寸、材质等工程属性的信息,对多种模块进行组合就形成3D建筑模型。

②建立施工过程模型

施工过程模型就是进度计划的模拟,通过WBS把建筑结构分为整体工程、单项工程、分部分项工程、分层工程、分段工程等多层节点,自动生成WBS树状结构。把总体进度计划切分到每一个节点上,即可完成进度计划的创建工作。系统提供了丰富的WBS编辑功能以及基本的施工流程工序模板,只需做少量输入就能够为WBS节点增添施工工序节点,并且在进度信息中添加这些节点的工期以及任务逻辑关系。同时在进度管理软件中设置一些简单的逻辑关系(图2-21),创建进度计划就完成了,这样显著提高了工作效率。

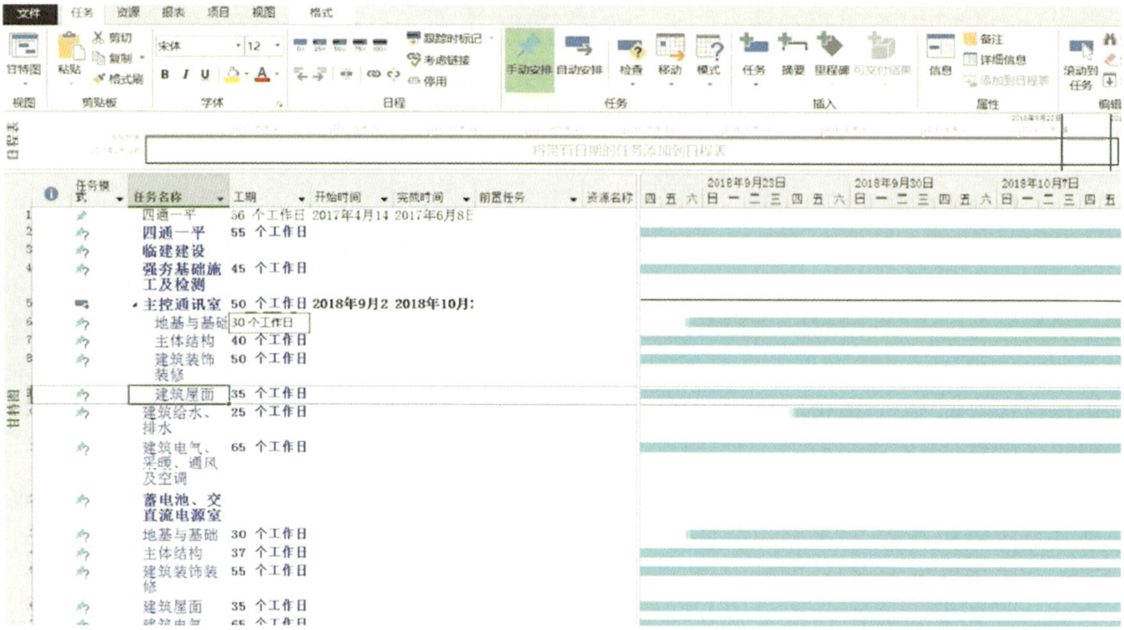

图 2-21　施工过程模型

③建筑模型与过程模型关联

在完成 3D 模型和进度过程模型的建立后，利用系统提供的链接工具进行 WBS 节点与工程构件以及工程实体的关联操作，通过系统预置的资源模板，就自动创建了建筑工程 4D 信息模型。系统提供的工程构件可以依据施工情况定义为各种形式，可以是单个构件，如柱、梁、门、窗等，也可以是多根构件组成的构件组。工程构件保存了构件的全部工程属性，其中有几何信息、物理信息、施工计划以及建造单位等附加信息。

(2)建筑施工数据集成和信息管理

①施工管理数据库

在 4D 施工进度管理系统中，模型数据的记录、分析、管理、访问和维护等操作主要是在施工管理信息数据库中完成的。由于在信息模型中模型实体的数据结构烦琐，有复合数据、连续数据和嵌套数据等，为了科学合理地管理这些数据，使模型能够直观、真实地表现工程领域的复杂结构，一般采用将模型对象封装的办法来提升数据处理能力。通过在系统中加入面向对象的计算方法，并创建面向对象的过程数据库系统，实现了更高层次的数据管理。

②施工管理信息平台

施工管理信息平台为工程项目管理者提供了一个信息集成环境，为工程各参建方之间实现互联互通、协同合作、共享信息提供了一个公开的应用平台。其功能主要有如下几点：

a. 施工管理信息数据的记录与管理。其主要内容有：施工管理过程中所有数据的统计、分析，数据之间逻辑关系的建立和调整，产品数据与进度数据的关联等。

b. 施工管理数据库的维护。通过该平台提供的信息数据库访问端口，可以对数据库内所有的复杂实体数据进行访问，允许用户根据实体的工程属性信息进行分类搜索、统计查询和批量修改等操作；提供协同施工管理的环境。

③数据交换端口

数据交换端口可以提供其他非 IFC 标准的软件或系统与本系统之间数据交换的途径。本系统采用以中性数据文件为基础的数据交换模式。数据交换端口要用于实现应用系统读写和访问信息模型内基于 IFC 标准的中性文件。具体地说，在 4D 施工进度模型中数据交换端口主要用于与项目进度管理软件进行数据交换。

(3)4D 施工管理系统

4D 施工管理系统为管理者提供了进行项目 4D 施工管理的操作界面和工具层。利用此系统，操作人员可以制订施工进度计划、规划施工现场布置、优化资源配置，实现对施工进展和施工现场布置的可视化模拟，实现对项目进度、综合资源的动态控制和管理。4D 施工进度管理系统以工程经常采用的进度管理软件为基础，通过进度管理引擎将重新定义的一系列标准调用端口连接起来，实现进度数据的读写和访问。按照该端口的定义，系统建立了与工程进度管理软件的链接，实现了数据交互共享。

4D 进度计划管理可以有两种实现方法：第一种是通过进度管理软件的管理界面，对进度计划进行控制和调整，当平台中的进度计划被修改时，4D 施工模型会自动同步调整，使进度计划不仅可以用横道图、网络图等二维平面形式表示，还可以用三维模型方式动态地呈现出来。另一种是在 BIM 软件的操作界面中，实现 4D 施工模型的动态管理。其主要功能如下：可实时查看任意时间段、工程段的施工进度。模型上不同的颜色代表了不同的工作，已完工的用特殊颜色标记。可实时查看图像平台上的任意构件、构件单元或工程段等任意施工对象的施工状态和工程属性信息，如当前工作的计划起始时间、持续时间、施工工艺、承揽单位和任务量等。对施工对象的持续时间和当前施工情况进行修改，系统会根据项目进展自动调整进度数据库，修改进度计划，并及时更新呈现 4D 图像。

当 4D 模型或进度计划发生了改变，系统会自动更新数据，重新进行劳动力、机械、材料等施工资源的计算和调配。资源配置始终与施工进度计划关联，协调时间的同步性，实现了基于进度计划的资源动态管理(图 2-22)。

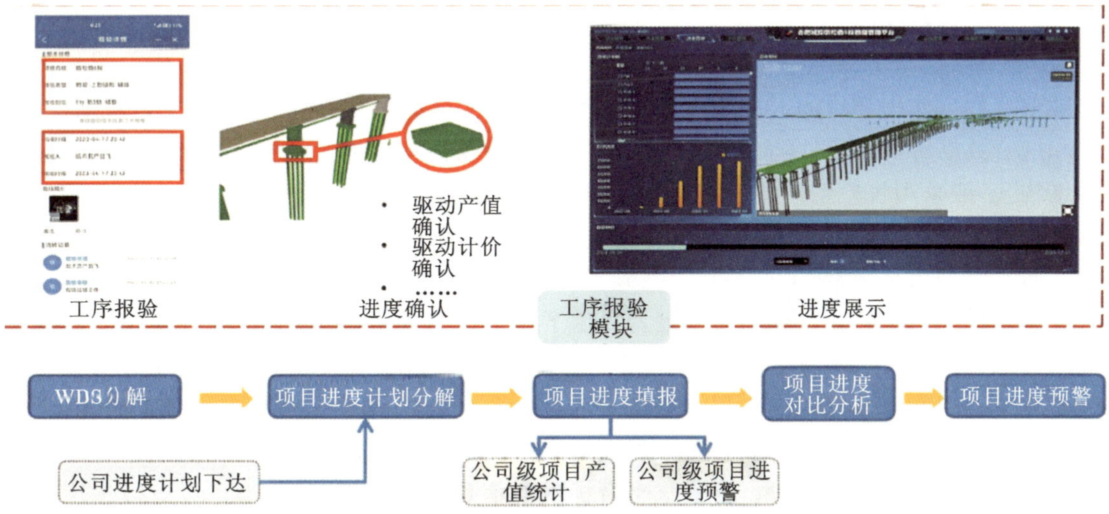

图 2-22 4D 施工管理系统

(4)4D 动态资源管理

用户首先对初始资源模板进行定制，建立企业定额标准。然后输入材料种类、劳动力、机械、设备以及各种资源的提供商等信息。系统把构件的三维模型与各种资源相关联，最后自动分析任意构件、构件单元或施工段在不同时间阶段内的资源用量，并给出合理配置方案。如果想对资源信息进行更改，只需对资源模板进行修改，就可以自动调整全部关联构件的资源属性。4D 动态资源管理系统将施工进度、建筑三维模型、资源配置等信息通过 WBS 合理地关联在一起，达到了对整个施工中资源的计划配置、消耗等过程进行动态管理的目的。资源管理的对象包括材料、劳动力和机械，通过计算各单位工程、分部工程、分项工程的劳动力、机械、材料的需求量和折算成本，并将各种资源与构件的二维模型关联，就可以生成任意构件或构件单元在施工阶段内的资源消耗，将资源消耗情况结合施工进度计划就达到了资源的动态管理目的(图 2-23)。

图 2-23　4D 动态资源管理

2. BIM 与工程质量管理

建筑工程质量管理是指为建造符合使用要求和质量标准的工程而运用一整套质量管理体系、手段和方法所进行的质量管理活动。工程项目建设，投资大，建成及使用时期长，只有合乎质量标准，才能投入生产和交付使用，发挥投资效益，结合专业技术、经营管理和数理统计，满足社会需要。建筑工程质量关系建筑物的寿命和使用功能，对近期和长远的经济效益都有重大影响。工程质量管理包括很多个阶段，如勘察设计质量管理、决策阶段质量管理、工程完成后的质量管理。本节主要介绍施工阶段的质量管理。施工阶段的质量管理分为事前控制、事中控制和事后控制。

BIM 在施工阶段的质量管理主要是在事前控制和事中控制阶段。影响施工阶段质量的因素主要有以下几个方面：人的因素、材料的因素、机械因素、施工方法因素和环境因素。其中人的因素主要是施工操作人员的质量意识、技术能力和工艺水平，施工管理人员的经验和管理能力;材料因素包括原材料、半成品和构配件的品质和质量,工程设备的性能和效率;施工方法因素包括施工方案、施工工艺和施工组织设计的合理性、可行性和先进性;环境因素主要是指工程技术环境、工程管理环境、质量体系是否健全和完善、劳动环境。施工阶段的质量控制实际上就是对这五个方面的控制。

(1)BIM 用于构件预制加工

建筑产业化就是“像搭积木一样”造房子,它在工程项目建设中以新型的“设计-制造-安装”模式代替传统的“设计-现场浇注”模式。目前,影响建筑产业化实施存在的问题是不能够充分协调设计、制造和安装过程之间的关系,从而影响工程工期、成本和质量。因此,建筑产业化的主要任务是协调好建筑工程项目中预制装配式结构构件的设计、制造、安装过程之间的关系。基于 BIM 的 3D 信息模型一旦出现设计方案与工厂制造、现场施工冲突,建筑、结构、设备碰撞冲突,即可在同一参数化信息模型上进行优化设计,参数化协同设计可做到一处参数修改,处处模型同步更新。如此便将构件在工厂制造、现场安装前出现的所有问题都在电脑里进行修改,达到构件设计、工厂生产制造和现场安装的高效协调,保障项目按计划的工期、造价、质量顺利完成。

例如,BIM 项目的典范——上海中心的每一块幕墙不仅是预制的,而且是预装配的。每块幕墙的形状都是不一样的。为解决这一问题,项目采用了 BIM 预制和预装配。在工厂里,将准确的幕墙属性信息(无论是裁制的尺寸,还是曲变的弯度)输入机械制造的生产软件中生产幕墙,然后按照 BIM 模型的指导模拟现场实际情况进行预拼装。这些装配好的幕墙运到现场之后,无论是运输成本,还是返工成本都急剧下降。据悉,当上海中心装了 8000 多块幕墙时,只有 2 块幕墙需要重新改尺寸。要知道,按照原来的建筑安装程序,幕墙安装的返工率有 10%~15%,面对上海中心这种复杂项目,由于每一块幕墙都不一样,这个返工率可能会更高且不可能预估。

(2)BIM 用于指导施工——施工模拟

施工技术质量是保证整个建筑产品合格的基础,工艺流程的标准化是企业施工能力的表现,尤其当采用新工艺、新材料、新技术时,正确的施工顺序和施工方法、合理的施工用料将对施工质量起决定性的作用。

一些复杂的技术方案在二维图纸中很难表现出来,语言文字说明也容易造成信息传递的错误,导致技术领导向施工参与方进行技术交底时出现信息错误或者不明确的现象。BIM 为施工技术流程模拟和技术标准建立提供了平台。通过 BIM 一系列的软件平台动态模拟施工技术流程,再由各方专业工程师合作建立 BIM 标准化工艺流程,通过讨论及精确计算,确保专项施工技术在实施过程中细节上的可靠性,然后由施工人员按照仿真施工流程施工,确保施工技术信息的传递不出现偏差,避免实际做法和计划做法不一样的情况出现,减少不可预见问题的产生(图 2-24)。

(3)BIM 用于材料采购

工程材料的采购是否及时合理对项目的质量和工期具有重要的影响。材料供应不足会导致窝工甚至停工,影响工期;材料供应过多会造成现场管理困难,放置太久的材料可能会影响美观甚至直接影响工程质量(如水泥、钢筋)。无计划采购或计划不周,造成工程材料数量、质量、规格、型号与现场实际需要不符。管理不严,保管、运输不当造成工程材料损坏、变质、丢失和报废。

图 2-24　叠合板吊装

工程材料的采购在工程项目实际操作中具有非常重要的地位。能否进行高效的工程材料采购关系到是否能够有效降低工程项目的成本，也进一步关系到工程项目建成以后的经济效益。采购成本在工程项目总成本中一般要占到 60%左右，是工程项目费用监控的重要内容之一。在满足工程项目建设需要的基础上，找到质量最好、价格最低的材料是从事建筑材料采购工程的主要目标，然而在实际的工程材料采购的过程中要很好地实现这一目标不是一件容易的事。

BIM 模型的应用为材料采购减轻了负担。材料采购除了要看进度计划对各里程碑时间点的要求和总进度计划要求外，还要重点看工程量。一般该工作由手工完成时烦琐、复杂而且不精确，在应用 BIM 软件平台后，这项工作变得简单易行。利用 BIM 模型，通过软件平台将数据整理统计，可精确核算出各阶段所需材料用量。结合国家颁布的定额规范及企业实际施工水平，就可简单核算出各阶段所需的人员、材料、机械用量。通过与各方充分沟通和交流，建立 4D 可视化模型和施工进度计划，方便采购部门及施工管理部门为各阶段工作做好充分的准备(图 2-25)。

BIM 团队通过 BIM 模型拉取各专业材料明细清单，对项目部材料员进行材料明细交底，商讨制定现场材料申报流程管理，做到每日数据规整，整合材料使用情况、损耗情况等相关数据，上传至 BIM 模型。

(4)BIM 用于场地布置

施工场地布置是项目施工的前提。合理的布置方案能够在项目开始之初，从源头减少安全隐患，是方便后续施工管理、降低成本、提高项目效益的重要方式。根据近年来中国建筑统计年鉴的统计，建筑单位的利润仅占建筑成本的 3%～4%。如果能从场地布置入手，不仅能给施工单位带来直观的经济效益，且能同时加快施工进度，最终达到施工方与其他参与各方共赢的结果。

随着我国经济的不断发展，各种新技术新工艺等不断涌现，建设项目规模不断扩大，建筑形式日益复杂，对施工项目管理的水平也提出了更高的要求。所以施工场地布置迫切需要得到重视。传统二维模式下静态的施工场地布置是由编制人员在编制投标文件的施工组织设计

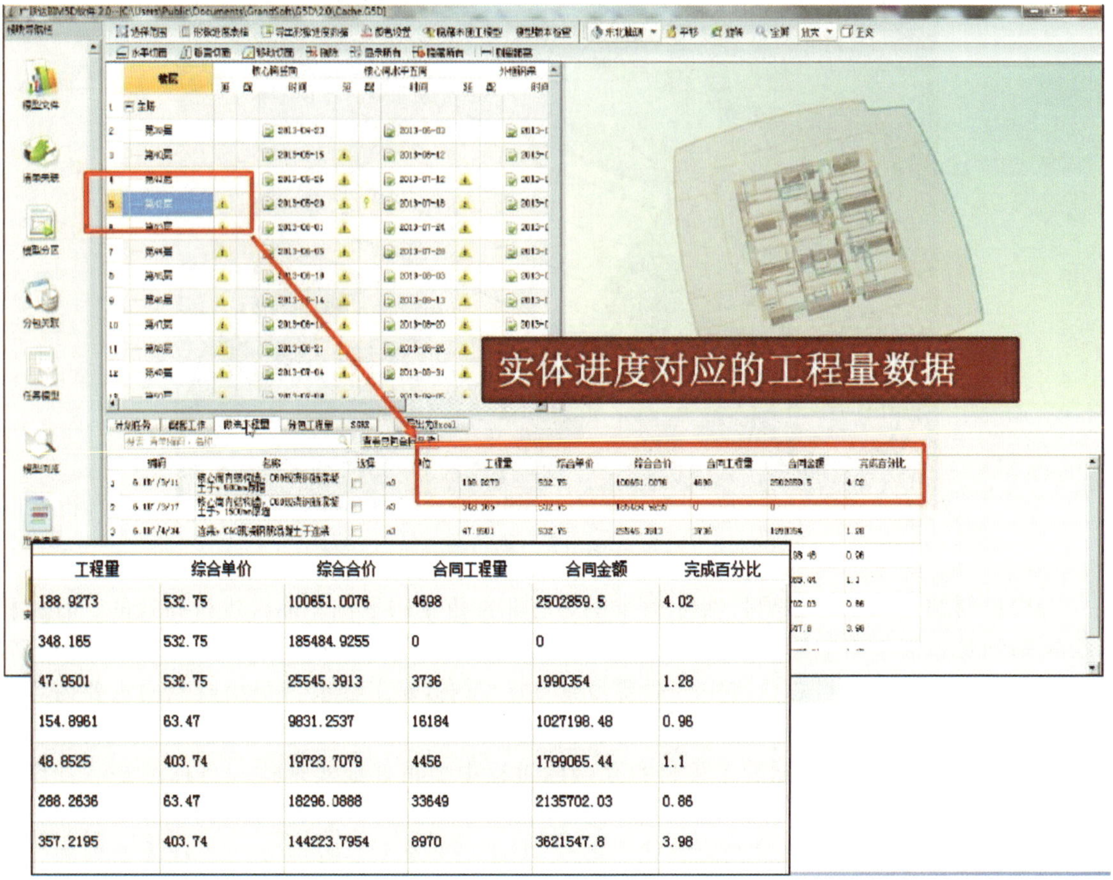

工程量	综合单价	综合合价	合同工程量	合同金额	完成百分比
188.9273	532.75	100651.0076	4698	2502859.5	4.02
348.165	532.75	185484.9255	0	0	
47.9501	532.75	25545.3913	3736	1990354	1.28
154.8961	63.47	9831.2537	16184	1027198.48	0.96
48.8525	403.74	19723.7079	4456	1799065.44	1.1
288.2636	63.47	18296.0888	33649	2135702.03	0.86
357.2195	403.74	144223.7954	8970	3621547.8	3.98

图 2-25 材料采购

时，基于对该项目特点及施工现场环境情况的基本了解，依靠经验对施工场地各项设施进行布置设计的，而进行实际场地布置的却是现场的技术负责人等，他们往往并不会认真参考之前的场地布置方案设计，而是依据现场情况及自己的施工经验指导现场的实际布置。因为凭经验和感觉布置的现场，所以很难分辨其布置方案的优劣，更不能在早期发现布置方案中可能存在的问题。而且施工现场活动本身是一个动态变化的过程，施工现场对材料设备机械等的需求也是随着项目施工的不断推进而变化的，这种普遍采用的不参照项目进度进行的静态布置方案，很有可能随着项目的进行，变得不适应项目施工的需求。这样一来就得重新对场地布置方案进行调整，再次布置必然会需要更多的拆卸、搬运等程序，需要投入更多的人力物力，进而增加施工成本，降低项目效益。布置不合理的施工场地甚至会产生施工安全问题。所以传统的静态的二维的施工场地布置方法在一定程度上已经不适应新的需求了。

建筑信息模型(BIM)是以建筑信息集成为理念的建设行业新的技术方法，其主要特点是建造具有项目信息数据的建筑模型，并运用这些信息数据支持项目决策、项目设计、项目施工等。先将项目进行动态划分，在此基础上对各阶段分别实施不同的场地布置方案；然后通过BIM模型量化找出不同方案的潜在空间冲突，整合现有评价指标体系；最后运用灰色关联度分析模型对不同场地布置方案评价，由此选出相对最优的动态施工场地布置方案。具体研究思路如图 2-26 所示。

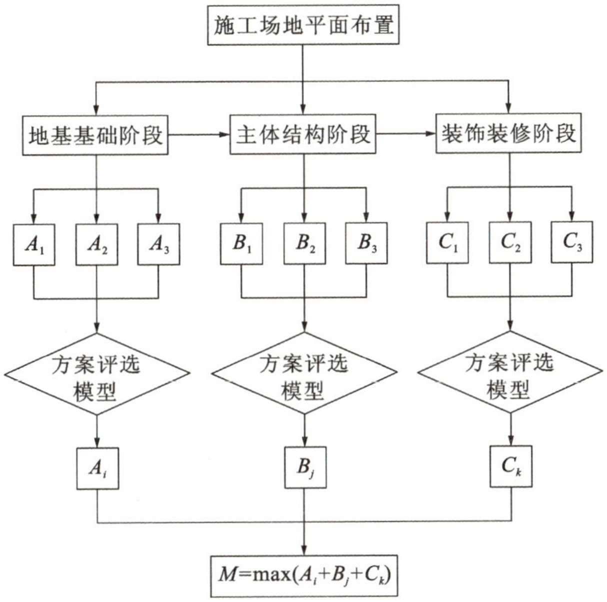

图 2-26　施工场地平面布置方案比选

(5)BIM 用于碰撞检查

碰撞检查对减少施工中材料的浪费、减少返工、提高管道及管件的安装效率具有重要意义。

(6)BIM 用于参数复核

材料设备安置之后对材料信息的复核是件很麻烦的事情，传统的参数复核是施工人员拿着材料单和设计说明到现场一项一项地进行复核，既耗费时间和精力，还不能保证复核的准确性。

利用 BIM 技术，可以将模型上传到 BIM360 等移动终端上，施工人员只需要带一个 iPad 到现场，将现场的设备信息和模型的设备信息进行比对即可，大大降低了参数复核的难度。

(7)BIM 用于竣工图的生成

BIM 模型是随着设计变更和现场签证变化的，当工程竣工时，得到的模型就已经是一个竣工模型了。将每一层的模型投影到平面得到的平面图就是竣工图的平面图。

3. BIM 与成本管理

随着高科技信息技术的推广和应用，工程施工技术有了快速的发展，各种数据信息的处理效率变得越来越高，推动了施工技术水平的信息化发展。市场经济体制下，BIM 技术的发展满足了建筑行业的需求，使工程工期和施工成本得到有效控制，解决了建筑施工中的很多问题，促进了施工工作效率的不断提高。

近年来，针对 BIM 技术在工期和成本控制中的应用，运用 BIM 技术进行三维建筑建模和模拟，是建筑行业中的重点研究对象，国家给予了高度重视，以促进建筑施工技术水平的不断提升。BIM 技术是基于 IFC 标准的面向对象的参数化设计理论，在建筑行业中，可以将其充分运用于建筑工程成本和工期的有效控制，以提高施工管理水平，促进建筑工程施工技术的不断创新。

目前,我国施工管理系统的研究,运用了IFC标准数据集成与交换、4D建模与集成建筑,实现了以WBS为核心的4D集成化施工管理和可视化平台等,促进了我国建筑施工管理技术的国际化发展。"BIM成本控制解决方案"的核心内容是利用BIM软件、造价软件、项目管理软件、FM软件,创造出一种适合于中国现状的成本管理解决方案。整体解决方案包含了设计概算、施工预算、竣工决算、项目管理、运营管理等所有环节成本管理的模块,构成项目总成本控制体系,其价值点如下:

设计:由设计院制作BIM模型,作为所有各方建模的基础(设计院中间件+Revit)。

施工:采用基于BIM的工程量清单招标,要求施工方全部采用BIM投标(基于FM的招标条件+预算中间件+算量软件),施工概预算的信息都写入BIM。

具体在成本管理中的应用体现在下面几个方面:

(1)BIM在建筑设计阶段的成本管理与应用

任何建设项目在设计过程中都会由于各种因素导致设计变更,设计变更往往不仅会延迟工期,而且还会增加大量的工程成本。当传统的建筑设计出现设计变更时往往修改很复杂,需要花费大量的人力和精力,因为传统的建筑设计都是采用二维的建筑设计方式,它里面所设计出来的各项构件信息都是相互独立的。因此,如果想要修改某个构件信息,比如修改卫生间的一个门尺寸,那么不仅建筑平面图上相应位置的门尺寸需要修改,而且包含有这个门尺寸信息在内的所有图纸都需要修改。这些修改过程不仅很烦琐而且还很容易出错,同时也会增加工程的成本。然而用BIM技术就能很好地解决上述难题,用BIM技术做建筑设计可以彻底改变用传统的二维设计方法所带来的设计构件信息独立分裂等问题,因为BIM三维信息模型能提供一个综合的集成信息平台,它能够将整个建筑全寿命周期内所有信息包含在内并供随时查阅和修改,而且BIM技术所采用的信息存储数据方式都是整体的、唯一的。当想要修改设计当中的某个构件信息时,只需修改任何一幅图中的这个构件信息,相应的其他各个设计图中的这个构件信息就会自动一并更改过来,不用像传统的二维设计一样每幅图一一去更改,这样就节省了大量的时间,相继也节省了大量的工程成本。同时,用BIM技术也可以全面检查出设计问题,可以根据设计施工图进行BIM的三维建模,在建模过程中就可以根据三维模型查找设计图纸中的错误之处,提前通知设计师们做出更改,也就避免了在施工时再做设计变更所造成的成本增加。

(2)BIM在建筑施工阶段的成本管理与应用

传统的施工进度计划通常是3D模拟的,它不会因项目的计划和实际的完成情况变化而变化,而且这个施工进度计划大部分都是凭借施工管理人员的经验确定的,所以其统计的工程量和施工人员数、材料的总量与实际值或多或少会存在一些偏差,在实际施工中不可避免会造成工程成本的增加。然而BIM技术却在原来的3D模拟基础上增加了一个时间因素,通常将其称为"4D施工模拟"。它既可以表示计划的变化情况,又可以表示实际已完成的变化情况,在4D模型图中可以同时表示已建、待建、延误等信息。这个模型图也十分直观、形象、易懂,所以一直深受业主方的好评。

应用BIM技术所做的施工进度计划通常是比较精确的、有依据的,它可根据BIM软件精确地计算出施工各阶段所需要的材料用量,然后根据国家规范等精确计算出各阶段需要安排的施工人员数、机械用量等。这样就既可以避免由于施工人员不足、材料总量不足,施工单位不得不临时增加施工人员或补进施工材料等增加的施工成本,又可以避免由于计划的施工人员过多造成的人员窝工和由于材料总量过多造成的浪费。

(3)BIM 在建筑运营和维护阶段的成本管理和应用

一个建设项目在经历了设计、施工阶段之后，到运营和维护阶段其信息累积得最多，这些累积的信息对于将来项目的运营维护的成本管理都很重要。但是用传统方法做的建设项目，项目不同阶段的参与者们往往只关注自己目前所需要的信息，造成了很多信息不断遗失又不断新建的重复过程，不仅会浪费大量的劳动力，还会大量增加工程成本。采用 BIM 技术做的项目在任何阶段不论当前是否需要这些信息，它都会完整地记录下来，并且一直累积存储着，这就避免了上述麻烦。

BIM 在后期的建筑设备维护和成本管理方面也发挥着重要的作用。以前当建筑设备出现问题或者需要维护时，很难找到所需要的设备原始信息，不是因为这些信息数据已经丢失了，而是由于以前没有按一定的组织关联顺序存放。自从引进 BIM 技术之后，这些问题都迎刃而解了，因为在 BIM 建筑设备维护管理系统中，建筑设备的所有相关信息都与 BIM 模型一一对应，如果想查找建筑设备的某些信息，直接点击 BIM 模型相对应位置的建筑设备即可获得，同样也可以根据某些信息直接在 BIM 模型中定位建筑设备，这样查找起来就很方便，同时也能节省很多时间和工程成本。应用 BIM 技术还可以为设备的维护和检修制订详细的计划，通过 BIM 模型时时刻刻监测设备的运行情况，查看其运行执行情况与制订的计划是否相匹配，并可随时修改计划以确保设备能正常高效地运行，这样就可以节省大量人工检测和保修费用。

(4)BIM 在成本管理中的优势

①快速精确的成本核算

BIM 是一个强大的工程信息数据库。BIM 模型包含二维图纸中所有的位置、长度等信息，并包含了二维图纸中不包含的材料等信息，而这些的背后是强大的数据库在予以支持。因此，计算机通过识别模型中的不同构件及模型的几何和物理信息(时间维度、空间维度等)，对各种构件的数量进行汇总统计。这种基于 BIM 的算量方法，将算量工作大幅度简化，减少了因人为原因造成的计算错误，大量节约了人员的工作量和时间。有研究表明，工程量计算的时间在整个造价计算过程中占到了 50%～80%，而运用 BIM 算量方法会节约近 90%的时间，同时误差也控制在 1%的范围之内。将 Revit 三维模型直接用于算量是当前 BIM 在工程造价管理应用中的重大突破。Revit 模型到算量模型的导入率接近 100%，实现三维设计模型快速传递到造价、施工的 BIM 应用，是业主方、设计方、施工方实现信息共享的关键一环。各应用阶段使用同一模型，信息的一致性确保了信息传递的准确性，既能够指导并用于招投标、预结算，可提前开始算量和避免扯皮，又能够检验设计三维模型成果的准确性，为后续应用做质量检验。同时，算量阶段无须再次建模，工作量减少 50%以上。

②虚拟施工及碰撞检查，减少设计错误

BIM 的一个重要应用点就是建模完成后的碰撞检查。通常在一般工程中，在建筑、结构、水暖电等各专业二维图纸设计汇总后，各方及总图工程师通过人工会审发现和解决不协调问题，该过程需花费大量时间并且不能保证完全无失误。未发现的错误设备管线碰撞等引起的拆装、返工和浪费是成本大幅增加的重要原因。而 BIM 技术中整合了建筑、结构和设备水暖电等模型信息，能够彻底消除硬碰撞、软碰撞，检查和解决各专业的矛盾以及同专业间存在的冲突，减少额外的修正成本，避免成本的增加。另外，施工人员可以利用碰撞优化后的设计方案，进行施工交底、施工模拟，使业主能够更真实地了解设计方案，从而提高与业主沟通的效率。

③设计优化与变更成本管理，造价信息实时追踪

在传统的成本核算方法下，一旦发生设计优化或者变更，变更需要进行审批、流转，造价工程师需要手动检查设计变更，更改工程造价，这样的过程不仅缓慢，而且可靠性不强。BIM 模型依靠强大的工程信息数据库，实现了二维施工图与材料、造价等各模块的有效整合与关联变动，使得设计变更和材料价格变动可以在 BIM 模型中进行实时更新。变更各环节之间的时间被缩短，效率提高，更加及时准确地将数据提交给工程各参与方，以便各方做出有效的应对和调整。目前，BIM 的建造模拟职能已经发展到了 5D 维度。5D 模型集三维建筑模型、施工组织方案、成本及造价等三部分于一体，能实现对成本费用的实时模拟和核算，并为后续建设阶段的管理工作所利用，解决阶段割裂和专业割裂的问题。

BIM 通过信息化的终端和 BIM 数据后台使整个工程的造价相关信息顺畅地流通起来，从企业级的管理人员到每个数据的提供者都可以监测，保证了各种信息数据及时准确的调用、查阅、核对，使得管理人员对成本控制的能力得到加强。

建设工程项目管理已经逐渐进入全寿命周期和精细化管理的阶段，成本管理也向过程控制与全寿命周期控制进行转变，较短周期的造价核算与全寿命周期内实时的成本控制是工程成本精细化管理的进步方向。BIM 技术虽是一门新技术，但是它的应用已使整个建筑产业在工程成本控制方面发生了质的改变和飞跃。

4. BIM 与现场管理

BIM 模型为我们展现了二维图纸所不能给予的视觉效果和认知角度，基于 BIM 的虚拟施工为施工企业有效控制施工组织，减少返工，控制费用、进度，创造绿色、环保、低碳施工提供了有力支持。随着 BIM 理念在建筑行业内不断地被认知和认可，其作用也在工程领域内日益凸显。作为建设项目全寿命周期中至关重要的施工阶段，BIM 模型的运用将为施工企业的施工产生极为重要的影响。由于施工阶段的成本占据工程总投资额的绝大部分，BIM 技术应用对于建筑产业链的重要性是不言而喻的。我国施工企业的科技投入仅占企业营业收入的 0.25%，而施工中应用计算机进行项目管理的比例不到 10%，提升空间非常之大。BIM 的发展已经将时间信息和空间信息整合在一个可视的 4D(3D+时间)模型中，也已产生再整合费用信息，形成可视的 5D(3D+时间+费用)模型，将 BIM 与 5D 施工管理结合起来，已被应用于工程实践中。

通过将建筑物或结构物及施工现场 3D 模型与施工进度链接，与施工资源、安全质量以及场地布置等信息集成一体，实现了基于 BIM 和网络的施工进度、人力、材料、设备、费用、安全、质量和场地布置的 5D 动态集成管理以及施工过程的 5D 可视化模拟。因此，以 BIM 为核心的工程基础信息管理系统在建设行业应用广泛。

(1)BIM 在现场管理中的应用点

①多专业协调

各专业分包之间的组织协调是建筑工程施工顺利实施的关键，是加快施工进度的保障，其重要性毋庸置疑。目前，暖通、给排水、消防、强弱电等各专业由于受施工现场、专业协调、技术差异等因素的影响，缺乏协调配合，不可避免地存在很多局部的、隐性的、难以预见的问题，容易造成各专业在建筑某些平面、立面位置上产生交叉、重叠，无法按施工图作

业。通过 BIM 技术的可视化、参数化、智能化特性，进行多专业碰撞检查、净高控制检查和精确预留预埋，或者利用基于 BIM 技术的 4D 施工管理，对施工过程进行模拟，根据问题进行各专业的事先协调等，可以减少因技术错误和沟通错误带来的协调问题，大大减少返工，节约施工成本。

②现场布置优化

建筑业的发展对项目的组织协调要求越来越高，项目周边复杂环境往往会带来场地狭小、基坑深度大、周边建筑物距离近、绿色施工和安全文明施工要求高等问题，并且加上有时施工现场作业面大，各个分区施工存在高低差，现场复杂多变，容易造成现场平面布置不断变化，且变化的频率越来越高，给项目现场合理布置带来困难。BIM 技术的出现给平面布置工作提供了一个很好的方式，通过应用工程现场设备设施族资源，在创建好工程场地模型与建筑模型后，将工程周边及现场的实际环境以数据信息的方式挂接到模型中，建立三维的现场场地平面布置，并通过参照工程进度计划，可以形象直观地模拟各个阶段的现场情况，灵活地进行现场平面布置，实现现场平面布置的合理性、高效性。

③进度优化

建筑工程项目进度管理在项目管理中占有重要地位，而进度优化是进度控制的关键。BIM 技术可实现进度计划与工程构件的动态链接，可通过甘特图、网络图及三维动画等多种形式直观表达进度计划和施工过程，为工程项目的施工方、监理方与业主等参与方直观了解工程项目情况提供便捷的工具。BIM 技术可以动态模拟施工阶段过程和重要环节施工工艺，对多种施工及工艺方案的可实施性进行比较，为最终方案优选决策提供支持。BIM 技术对施工进度可实现精确计划、跟踪和控制，动态地分配各种施工资源和场地，实时跟踪工程项目的实际进度，并对计划进度与实际进度进行比较，及时分析偏差对工期的影响程度以及产生的原因，采取有效措施，实现对项目进度的控制，保证项目能按时竣工。

④工作面管理

在施工现场，不同专业在同一区域、同一楼层交叉施工的情况难以避免，对于一些超高层建筑项目分包单位众多，专业间频繁交叉工作多，不同专业、资源、分包之间的协同和合理工作搭接显得尤为重要。BIM 技术以工作面为关联对象，自动统计任意时间点各专业在同一工作面的所有施工作业，并依据逻辑规则或时间先后，规范项目每天各专业各部门的工作内容，工作出现超期可及时预警。流水段管理时可以结合工作面的概念，将整个工程按照施工工艺或工序要求划分为一个可管理的工作面，在工作面之间合理安排施工顺序，在这些工作面内部，合理划分进度计划、资源供给、施工流水等，使得基于工作面内外的工作协调一致。BIM 技术可提高施工组织协调的有效性。BIM 模型是参数化的模型，可以集成工程资源、进度、成本等信息，在进行施工过程的模拟中，实现合理的施工流水划分，并基于模型完成施工的分包管理，为各专业施工方建立良好的工作面协调管理机制提供支持和依据。

⑤现场质量管理

在施工过程中，现场出现错误不可避免，如果能够尽早发现并整改错误，对减少返工、降低成本具有非常大的意义。在现场将 BIM 模型与施工作业结果进行比对验证，可以有效地、及时地避免错误的发生。传统的现场质量检查，质量人员一般采用目测、实测等方法进行，针对那些需要与设计数据校核的内容，经常要去查找相关的图纸或文档资料等，为现场工作带来很多的不便。同时，质量检查记录一般是以表格或文字的方式存储，也给后续的审核、归档、查找等管理过程带来了很大的不便。BIM技术的出现丰富了项目质量检查和管理方式，将质量信息挂接到BIM模型上，通过模型浏览，让质量问题能在各个层面上实现高效流转。这种方式相比传统的文档记录，可以摆脱文字的抽象性，促进质量问题协调工作的开展。同时，将BIM技术与现代化新技术相结合，可以进一步优化质量检查和控制手段。

⑥图纸及文档管理

在项目管理中，基于BIM技术的图档协同平台是图档管理的基础。通过BIM集成技术将不同专业的模型进行多专业整合，并把不同专业设计图纸、二次深化设计、变更、合同、文档资料等信息与专业模型构件进行关联，能够查询或自动汇总任意时间点的模型状态、模型中各构件对应的图纸和变更信息，以及各个施工阶段的文档资料。结合云技术和移动技术，项目人员还可将BIM模型及相关图档文件同步保存至云端，并通过精细的权限控制及多种协作功能，确保工程文档快速、安全、便捷、受控地在项目中流通和共享。同时能够通过浏览器和移动设备随时随地浏览工程模型，进行相关图档的查询、审批、标记及沟通，从而为现场办公和跨专业协作提供极大的便利。

⑦工作库建立及应用

企业工作库建立可以为投标报价、成本管理提供计算依据，客观反映企业的技术、管理水平与核心竞争力。打造结合自身企业特点的工作库，是施工企业取得管理改革成果的重要体现。工作库建立的思路是适当选取工程样本，再针对样本工程实地测定或测算相应工作库的数据，逐步累积形成庞大的数据集，并通过科学的统计计算，最终形成符合自身特色的企业工作库。

⑧安全文明管理

传统的安全管理、危险源的判断和防护设施的布置都需要依靠管理人员的经验来进行，而BIM技术在安全管理方面可以发挥其独特的作用，从场容场貌、安全防护、安全措施、外脚手架、机械设备等方面建立文明管理方案，指导安全文明施工。在项目中，利用BIM建立三维模型，让各分包管理人员提前对施工面的危险源进行判断，在危险源附近快速地进行防护设施模型的布置，比较直观地对安全死角进行提前排查。项目管理人员利用布置好的防护设施模型进行模型和仿真模拟交底，确保现场按照模型布置。利用BIM及相应灾害分析模拟软件，提前对灾害发生过程进行模拟，分析灾害发生的原因，制定相应措施避免灾害的再次发生，并编制人员疏散、救援的灾害应急预案。基于BIM技术将智能芯片植入项目现场劳务人员安全帽中，对其进出场控制、工作面布置等方面进行动态查询和调整，有利于安全文明管理。总之，安全文明施工是项目管理中的重中之重，结合BIM技术可发挥其更大的作用。

⑨资源计划及成本管理

资源及成本计划控制是项目管理中的重要组成部分，基于BIM技术的成本控制的基础是建立5D建筑信息模型，它是进度信息和成本信息与三维模型关联整合而成的。通过该模型，可以计算、模拟和优化对应于项目各施工阶段的劳务、材料、设备等的需用量，从而建立劳动力计划、材料需求计划和机械计划等，在此基础上形成项目成本计划。其中，材料需求计划的准确性、及时性对于实现精细化成本管理和控制至关重要。它可通过5D模型自动提取需求计划，并以此为依据指导采购，避免材料资源堆积和超支。根据形象进度，利用5D模型自动计算完成工程量并向业主报量，与分包方核算，提高计量工作效率，方便根据总包收入控制支出。在施工过程中，及时在施工过程中周期性地对施工实际支出进行统计，对实际成本及时进行统计和归集，与预算成本、合同收入进行对比分析，获得项目超支和盈亏情况。对于超支的成本找出原因，采取针对性的成本控制措施将成本控制在计划成本内，有效实现成本动态分析控制。

(2)BIM 技术对建筑工程合同管理的影响

BIM 作为信息化的新技术，它的出现能够促进建筑工程合同管理的严谨性，并对合同索赔有较强的抗干扰作用、对合同管理有强烈的监管和控制作用，并且在项目实施过程中，通过可视化的方式进行模拟，对施工单位来讲不仅能够优化施工方案，而且能够大大提高中标概率。

美国国家标准与技术研究院(NIST)曾发布，2000 年建筑行业因数据交换问题损失达 158 亿美元。英国政府商务办公室(UKOGC)也做过统计，预测通过持续推进项目集成可节约建设项目成本 30%。BIM 技术正是通过信息化来解决此类问题的技术。合同管理的目的是约束与规范各方之间的行为关系，是有效提高管理水平的一种方法，BIM 技术能增强其严密性，并有效地解决以下问题：

①减少不必要的变更

在建设工程合同中，合同价款和合同工期的最大影响因素就是工程变更。变更在工程中很难避免。BIM 技术的协同管理、碰撞试验、信息跟踪、系数化、参数化、模式可视化同级交流平台等均可实现变更的动态管理。诸多的功能有效地排除了参与方之间的沟通障碍，从而使建筑设计从源头上减少变更，当变更必然发生时，将变更系数导入“BIM 工作组”模型，BIM 系统就会生成新的工程量，这种自然发生的变化会在合同管理中一目了然，对合同索赔和工程合同管理起到决定性作用。

②增强管理能力

在合同管理过程中，越来越多的合同纠纷产生于后期的维护阶段，传统的合同归档管理信息化程度偏低，大多工程项目合同管理是分散管理状态，一直以来合同的归档程序也没有明确规定，在合同履行的过程中也缺乏严格的监督，所以在合同履行后期没有全面评估和概括。如何打造基于 BIM 数据的资产管理平台，集物业管理和资产管理于一身，有效降低运维成本，解决 BIM 数据后续应用问题成为关键。BIM 技术的出现改变了合同管理中的不足，使合同管理在创建初期就介入管理沟通和协同作用，这样做既不影响合同管理应用软件的开发和使用，而且还能够与 BIM 技术的全生命周期起到协同作用(图 2-27)。

③降低风险

建筑工程中引用 BIM 的本质就是降低成本和减少风险。BIM 技术对建设项目的各阶段产生了重要的影响，它对工程项目全生命周期都能产生跟踪和预测作用。从合同传统的分配原则分析，所指的风险是较为狭义的风险，如 ICE 合同范本与 FIDIC 合同范本都是采用的可预见性风险分配原理，这种原理没有充分考虑到双方对风险事件的偏好和能力问题，所以在风险的分配上存在一定的局限性。作为影响整个建筑全生命周期的 BIM 技术，它的不断完善使得 BIM 技术在信息的掌控和资源的分配方面逐步得到提高，有效的资源能够有效地获取，各方面资源同时逐步完善，风险的处理也能不断加强，弥补了传统的不足，参与双方的权利义务更加平等。运用 BIM 技术进行合同风险分配，既能考虑到项目双方的风险偏好，又能考虑到现实过程中风险不断变化对双方造成的影响。

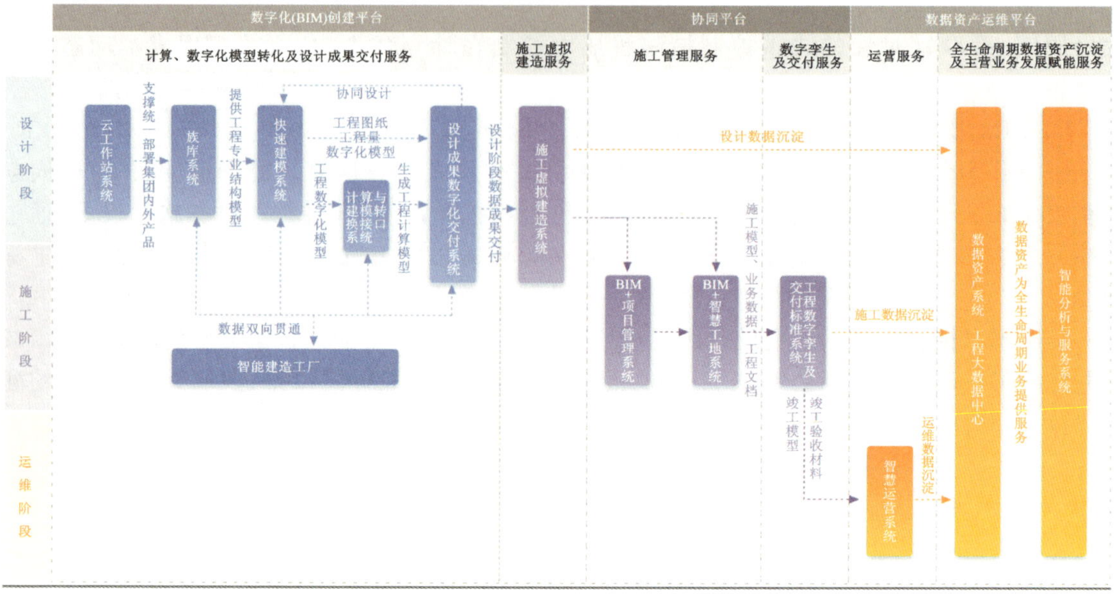

图 2-27 BIM 技术的全生命周期协同

④强化文本信息的统筹能力

随着经济的快速发展,信息化负荷逐渐加重。在建设工程项目中,随着规模的增大,数据也会逐渐增加,使得大数据的立体化程度也逐渐增强。项目的完成需要众多的参与方,在项目的周期运营过程中大量非结构性的数据逐步产生,在这些数据中会有较多的数据以文本的形式出现,其中就包括合同管理中所需的大量信息。庞大的工程项目如何有效地管理这些文本信息成为一项重要的研究内容。目前,BIM 技术所产生的文本管理能力已经得到了主流思想的认可,与以往 CAD 的记忆功能不同,BIM 技术的文本信息管理的特征主要是通过立体管理模式,对信息进行全生命周期的集成管理,通过向量空间管理(Vector Space Model,VSM)进行信息分类,通过余弦公式和向量(Support Vector Machine,SVM)进行识别性分析,再连接 Autodesk Revit 软件的运营平台,最终实现文本的排序和运营。这些纵向与横向的双向管理模式,增强了工程建设的文本信息管理(图 2-28)。

⑤规范施工合同计价管理模式

施工合同计价模式可以规范价款的风险和归属的分配方式,所以在传统合同管理中具有重要作用,计价模式决定了业主对工程管理的期望目标。在工程管理中,计价模式可以实现承包商和业主之间的协调管理。BIM 技术可以在项目的采购商间进行特定的调剂,其中包括理论上的 BIM 施工合同计价模式。利用 BIM 技术对合同管理体系进行逻辑分析,能够量化双方之间的合同条款,推断出适宜的计价模式。这种量化过程能够省略人工对不同合同计价模式的影响因素,通过"BIM 工作组"进行对比,能够更加清楚地对本质问题进行科学分析,有利于促进施工的进程,保障了双方的利益关系(图 2-29)。

(3)以 BIM 作为核心的安全管理模式

为了减少施工过程中事故的发生,传统的方式无法准确完整地报告实时的建设状况,所以有必要有一个更加高效、高科技的安全集成管理办法对施工项目进行全面的、系统的、现代化的管理,这就是以 BIM 作为核心的安全管理模式。

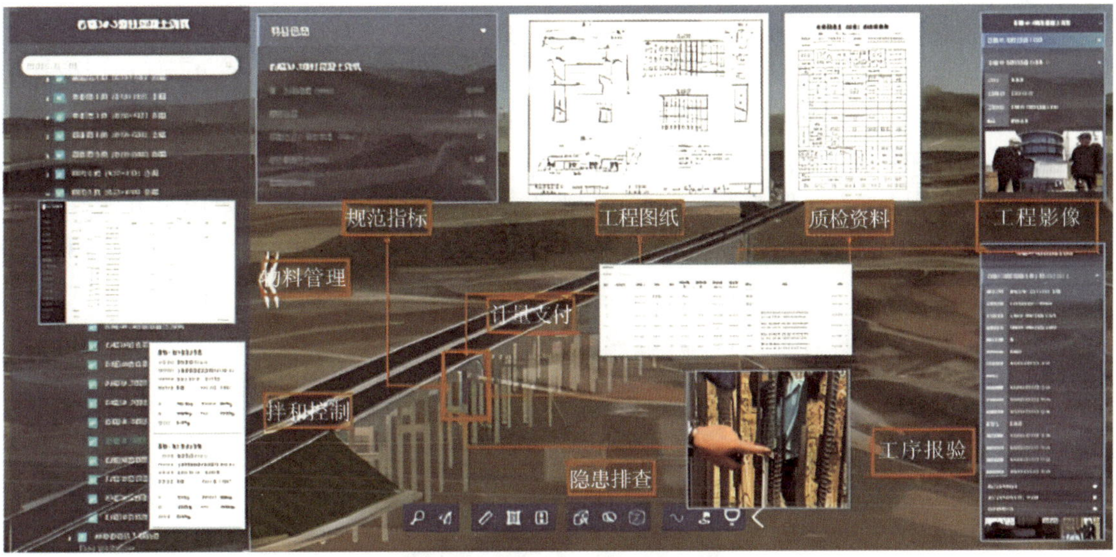

图 2-28　项目文本信息模型

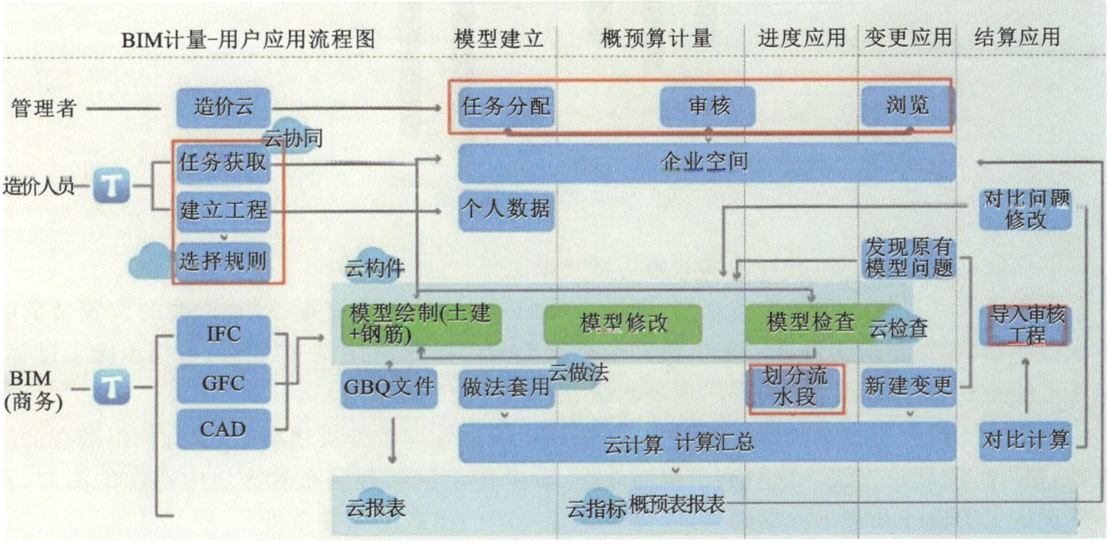

图 2-29　BIM 采购应用

基于 BIM 的建筑信息模型，我们就可以建造可视化的技术，为建设信息化提供基础，让管理决策更加信息化、自动化、科学化、标准化。BIM 在带动建筑工程施工效率提升的同时，也大大降低了施工安全隐患。下面本书就基于 BIM 在建筑施工空间中的安全管理研究、施工空间的管理理论、施工空间的管理技术、基于 BIM 的施工空间安全管理方法、施工空间冲突检查等问题进行探讨。BIM 技术可以先在电脑中虚拟模拟，其过程本身不消耗施工资源，却可以根据可视化效果看到并了解施工过程和结果，可以较大程度地降低返工带来的安全风险，增强管理人员对安全施工过程的控制能力。基于 BIM 的技术在安全生产施工中的应用有以下几点：

①临时设施的模拟

临时设施是为工程建设服务的，它的布置将影响工程施工的安全、质量和生产效率。利用BIM模型模拟临时设施对施工单位很有用，可以实现临时设施的布置及运用，还可以帮助施工单位事先准确地估算所需要的资源，评估临时设施的安全性、施工便利性，以及发现可能存在的设计错误。根据所做的施工方案，将安全生产过程相关构件的尺寸、重量、连接方式、布置形式直接以建模的形式表达出来，并据此选择施工设备、机具，确定施工方法，配备人员。建模可以帮助施工人员事先对施工有一个直观的认识，再深入地研究怎样去施工和安装(图2-30)。

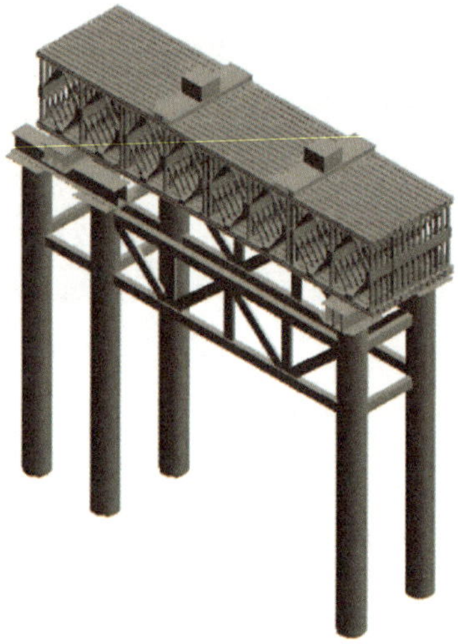

图2-30 施工临时支架

②作业前，根据方案，进行详细的施工现场勘查

重点研究解决施工现场整体规划、现场进场位置、材料区的位置、起重机械的位置及危险区域等问题，确保建筑构件在起重机械安全有效范围内作业；利用三维建模，可模拟施工过程、构件吊装路径、危险区域、车辆进出现场状况、装货卸货情况等。

施工现场虚拟三维全真模型可以直观、便利地协助管理者分析现场的限制，找出潜在的问题，制定可行的施工方法。这有利于提高效率、减少传统施工现场布置方法中存在的漏洞，及早发现施工图设计和施工方案的问题，提高施工现场的生产率和安全性。

在平面布置图中，塔吊布置是施工总平面图中比较重要的一项，塔吊布置得是否合理会直接影响施工进度、安全。塔吊布置主要考虑覆盖范围、安装条件以及拆除条件。在布置的过程中，一般施工单位对前两项都做得比较出色，而往往会忽视掉最后拆除一项。因为塔吊是可以自行一节一节升高的，上升过程中没有建筑物的约束，而拆除的时候就不一样了，悬臂约束、配重约束、道路约束等甚至一些想不到的因素都会对其产生影响。通过BIM链接其他模型，如施工道路、临时加工场地、原材料堆放场地、临时办公设施、饮水点、厕所、临时供电供水设施及线路等，将塔吊按照整个建筑的空间关系进行布置和论证，会极大地提高布置的合理性。

运用BIM技术，布置施工总平面图就像是在画布上摆玩具一样，根据不同的方案采用不同的布置，效果更直观，修改更迅速、更准确，也极大地减少了以往施工总平面图修改时的庞大工作量(图2-31)。

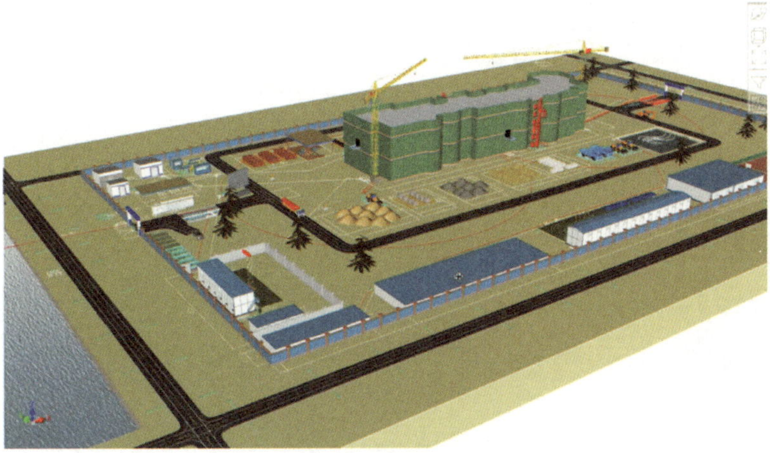

图 2-31　现场平面布置图

③通过 BIM 3D 模拟平台模拟工程安全施工

BIM 技术对整个工程施工过程中的安全管理可以是可视化管理，也可以达到全真模拟。这样的方法可以使项目管理人员在施工前就清楚下一步要施工的所有内容以及明白自己的工作职能，确保在安全管理过程中能有序地管理，按照施工方案进行有组织的管理，能够了解现场的资源使用情况，把控现场的安全管理环境。BIM 技术能大大增加过程管理的可预见性，也能够促进施工过程中的有效沟通，可以有效地评估施工方法，发现问题、解决问题，真正运用 PDCA 循环来提高工程的安全管控能力。

④BIM 技术对施工全过程的模拟

BIM 技术可使工程的安全、技术和施工生产管理人员能清楚地了解每一步的施工流程，将整个过程分解为一步一步的施工活动，让他们在管理过程中思路清晰，并且能够发现问题，提出解决的新方法，还能模拟验证新的方法是否可行。这样就可以做到在工程施工前绝大多数的施工风险和问题都能被识别，做到事前有效地控制，并顺利解决存在的问题。

⑤BIM 还可以提供可视化的施工空间

BIM 的可视化是动态的，施工空间随着工程的进展会不断地变化，它将影响到工人的工作效率和施工安全。通过 BIM 的可视化模拟工作人员的施工状况，可以形象地看到施工工作面、施工机械位置的情形，并评估施工进展中这些工作空间的可用性、安全性。

(4)BIM 在施工现场管理运用中的优势

①三维渲染，宣传展示

三维渲染动画，给人以真实感和直接的视觉冲击。建好的 BIM 模型可以作为二次渲染开发的模型基础，大大提高了三维渲染效果的精度与效率(图 2-32)。通过多维技术的渲染，以动画形式将施工步骤、施工要点等进行演示，减少了平面图分析与实践之间的差距，也减少了图纸分解的过程，提供了科学参照，给业主更为直观的宣传介绍，也提升了中标概率和施工效率。

②快速算量，精度提升

BIM 通过建立 5D 关联数据库，可以准确快速地计算工程量，提升施工预算的精度与效率。由于 BIM 数据库的数据粒度达到构件级，可以快速提供支撑项目各条线管理所需的数据

图 2-32 BIM 模型三维渲染效果

信息，有效提升施工管理效率。BIM 技术自动计算工程实物量属于较传统的算量软件的功能，在国内此项应用案例非常多。

③精确计划，减少浪费

施工企业精细化管理很难实现的根本原因在于其中有海量的工程数据无法快速准确获取以支持资源计划，致使经验主义盛行。而 BIM 的出现可以让相关管理条线快速准确地获得工程基础数据，利用 BIM 的 5D 模型，将工程的耗费与进度结合展现，再通过量化核算，能够为施工方案的资源控制提供前置性依据。利用 BIM 技术有效地将工程施工的基础性数据进行搜集和整合分析，精确地利用大量数据信息计算出预期消耗，给施工计划和资源节约计划的制订提供了科学依据。在资源消耗方面可以做到用量限额，减少开支，大大减少资源、物流和仓储环节的浪费，为实现限额领料、消耗控制提供技术支撑。

④多算对比，有效管控。

管理的支撑是数据，项目管理的基础就是工程基础数据的管理。及时、准确地获取相关工程数据就是项目管理的核心竞争力。BIM 数据库可以实现任一时间点上工程基础信息的快速获取，通过合同、计划与实际施工的消耗量、分项单价、分项合价等数据的多算对比，可以有效了解项目运营是盈是亏、消耗量有无超标、进货分包单价有无失控等问题，实现对项目成本风险的有效管控。

⑤虚拟施工，有效协同

以 BIM 为依托，将不同的施工方案和设计等录入其中，并进行演算，对比找出最优方案并选择实施，利用三维可视化功能再加上时间维度，可以进行虚拟施工，避免一些施工过程中的问题。随时随地直观快速地将施工计划与实际进展进行对比，同时进行有效协同，除施工方之外，监理方、业主方甚至非工程行业出身的业主领导等都可以通过 BIM 技术对工程项目的各种问题和情况了如指掌，同时明确各自在不同周期的工作内容，便于相互配合。这样通过 BIM 技术结合施工方案、施工模拟和现场视频监测，大大减少了建筑质量问题、安全问题，减少了返工和整改。

⑥碰撞检查，减少返工

BIM 技术除了在前期可以进行碰撞检查、优化工程设计、减少在建筑施工阶段可能存在的错误损失和返工的可能性外，还可以优化净空，优化管线排布方案。最后施工人员可以利用碰撞优化后的三维管线方案，进行施工交底、施工模拟，提高了施工质量，同时也提高了与业主沟通的能力。

⑦冲突调用，决策支持

BIM 数据库中的数据具有可计量的特点，大量与工程相关的信息可以为工程提供巨大支撑。BIM 中的项目基础数据可以在各管理部门进行协同和共享，工程量信息可以根据时空维度、构件类型等进行汇总、拆分、对比分析等，保证工程基础数据及时、准确地提供，为决策者进行工程造价项目群管理、进度款管理等提供依据。

⑧物联网集成，管理控制

a. BIM 精确地掌握了各种数据和各个进度的演化可能，再对计划消耗、实际消耗等进行多算对比，最终可用于材料使用、采购环节，实现对成本和风险的有效控制。以大量数据为支撑，以现场监控为依托，决策层能够及时地掌握施工的实际情况，从而为下一步决策做出准备，特别是在人员调动、资源匹配和进度控制等方面，拥有了更多的参考和依据。

b. 设备远程控制。把原来独立运行并操作的各设备，通过 RFID 等技术汇总到统一的平台上进行管理和控制。一方面可以了解设备的运行状况，另一方面可进行远程控制。例如，通过 RFID 获取电梯运行状态，查看电梯是否正常运行，远程打开或关闭照明系统等。

c. 照明、消防等各系统和设备空间定位。给予各系统各设备空间位置信息，把原来的编号或者文字表示变成三维图形位置，这样一方面便于查找，另一方面查看时也更直观、更形象。例如，通过 RFID 获取大楼的安保人员位置；消防报警时，在 BIM 模型上快速定位所在位置，并查看周边的疏散通道和重要设备。

d. 内部空间设施可视化。现代建筑业发展以来，信息都存在于二维图纸和各种机电设备的操作手册上，需要使用的时候由专业人员查找信息、理解信息，然后据此作出决策。利用 BIM 将建立一个可视三维模型，所有数据和信息可以从模型里面调用。例如，二次装修时，哪里有管线，哪里是承重墙，这些在 BIM 模型中一目了然。

2.2.3　BIM 与建筑运营维护

1. BIM 与建筑运营维护概述

BIM 技术在土木工程施工领域的应用目前已经在全球范围内得到广泛的认可，被誉为工程建筑行业实现可持续设计的标杆，可以说 BIM 已经在整个行业中产生越来越重要的作用。经过多年发展，BIM 技术已经涉及整个行业，全生命周期都适用该技术，其中，包括运营维护期。

在建筑设施的生命周期中，运营维护阶段所占的时间最长，花费也最高。虽然运维阶段如此重要，但是所能应用的数据与资源却是相对较少的。在传统的工作流程中，设计、施工建造阶段的数据资料往往无法完整地保留到运维阶段，例如建设途中多次的变更设计，但此信息通常不会在完工后妥善整理，造成了运维上的困难。BIM 技术的出现，让建筑运维阶段有了新的技术支持，大大提高了管理效率。

我们知道，BIM 是为了建筑全生命周期各阶段数据传递之间的问题而产生的解决方案。

将建筑项目中所有关于设施设备的信息，包括建筑项目的空间信息、材料、数量等，利用统一的数据格式存储起来，利用此数据标准，在建筑项目的设计阶段，使用 BIM 进行设计，施工阶段如有设计变更也可以及时反映在此档案中，维护阶段则能得到最完整、最详细的建筑项目信息。

通过在建筑生命周期中所占的时间较长、成本较高的运营维护阶段使用 BIM 中的高质量建筑信息，业主和运营商便可降低由于缺乏操作性而导致的成本损失。因此，BIM 的出现对整个建筑行业信息化的发展起着不可忽视的作用。BIM 作为一种新型的技术支持，从运营的情况来看是非常必要的，这门技术的出现给建筑业呈现出了多维的效果，无论是在设计的整合、施工的方案比选，还是质量的检验等方面，都能起到很好的作用。BIM 贯穿于建筑全生命周期的全过程，BIM 技术在工程建设应用领域中的价值和作用，主要体现在以下 4 个方面：

(1)实现建筑信息共享；

(2)生产过程中的可预测性；

(3)能带动建筑业生产方式的改变；

(4)推进建筑业的工业化进程。

2. 基于 BIM 的运维

BIM 运维的通俗理解即为运用 BIM 技术与运营维护管理系统相结合，对建筑的空间、设备资产等进行科学管理，对可能发生的灾害进行预防，降低运营维护成本。具体实施中通常利用物联网、云计算技术等将 BIM 模型、运维系统与移动终端等结合起来应用，最终实现如设备运行管理、能源管理、安保系统、租户管理等功能(图 2-33)。

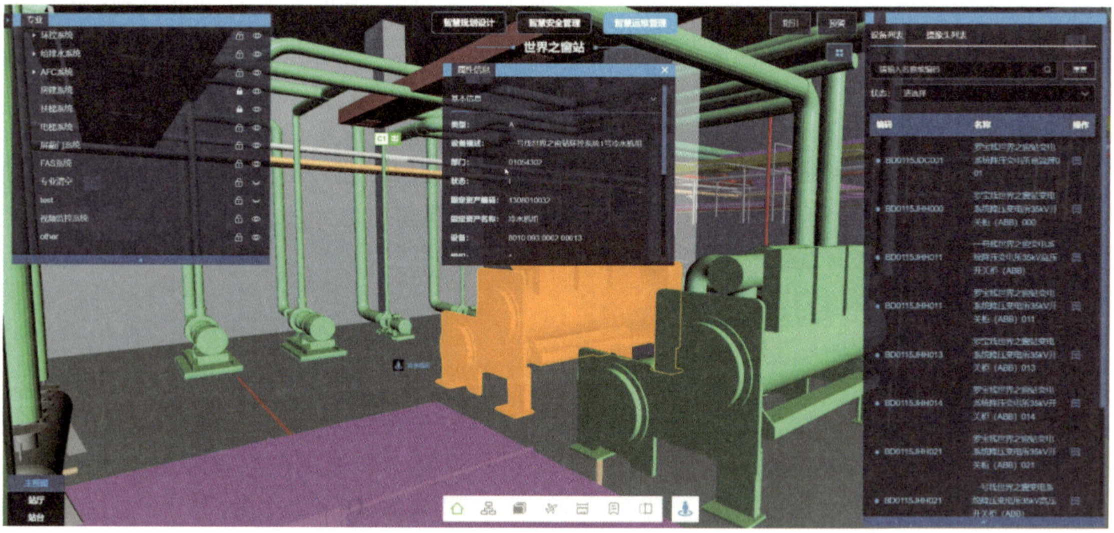

图 2-33 设备运维管理

BIM 在运维阶段的具体应用包括：

(1)记录模型

基于 BIM 系统，收集、整理、汇总前期可研规划阶段、设计阶段、施工阶段及运维阶段，即整个寿命周期的有关记录，形成记录模型数据。在这经过整合的数字环境中，前者输入的数据可供后续其他人员使用，有助于提高项目质量、节省时间、降低成本与错误。通过 BIM 建立的

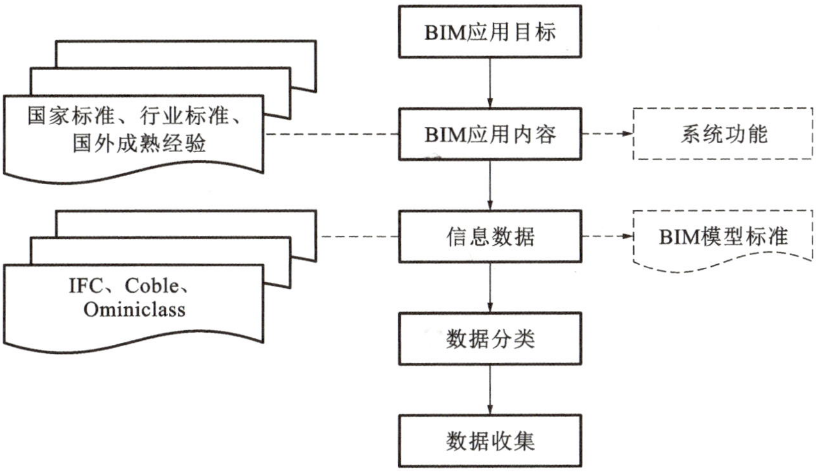

图 2-34　运营管理 BIM 应用

图说及相关信息，链接 ODBC(Open Database Connectivity，开放式数据库链接)将建筑物相关设施数据自 BIM 中撷取出来以建立设施管理的数据库，作为设施管理的主要内容；通过管理软件可查询相关设施的数据，能降低维修不便并避免错误，让使用者在使用阶段的维护管理能更方便且更具效率。运营维护数据累积与分析对于管理来说具有很大的价值。可以通过数据来分析目前存在的问题和隐患，也可以通过数据来优化和完善现行管理。例如，通过 RFID 获取电表读数状态，并且累积形成一定时期内的能源消耗情况；通过累积数据分析不同时间段空余车位情况，进行管理。

(2)运行监测

建立与运行控制系统，调度自动化遥信、遥测、遥控、遥调和遥视系统，以及消防火灾报警系统等，多视图、可视化监测各系统实时运行状态。

(3)运检维护计划

基于 BIM 记录模型、运行监测及设备管理要求，编制并录入检查、维修、保养计划，明确运检维护内容、方法、周期、次序及具体要求，设置提醒、记录及报错功能等。对硬件设备进行检查、清洁润滑、调整和更换，并对软件系统记录进行检查与分析，根据系统报错信息，发现潜在问题，尽早采取措施，排除故障隐患。

(4)资产管理

按照项目投产及移交管理业务指导书要求及 BIM 拓展服务的能力，建立完整的资产台账，对建筑设施、电气设备、消防器材等进行固定或非固定资产安全、健康、环境管理。

(5)应急管理

基于 BIM 的安全管理功能，进行运维阶段风险辨识、危害分析，建立应急响应管理系统，并持续改进；进行设备事故、自然灾害、消防排烟、人员疏散等应急预案模拟，并进行针对性演练及培训。

3. BIM 技术应用于运维管理的展望

我国近年来加大了对 BIM 技术应用的政策引导与扶持，特别是住房和城乡建设部在“2011—2015 年建筑业信息化发展纲要”中就提出，在“十二五”期间，要基本实现建筑企业信息系统的普及应用，加快建筑信息模型(BIM)、基于网络的协同工作等新技术在工程中的应用，推动信息化标准建设，促进具有自主知识产权软件的产业化。

鉴于BIM技术的重要性，我国从“十五”科技攻关计划中已经开始了对BIM技术的相关研究。经过多年发展，BIM技术在设计和施工阶段已经被广泛应用，而在设施维护中的应用案例并不多，尚未被广泛应用。但相关专家一致认为，在运维阶段，BIM技术需求非常大，尤其是在商业地产的运维方面能创造巨大的价值。随着物联网的高速发展，BIM技术在运维管理阶段的应用也迎来了一个新的发展阶段。物联网被称为继计算机、互联网之后，世界信息产业的第三次浪潮。业内专家认为，物联网一方面可以提高经济效益，节约成本；另一方面可以为全球经济的复苏提供技术动力。目前，美国、欧盟、日本、韩国等都在投入巨资深入研究探索物联网。我国也高度关注、重视物联网的研究，工业和信息化部会同有关部门，在新一代信息技术方面开展研究，已形成支持新一代信息技术发展的政策措施及相关标准。我们相信将物联网技术和BIM技术融合，并引入建筑全生命周期的运维管理阶段，将带来巨大的经济效益。

2.3 装配式建筑的集成化、参数化、标准化设计

随着BIM技术的高速发展，BIM在企业整体规划中的应用也日趋成熟，不仅从项目级上升到了企业级，更从设计企业延伸至施工企业。作为连接两大阶段的关键阶段，基于BIM的深化设计与性能分析在日益大型化、复杂化的建筑项目中显露出相对于传统深化设计、性能分析无可比拟的优越性。有别于传统的平面二维设计与性能分析，基于BIM的深化设计更能提高施工图的深度、效率及准确性。基于BIM的建筑性能分析通过综合建筑各单项性能的分析结果，对参数化模型进行调整，寻找建筑物综合性能平衡点，提高建筑整体性能，构建了真正意义上的可持续性建筑。

BIM深化设计的类型可以分为专业性深化设计和综合性深化设计。专业性深化设计基于专业的BIM模型，主要涵盖土建结构、钢结构、幕墙、机电、精装修的深化设计等。综合性深化设计基于综合的BIM模型，主要对各个专业深化设计的初步成果进行校核、集成、协调、修正及优化，并形成综合平面图、综合剖面图。

BIM性能分析主要包括建筑的力学性能分析、生态性能分析及其他防灾性能分析等。进行性能分析的最终目的是确保建筑结构安全、环境舒适、节能环保。与传统的建筑性能分析相比，基于BIM的性能分析可通过创建结构分析模型对一些复杂结构进行非线性分析，包括重力二阶效应分析、塑性铰分析、索单元分析、单向拉压杆分析和约束分析等。同时还可通过模拟建筑所处环境，对建筑物进行生态性能分析及其他防灾性能分析等。

BIM技术的应用使性能分析与深化设计有效结合，可实现性能分析与深化设计间的信息传递，在两者间构建了一种动态关联性。同时还可有效改善建设工程项目的整体质量，提高建筑工程设计的技术、管理水平，实现以创新的理念驱动行业间的交流与协作，充分发挥各自领域内的技术优势。基于BIM的深化设计与性能分析主要包括建筑集成化设计、建筑参数化设计、建筑标准化设计、建筑性能分析、基于BIM的设计优化与实现、BIM设计成果交付等内容。本节简要介绍集成化设计、参数化设计和标准化设计。

2.3.1 装配式建筑的集成化设计

1. 集成化设计

(1)集成化设计的概念与起源

集成化设计是一种多专业配合的设计方法,在设计过程中,通过整合各个方面的设计要素来实现高性价比的建筑。

与传统设计方法相比,集成化设计方法虽然也是一种设计方法,但是两者却有不同,可以从纵向和横向两个方面来阐述:从纵向来看,在整个设计流程中,它将建筑自身与周边环境视作一个整体,从建筑全生命周期来考虑和设计;从横向来看,它要求不同专业的设计人员紧密配合,在形式、功能、性能和成本上与可持续建筑设计策略紧密结合,以较低的成本获得高性能和多方面的效益,最终实现建筑的可持续发展。集成化设计相对于传统的建筑设计方法来说,是一种全新的设计方法。它以信息为基本立足点,成为大量信息的载体。而且,它不只是聚焦于某个单一的建筑模型,而是关注整个建筑的全生命周期,从方案的初步设计到建造以及整个运行和维护过程。因此,这需要有针对性的设计软件和硬件条件的支持,从而建立一个包含了建筑所有信息的综合数据库,在建筑生命周期中,这些信息能多方共享和管理。BIM 技术的出现,使得集成化设计的理念可以变为现实并产生效益。

回溯至 20 世纪 90 年代的北美,追溯集成化设计的起源:在一个名为 C-2000 的项目中,设计人员采用了简化设计、低造价的技术,在完全达到了建筑性能设计目标的基础上还降低了费用。因此,C-2000 流程被称为集成化设计流程的雏形。

集成化设计的发展归功于国际能源机构(IEA)主持的太阳能采暖制冷建筑项目 Task23。在该项目的研究中,工程人员发现:只有改进现有的设计方法和流程才能从根本上提高建筑的性能,而单纯地依赖新材料、新技术、新设备是很难实现这一目标的。

集成化设计方法能否达到预期效果,取决于项目所有参与者跨学科的合作,并在项目最开始即做出影响深远的决策。集成化设计的流程强调设计团队早期设计理念的迭代,促使参与者在集体中能最及时地发挥其创造性想法。

(2)集成化设计的内涵与特征

集成化设计具有较强的综合性,要将所有相关专业的知识与技术结合起来,尽量提升建筑物的性价比。一方面,在设计的过程中充分考虑环境因素,着眼于建筑的整个生命周期;另一方面,它将各个相关专业整合起来,改变了以往的割裂局面,要求不同专业的设计者相互支持配合,不将目光局限在某个点,而是从全局考虑,降低能耗和成本,同时提升建筑的综合性能。

从技术的角度来说,集成化设计具有集成化的特征,要将各类技术与设计目标结合起来。其次,设计可以根据实际情况不断进行调整和更新,满足多方需求。最后,与传统设计方法相比,它不再是资本与能源的简单聚集,而是有效协调新材料和新技术,既要考虑建筑的功能性,同时还要提升建筑对环境的适应性。

(3)集成化设计方法的特点

集成化设计方法的特点可以归纳为以下几点:①以设计目标和技术集成为中心;②融合相关技术集群和社会条件的本地化响应;③以信息为基础,以网络为媒介;④涵盖多学科;⑤具有自我更新和调整的能力;⑥以标准化设计为导向;⑦设计形式多样化。

(4)集成化设计方法的流程

集成化设计流程强调设计团队在早期的设计理念的迭代,因此需要参与者在早期共同贡献出他们的想法和技术知识。在设计早期阶段,将所有关于设计问题的想法都提出来是非常重要的。关于建筑材料与建筑结构的想法应该在早期集成起来,作为建筑的一部分而不是建筑设计后期再去考虑的因素。

集成化设计流程可以分为不同阶段,其中概念设计阶段、初步设计阶段、深化设计阶段是主要的阶段。每个阶段都要求有独立的循环,并对贯穿整个设计流程的设计目标和准则不断地进行检验。

(5)集成化设计与 BIM 的关联性

虽然集成化设计方法相比传统设计方法有较大的优势,但集成化设计也存在一些缺陷。比如,多种设计制约因素的集成,会导致建筑师在设计时很难考虑全面。因此需要一个以建筑信息为核心而构建的平台,打破集成化设计在实际运用过程中的瓶颈。再者,对于集成化设计方法及其流程来说,其本质特征是信息的集成和各专业的协同。因此,需要一个平台来对设计过程中涉及的各类信息进行梳理和整合,并且这个平台要能够提供接口,实现信息及时准确地交换和共享。BIM 协同平台正是一个能满足这些要求的设计平台。

BIM 是目前最能有效实现和稳定支持集成化设计方法及其流程的平台,借助 BIM 平台可以实现建筑集成化设计方法及其应用。BIM 通过"集成"的方法串联起整个建筑流程主线,其中包括设计、生产、施工、装修和管理等整个过程,服务于从设计到运营维护的整个建筑生命周期,通过数字化与信息化模拟整个系统的各个元素,从而实现整个建筑产业链的信息化协同。

2. 基于 BIM 的集成化设计的主要优势

(1)3D 可视化

可视化(Visualization)是利用计算机图形学和图像处理技术,将数据转换成图形或图像在屏幕上显示出来,并进行交互处理的理论、方法和技术。它涉及计算机图形学、图像处理、计算机视觉、计算机辅助设计等多个领域,成为研究数据表示、数据处理、决策分析等一系列问题的综合技术。

从这个意义上来说,实物的建筑模型、手绘效果图、照片、电脑效果图、电脑动画都属于可视化的范畴。但是二维施工图并非可视化,因为施工图本身只是一系列抽象符号的集合,是一种建筑业从业人员的"专业语言"。因此施工图属于"表达"范畴,它只是明确了施工过程中的各个要素,但并未简化建设中信息交流的过程。

CAD、BIM 和可视化三者的关系复杂。首先,BIM 本身就是一种可视化程度比较高的工具,而可视化是在 BIM 基础上的更高程度的可视化表现。其次,由于 BIM 包含了项目的几何、物理和功能等完整信息,可视化可以直接从 BIM 模型中获取需要的几何、材料、光源、视角等信息,不需要重新建立可视化模型。可视化的工作资源可以集中到提高可视化效果上来,而且可视化模型可以随着 BIM 设计模型的改变而动态更新,保证可视化与设计的一致性。最后,由于 BIM 信息的完整性及其与各类分析计算模拟软件的集成,可视化的表现范围得到了扩展,例如多维模拟、突发事件的疏散模拟、日照分析模拟等。

(2)建筑性能的模拟与分析

虽然没有 BIM 也能进行模拟,但是没有 BIM 的模拟和实际建筑物的发展变化是没有关联的,实际上只是一种可视化效果。"设计-分析-模拟"一体化才能动态表达建筑物的实际状态，设计一旦产生变化，紧跟着就需要对变化后的设计进行不同专业的分析研究，同时需要把分析结果即时模拟出来，供业主决策。

所以，只有采用基于 BIM 技术的设计流程和方法，才能将建筑模拟计算与建筑设计过程结合起来，实现建筑集成设计。由于不同的设计阶段有不同的设计任务、不同的已知和未知条件，因此，不同阶段的设计应有各自的循环设计与评价的过程。这样，建筑设计就成为分阶段逐步深入、逐步细化的过程，同时也是一个循环设计、信息反馈的过程。每一个设计阶段的设计都是在前阶段设计工作的基础上进一步创作与细化，每个阶段又都有其相对的独立性。其主要的任务不同，面临的问题也不同。每个阶段内，应有所选择与侧重，通过实时的评价与计算，形成信息的反馈以进行阶段修改。这种共性与个性、统一性与阶段性的结合正是以可持续性发展为目标的集成化设计流程的主要特征。目前基于 BIM 的模拟主要有以下几类。

①设计阶段：日照模拟、视线模拟、节能（绿色建筑）模拟、紧急疏散模拟、CFD 模拟等；

②招投标和施工阶段：4D 模拟（包括基于施工计划的宏观 4D 模拟和基于可建造性的微观 4D 模拟），5D 模拟（与施工计划匹配的投资流动模拟）等；

③销售运营阶段：基于 Web 的互动场景模拟，基于实际建筑物所有系统的培训和演练模拟（包括日常操作、紧急情况处置）等。

(3)信息数据的交换

信息是 BIM 的核心，BIM 模型是一个富含项目信息的三维或多维建筑模型。因此，通过分析信息和数据在 BIM 模型中的存在形式以及交换方式等问题，可以体现 BIM 在集成化设计中对信息整合的优势。

(4)协同作业

从某种意义上说，协同是集成化设计的最主要特征，也是集成化设计的具体体现，而 BIM 平台能最好的支撑协同和协作，最大效能地发挥协同的合力。

①协同的两个基本要素

协同作业有两个基本要素：一个是协同的方法或者渠道，另外一个是协同的内容或者实体。协同的方法不同，产生的效率和质量也会有所不同。在实际应用过程中，除了采用有效的协同方法以外，用于协同的内容也是决定协同水平和效率的关键因素。对于工程建设行业来说，这个内容可以是目前主要流行的效果图、二维图形文件、Word 文件、Excel 表格等，也可以是正在迅速成长和普及的 BIM 模型。

建设项目的协同是跨企业、跨地域、跨语言的一种行为，需要建立支持这种协同方式的基于互联网的管理平台，BIM 模型由于整合了建设项目的三维几何、空间关系、地理信息、材料数量以及构件属性等信息，使得协同参与人员，无论是业主、设计师还是承包商，都可以根据这个具体、完整、关联的信息快速准确地做出与自己责任相关的决策，从而推动整个项目在计划工期和造价内高质量完成。

目前来看，协同设计就是指基于网络的一种设计沟通交流手段，以及设计流程的组织管理形式。协同作业的核心在于数据，以数据为核心，数据的创建、管理、发布成为信息化的基本定义。

②协同的类型

协同设计又细分为平面协同设计、空间协同设计、平面与空间实时关联设计以及互用技术，这是设计软件本身具备的协同功能。其实在工业化的今天，很多产业早就进入了多工种协同设计和制造时代，而建筑业在这方面起步稍晚，但也正处于快速发展中。

a. 平面协同设计

平面协同设计是以外部参照功能为基础的标准格式文件之间的文件级协同，是一种文件定期更新的阶段性协同设计模式。例如，几位设计师分别设计一个建筑的轴网、标高、外立面墙与门窗、内墙与门窗、核心筒、楼梯与坡道、卫浴家具构件，设计过程中根据需要通过外部参照的方式将其链接组装为多个建筑平立面图。这时，如果轴网发生变更，所有参照该文件的图纸都可以自动更新。

b. 空间协同设计

空间协同设计也叫 3D 协同，具体可以分为专业内和专业间的空间协同设计。

专业内空间协同设计：是一种数据级的实时协同设计模式。工作组成员在本地计算机上对同一个 3D 工程信息模型进行设计，每个人的设计内容都可以及时同步至文件服务器上的项目中心文件中，甚至成员间还可以互相借用属于对方的某些建筑图元进行交叉设计，从而实现成员间的实时数据共享。

专业间空间协同设计：当每个专业都有了 3D 工程信息模型文件时，即可通过外部链接的方式，在专业模型(或系统)间进行管线综合设计。这个工作可以在设计过程中的每个关键时间点进行。因此，专业间空间协同设计和平面协同设计同样是文件级的阶段性协同设计模式。

c. 平面与空间实时关联设计

简单来说，实时关联设计是指设计人员在平面图中操作的过程中，对某个构件或者轴线等进行修改和编辑后，模型相应做出自动更改。并且，之后的立面图、剖面图、节点详图也会随之变更，省去了手动重复更改的工作量，也避免了操作错误的产生。这种实时关联设计对复杂建筑设计尤为有利。

d. 互用技术

BIM 在信息处理、交换、整合等方面具有先天的优势，基于这些有利条件，BIM 能够很好地实现信息的互用与共享。

所谓互用是指不同程序之间通过使用公共的交换格式集合、读写相同的文件格式和使用相同的协议进行信息交换的能力。例如在 Revit 系列、3ds MAX、草图大师、犀牛、生态大师、PKPM、清华斯维尔等工具间的数据交互，都可以通过专用的导入/导出工具，利用相互支持的中间数据格式进行数据信息交换。

2.3.2 装配式建筑的参数化设计

1. 参数化设计

(1)基础概念

参数化设计是对目前新兴的设计方法的抽象描述，包括生成设计、算法几何、关联性模型等核心概念。参数化设计的核心思想是把建筑设计模型化、对象化，即把设计的限制条件，通过相关数字化设计建模软件，与设计的形式输出之间建立参数关联，生成或形成可以灵活调控、有限变化的虚拟建筑模型。

不同于传统的建筑设计，很多现代建筑都面临着一个对建筑几何进行理性描述的难题。与传统的方盒形建筑相比，创新型建筑的形体往往非常复杂，涉及诸多自由曲面的变化，仅仅借助于传统的工作流程，很难高效准确地完成设计图纸。现在借助 BIM 技术的数字化设计平台，可以对这些复杂的几何变化进行理性的分析和设定，包括从几何学的角度对异形建筑的平面以及三维空间的生成进行准确的定义和呈现。参数化设计的核心是生成算法(Generative Algorithms),是对平面或立体的几何生成过程的描述。生成算法的最终目标是以最快的速度和最少的步骤生成海量的包括建筑几何在内的各种数据,而实现这一目标的手段则是根据设定的算法在参数化软件中建立关联性模型(Associative Model)。模型由不同的模块化单元组成,其结构表述为参数输入模块、调节控制模块、逻辑计算模块以及数据输出模块。关联模型一旦建立,通过参数输入和调节,计算机将自动完成复杂的运算,并实时输出设计成果。

(2)参数化设计的作用与原则

与传统的设计模式相比,BIM 技术的运用可以让建筑设计更加的多元化,形体的逻辑性也得到加强。通过参数的改变,建筑的形态相应的也发生改变,因此可以对不同的方案进行性能对比分析,从而选择最优方案进行下一步的深化设计。一些复杂、重复的工作都交予程序来解决,大大节省了设计师的时间和精力,从而把更多的时间放在选择和优化方案上面,提高了设计效率和质量。

参数化设计方法被应用于方案设计的各个阶段,从定义建筑基本形体到建立高度关联的复杂关系,借助参数化软件建立逻辑模型。借助参数化设计方法,设计团队可以进行迭代式操作和定义项目的复杂几何结构。整个设计过程遵循由简入繁,参数化、数据化和设计可视化紧密结合的原则,基于多层级的高度信息化模型为多专业的协同设计提供了良好的基础。

2. 基于 BIM 的建筑参数化设计

(1)参数化设计的优势

BIM 的出现使得整个建筑和整套设计文件保存在一个集成的数据库中,所有内容之间都是相互关联的。参数化建模产生协调、内部一致并且可运算的建筑信息,这正是 BIM 的核心。总的来说,基于 BIM 的建筑参数化设计的优势主要体现在以下几个方面:

①BIM 能够协调图形和非图形数据,如视图、图纸、表格。如果其中任何构件发生移动,其他相连的建筑构件将进行实时更新。参数化建模固有的双向联系性,传递变动的特性,带来高质量、协调一致、可靠的模型,使得以数据为基础的分析过程更加便利。

②可以充分结合设计者与数字技术的智能力量来实现对集合符号的生成、测评、修正和优化,从而得到更加符合设计者、使用者和环境要求的建筑形态。

③可变参数带来的开放设计成果满足了建筑师对多种可预见因素的考虑,并使设计的客观性加强,使几何形态的生成成为参数控制的结果。通过设计程序的作用,输入参数控制值就可以在变化中生成相应的形态,甚至生成可控制但不可预见的几何形态。

④在建造方面,它解决了标准化与单独定制的矛盾。借助智能工具,利用参数化手段使得重复性的标准化结构和量身定做的异形构件的生产代价之间的差别减小,同时也弱化了通过重复生产相同几何信息的构件以提高生产效率和降低造价的经济原则的重要性。

(2)参数化模型的特点

参数化建模是根据真实物理世界中的行为和属性建模,用电脑设计物体。在建筑设计中,参数化建模需要设计师充分理解构件的特性以及彼此间的互动关系。设计师可以随意操作改变模型,但元素之间的参数关系在模型中是稳定的。总的来说,基于 BIM 的参数化模型的特点可以归纳为以下三点:

①面向关联的建筑对象。它是通过具有一定规则形状的几何构件和相关参数进行模型搭建的,软件操作的对象是建筑的墙体、门、窗、梁、柱等建筑构件,而不再是以前绘图所面对的简

单的点、线、面等几何对象。在电脑上建立和编辑的不再是一些毫无关联的点和线，而是能够代表建筑构件的物理参数属性。因此，面向对象的参数化设计使得基于BIM的建筑设计更加清晰、直观。

②交互式编辑。使用BIM进行建筑设计就是不断设置和修改建筑构件属性的过程。建筑信息模型是由真实的建筑元素构件（墙、板、柱），并附加上非三维数据（数量、材料、描述、价格等）构成的。随着项目的不断深入，可以将设计到施工的所有工程相关信息，如建筑材料、结构类型等设计信息，施工进度、施工节点成本、工程量、项目成本、工程质量以及材料、人力、机械等施工信息；建筑维修管理、材料强度和耐久性等运营维护信息逐渐加入模型中，不断丰富模型的信息，最终形成一个完整的建筑信息模型，即一个能够链接、管理、使用建筑工程项目全寿命周期内不同阶段的数据、资源的过程，能够完整描述工程项目信息，可被各个建设的参与方使用的信息化模型。在传统CAD设计过程中，只能对建筑进行简单的文字注释，而在参数化建筑模型设计过程中可以对建筑构件的所有信息进行注释和编辑，并且这些信息相互关联。当对图纸的某一部分进行改动时，其对应的立面、剖面以及各种报表等也将立即更新。BIM的参数化建模的特点，使得所建立的模型包含了建筑物的所有信息，为建筑信息模型的进一步应用创造了条件。

③数据库共用。在整个设计过程中使用单一数据库可以提高数据的协同性和关联性，有利于设计变更时的图纸修改和信息追踪，提高图纸的准确性，减少错误的产生。这种基于同一数据库的设计方法在工程后期同样具有重要的意义和价值。比如，根据建筑信息模型中的信息可直接与建筑构件制造商联系，提前在工厂生产所需构件。这样可以保证产品的订购及时有效，确保施工进度严格按照计划进行，避免出现窝工等情况。在运营管理阶段，建立的模型数据库与物业管理系统及其他楼宇自动化系统集成，可以实现基于BIM的物业管理和设备自动化管理。

2.3.3 装配式建筑的标准化设计

在系统集成的基础上，装配式建筑强调集成设计，突出在设计的过程中，应将结构系统、外围护系统、设备与管线系统以及内装系统进行综合考虑，设计应按照通用化、模数化、标准化的要求，以少规格、多组合的原则，实现建筑及部品部件的系列化和多样化。装配式混凝土建筑的标准化设计是工业化生产和装配化施工的前提，也是降低PC构件制造成本的关键。

比如《装配式混凝土建筑技术标准》（GB/T 512312—2016）规定，装配式混凝土建筑平面设计应符合以下规定：

（1）应采用大开间大进深、空间灵活可变的布置方式；

（2）设备与管线宜集中设置，并应进行管线综合设计。

课后思考题

1. BIM在建筑设计中的应用包括哪些方面？

2. BIM如何与结构设计计算模型相结合？

3. 装配式建筑的预制构件如何建立BIM信息化模型？

4. BIM应用于装配式建筑工程项目管理的优势有哪些？

模块3　装配式混凝土结构建筑

主要内容

本模块介绍了装配式混凝土结构建筑的概念及类型，以及装配式混凝土结构预制构件的生产、运输与堆放、吊装及连接等施工过程。

教学目标

1. 了解装配式混凝土结构的概念；
2. 了解装配式混凝土结构的主要材料、连接材料和辅助材料；
3. 掌握装配式混凝土预制构件的类型；
4. 了解装配式混凝土预制构件的生产设备；
5. 掌握装配式混凝土预制构件的生产流程；
6. 掌握装配式混凝土预制构件的运输方式；
7. 掌握装配式混凝土预制构件的堆放要求；
8. 掌握装配式混凝土预制构件的吊装施工流程；
9. 掌握装配式混凝土预制构件的连接施工方法。

拓展延伸

通过本模块的学习，学生可以更好地了解装配式混凝土结构建筑的相关知识和施工技术，为未来的学习和工作打下坚实的基础。同时，也可以引导学生关注建筑行业的可持续发展，积极探索和创新，为建筑行业的发展贡献自己的力量。

3.1　装配式混凝土结构建筑简介

3.1.1　装配式混凝土结构建筑概念

装配式混凝土建筑是指以工厂化生产的钢筋混凝土预制构件为主，通过现场装配的方式设计建造的混凝土结构类房屋建筑，一般分为全装配建筑和装配整体式建筑两大类。全装配建筑一般为低层或抗震设防要求较低的多层建筑；装配整体式建筑的主要构件一般采用预制构件，在现场通过现浇混凝土连接，形成装配整体式结构的建筑物。装配式混凝土结构建筑的特点是，施工速度快，利于冬期施工，生产效率高，产品质量好，减少了物料损耗。

3.1.2 装配式混凝土结构类型

装配式混凝土结构的类型一般分为装配式混凝土框架结构、装配式混凝土剪力墙结构以及装配式混凝土框架-现浇剪力墙结构。装配式混凝土框架结构是指全部或者部分的框架梁、柱及其他构件在预制构件厂制作好后，运输至现场进行安装，再进行节点区及其他构件后浇混凝土的浇筑，如图 3-1 所示。装配式混凝土剪力墙结构是指全部或部分剪力墙采用预制墙板构建成的装配式混凝土结构，如图 3-2 所示。装配式混凝土框架-现浇剪力墙结构由装配整体式框架结构和现浇剪力墙两部分组成。这种结构形式中的框架部分采用与预制装配整体式框架结构相同的预制装配技术，使预制装配框架技术在高层及超高层建筑中得以应用，如图 3-3 所示。

图 3-1 装配式混凝土框架结构

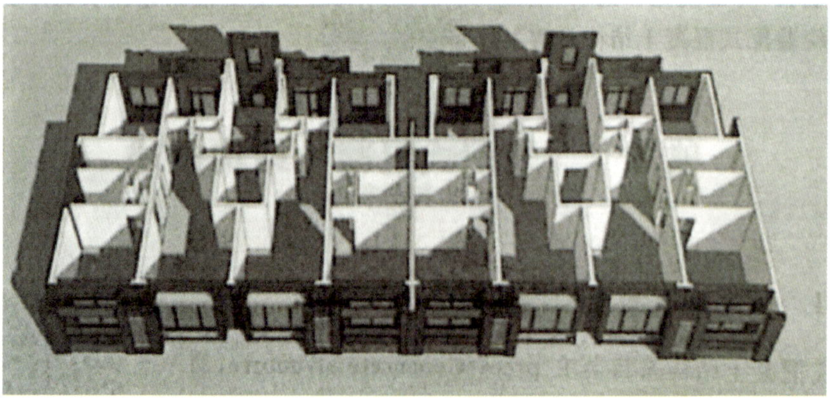

图 3-2 装配式混凝土剪力墙结构

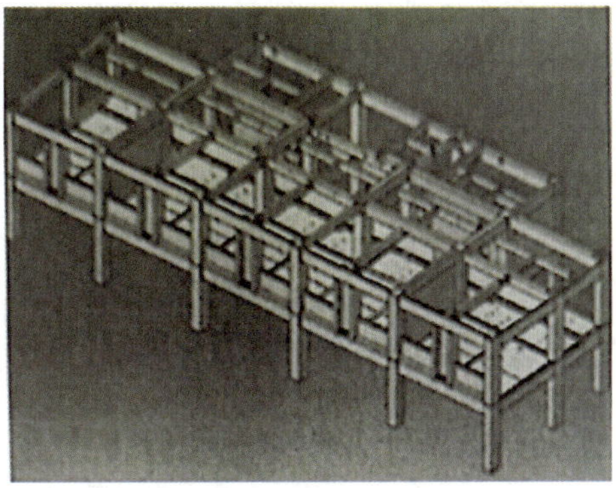

图 3-3　装配式混凝土框架-现浇剪力墙结构

3.1.3　装配式混凝土建筑材料

装配式混凝土建筑材料由主要主材、连接材料及辅助材料等组成。

1. 主要主材

(1)混凝土

混凝土是由胶凝材料、粗骨料、细骨料、水(必要时可加入外加剂和掺合料)按一定比例配合,经搅拌、浇筑、养护硬化而成的具有一定强度的人造石材。在装配式混凝土结构中,混凝土主要用于制作预制混凝土构件和现场后浇部分。《装配式混凝土结构技术规程》(JGJ 1—2014)规定,预制构件的混凝土强度等级不宜低于 C30;预应力混凝土预制构件的强度等级不宜低于 C40,且不得低于 C30;现浇混凝土的强度等级不得低于 C25。

(2)钢材

在装配式混凝土结构建筑中,用到的钢材主要有钢筋和型钢等。

①钢筋

钢筋主要是指钢筋混凝土用钢筋和预应力钢筋混凝土用钢材,包括光圆钢筋和带肋钢筋等,如图 3-4 所示。需要注意的是,在装配式混凝土建筑结构设计时,考虑到连接套筒、浆锚螺旋筋、钢筋连接和预埋件,构件中的钢筋相对现浇结构拥挤,因此,宜选用大直径高强度钢筋,以减少钢筋根数,避免间距过小对混凝土浇筑的不利影响。

(a)

(b)

图 3-4　钢筋类型

(a)光圆钢筋;(b)带肋钢筋

钢筋应具有较好的抗拉、抗压强度，同时与混凝土应具有很好的握裹力。在预应力装配式混凝土构件中会用到预应力钢丝、钢绞线和预应力螺纹钢筋，其中预应力钢绞线较常见。当预制构件的吊环用钢筋制作时，按照《装配式混凝土结构技术规程》(JGJ 1—2014)的要求，应采用未经冷加工的 HPB300 级钢筋制作。钢筋种类见表 3-1。

表 3-1 钢筋种类

序号	分类方式	类别	适用范围
1	轧制外形	光圆钢筋	HPB300 级钢筋均轧制成光面圆形截面，供应形式为圆盘
		带肋钢筋	有螺旋形、人字形和月牙形 3 种，一般 HRB400 级钢筋轧制成人字形，HRB500、HRBF500 级钢筋轧制成螺旋形和月牙形
		钢绞线	分低碳钢丝和碳素钢丝两种
		冷轧扭钢筋	经冷轧并冷扭成型
2	直径大小	钢丝	直径为 3～5 mm
		细钢筋	直径为 6～10 mm
		粗钢筋	直径>22 mm
3	强度等级	HPB300 级钢筋	屈服强度标准值 300 MPa
		HRB400 级钢筋	屈服强度标准值 400 MPa
		HRB500 级钢筋	屈服强度标准值 500 MPa
4	生产工艺	热轧、冷轧、冷拉的钢筋，还有以 HRB500、HRBF500 级钢筋经热处理而成的热处理钢筋，强度比前者更高	
5	在结构中的用途	受压钢筋、受拉钢筋、架立钢筋、分布钢筋、箍筋等	

②型钢

型钢是一种有一定截面形状和尺寸的条形钢材。型钢的截面形式合理，材料在截面上的分布对受力极为有利。由于其形状较简单，尺寸分级较少，所以便于轧制，构件之间的相互连接也较为方便。

实际工程中，型钢按其断面形状主要分为 H 型钢、工字钢、槽型钢、角钢和圆钢等，如图 3-5 所示。

2. 连接材料

连接材料包括灌浆套筒、注胶套筒、机械套筒、套筒灌浆料、浆锚孔波纹管、浆锚搭接灌浆料、浆锚孔螺旋筋、灌浆导管、灌浆孔塞、灌浆堵缝材料、夹芯保温构件拉结件、钢筋锚固板等。

(1)灌浆套筒及封缝料、灌浆料

套筒灌浆连接为预制构件主要连接方式之一。材料主要有灌浆套筒、套筒灌浆料等。灌浆套筒常见的材质有碳素结构钢、合金结构钢、球墨铸铁。

灌浆套筒可分为全灌浆套筒和半灌浆套筒。全灌浆套筒是指接头两端均采用灌浆方式连接钢筋的灌浆套筒；半灌浆套筒是指接头一端采用灌浆方式连接，另一端采用非灌浆方式连接钢筋的灌浆套筒，通常另一端采用螺纹连接，如图 3-6 所示。

(a)

(b)

(c)

(d)

(e)

图 3-5　型钢类型

(a)H 型钢;(b)工字钢;(c)槽型钢;(d)角钢;(e)圆钢

钢筋连接用套筒灌浆料是以水泥为基本材料，配以细骨料，以及混凝土外加剂和其他材料组成的干混料，加水搅拌后具有良好的流动性、早强、高强、微膨胀等性能，填充于套筒和带肋钢筋间隙内的干粉料，简称套筒灌浆料。钢筋连接用套筒灌浆料多采用预拌成品灌浆料。产品运输和贮存时不应受潮和混入杂物；产品应贮存在通风、干燥、阴凉处，运输过程中应注意避免阳光长时间照射。

灌浆堵缝材料以水泥为胶结材料，配以复合外加剂和高强骨料，现场加水搅拌后即可使用，具有无收缩、高强、易施工等特性。灌浆堵缝料可以进行分仓。根据灌浆工艺确定分仓部位。分仓在构件安装固定后进行。分仓用封堵料宽度≥20 mm，封堵高度为接缝高度。

(2)机械套筒

钢筋机械套筒又称为钢筋接头，是用于传递钢筋轴向拉力或压力的钢套管。套筒按钢筋机械连接接头类型可分为直螺纹套筒、锥螺纹套筒和挤压套筒，如图 3-7 所示。直螺纹套筒又可分为镦粗直螺纹套筒、剥肋滚轧直螺纹套筒和直接滚轧直螺纹套筒。

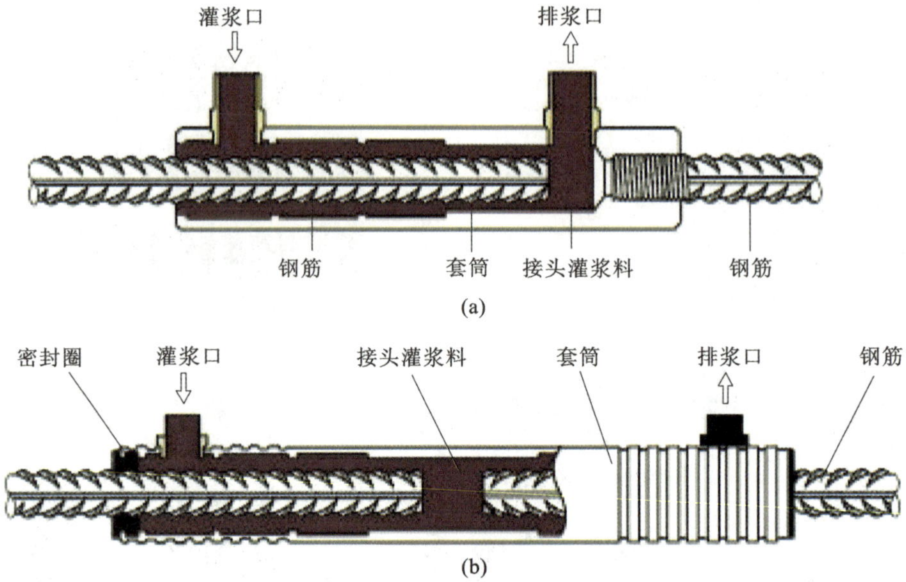

图 3-6 灌浆套筒

(a)半灌浆套筒;(b)全灌浆套筒

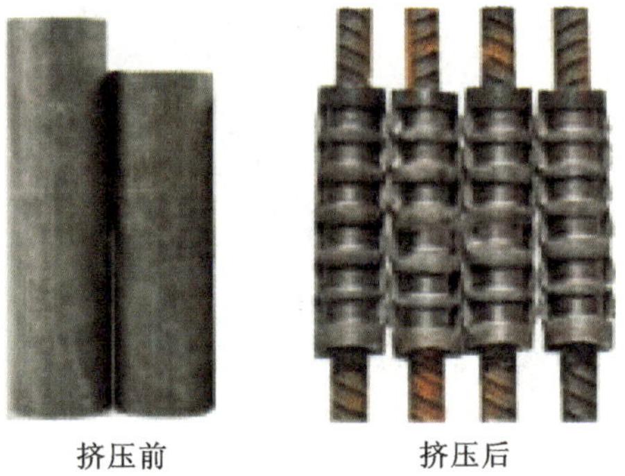

图 3-7 机械套筒

(3)浆锚孔波纹管及螺旋箍筋

钢筋浆锚连接是在预制构件中预留孔洞,受力钢筋分别在孔洞内外通过间接搭接实现钢筋之间应力的传递。钢筋浆锚连接需要用到的材料主要有浆锚孔波纹管(图 3-8)、螺旋箍筋。

(4)夹心保温构件拉结件

外墙保温拉结件是用于连接预制保温墙体内、外层混凝土墙板,传递墙板剪力,以使内、外层墙板形成整体的连接器。拉结件宜选用纤维增强复合材料或不锈钢薄钢板加工制作。图 3-9 所示为预制夹心保温墙断面及拉结件示意图。

(5)钢筋锚固板

钢筋锚固板是设置在钢筋端部,用于锚固钢筋的承压板,如图 3-10 所示。锚固板分类见表 3-2。其中,按受力性能主要分为部分锚固板和全锚固板。部分锚固板是依靠锚固长度范围内钢筋与混凝土的黏结作用和锚固板承压面的承压作用共同承担钢筋规定锚固力的锚固板。全锚固板是指全部依靠锚固板承压面的承压作用承担钢筋规定锚固力的锚固板。

图 3-8　预埋金属波纹管

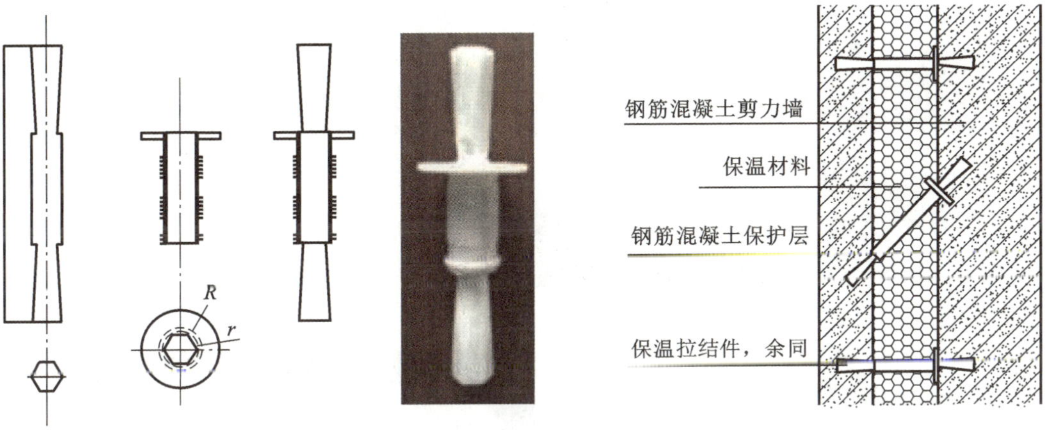

图 3-9　预制夹心保温墙断面及拉结件示意图

图 3-10　混凝土预制柱上的钢筋锚固板

表 3-2 锚固板分类

分类方法	类别
按材料分	球墨铸铁锚固板、钢板锚固板、锻钢锚固板、铸钢锚固板
按形状分	圆形、方形、长方形
按厚度分	等厚、不等厚
按连接方式分	螺纹连接锚固板、焊接连接锚固板
按受力性能分	部分锚固板、全锚固板

3. 辅助材料

辅助材料主要包括内埋式材料、防水密封材料、保温材料、表面装饰材料等。

(1)内埋式材料

内埋式材料常见的有内埋式金属螺母、内埋式吊钉、内埋式吊环、内埋式塑料螺母、内埋式螺栓、预埋线盒等,如图 3-11 所示。

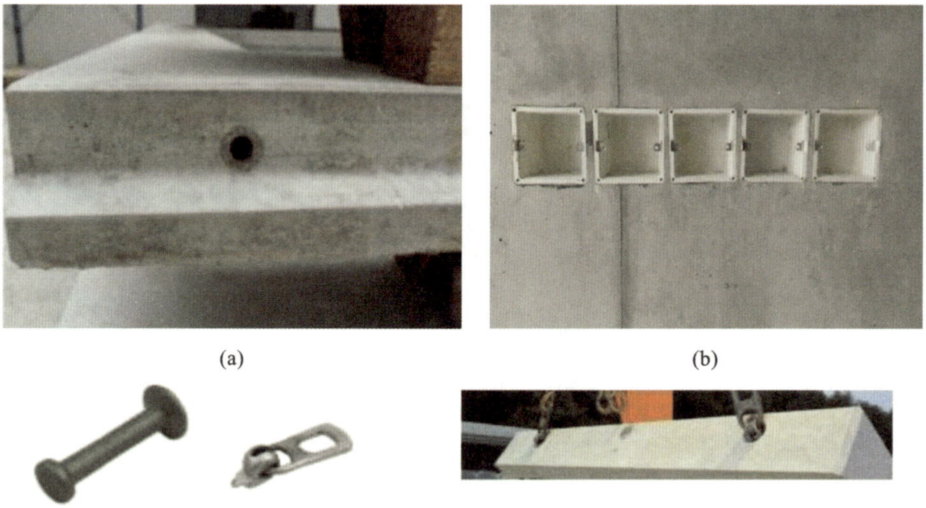

(a) (b) (c) (d)

图 3-11 常见内埋式材料

(a) 内埋式金属螺母;(b)预埋线盒;(c)内埋式吊钉;(d)内埋式吊环

(2)防水密封材料

装配式混凝土建筑是由构配件拼装组成的,会留下大量的拼装接缝,这些接缝很容易成为水流渗透的通道,因此防水密封材料是装配式混凝土外墙拼接缝防水的第一道防线,其选择至关重要。防水密封材料主要包括建筑密封胶、密封胶条。其中以建筑密封胶为主。常用的建筑密封胶包括聚氨酯密封胶(PU)、硅烷改性聚醚密封胶(MS)、硅酮密封胶(SR)等。建筑密封胶应具有以下特点:

①建筑密封胶应与混凝土具有相容性;

②应具有较好的弹性,可压缩比率大;

③具有较好的耐候性、环保性和可涂装性;

④接缝中的背衬可采用发泡氯丁橡胶或聚乙烯塑料棒。

装配式混凝土外墙拼接缝分为水平缝和垂直缝，常用的防水密封方法有两种，即结构防水和材料防水。

结构防水是在拼接缝的背水面，根据墙板的构造、功能的不同，采用密封条或现浇混凝土形成二次密封，两道密封之间形成空腔，起防水作用。

材料防水是在接缝的迎水面，主要是在墙板上预留形成的高低缝、企口等部位，填充密封材料进行防水密封。

(3)保温材料

外墙保温材料依据材料的性质分，可分为有机材料、无机材料和复合材料。不同的保温材料性能各异，材料的导热系数的数值大小是衡量保温材料的重要指标。

常用的夹心外墙板保温材料有聚苯板(EPS 板)、挤塑板(XPS 板)、石墨聚苯板、泡沫混凝土板、发泡聚氨酯板、真空绝热板等。

(4)表面装饰材料

当装配式建筑采用全装修方式建造时，还需用到面层装饰材料。面层装饰材料应符合以下要求：

①石材、面砖、饰面砂浆及真石漆等外装饰材料应有产品合格证和出厂检验报告，质量应满足现行相关标准要求。装饰材料进厂后应按规范的要求进行复检。

②石材和面砖应按照预制构件设计图编号、品种、规格、颜色、尺寸等分类标识存放。

③当采用石材或瓷砖饰面时，其抗拔力应满足相关规范及安全使用要求。当采用石材饰面时，应进行防返碱处理。厚度在 25 mm 以上的石材宜采用卡件连接。瓷砖背沟深度应满足相关规范要求。面砖采用反打法时，使用的黏结材料应满足现行相关标准的要求。

3.2　装配式混凝土预制构件的类型

3.2.1　叠合板

叠合板是由预制底板和后浇钢筋混凝土层叠合而成的装配整体式楼板。常见的叠合楼板形式有桁架钢筋混凝土叠合板和预制预应力混凝土叠合板两种。桁架钢筋混凝土叠合板下部为预制混凝土底板，上露桁架钢筋。桁架钢筋和预制混凝土底板的粗糙表面保证预制底板与后浇叠合层混凝土的有效黏结，如图 3-12 所示。

图 3-12　叠合板

3.2.2 叠合梁

叠合梁是一种预制混凝土梁，在现场后浇混凝土从而形成的整体受弯构件。为了结构连接的需要，预制梁在端部需要留置锚筋，如图 3-13 所示。叠合梁箍筋可采用整体封闭箍筋或组合式封闭箍筋。抗震等级为一、二级的叠合框架梁的梁端箍筋加密区宜采用整体封闭箍筋。

图 3-13 叠合梁

3.2.3 预制框架柱

从制造工艺上看，预制混凝土框架柱(简称预制框架柱)包括预制混凝土实心柱和预制混凝土空壳柱两种形式。预制框架柱在工厂预制完成，为了结构连接的需要，需在端部留置插筋，如图 3-14 所示。

图 3-14 预制框架柱

3.2.4 预制混凝土墙板

1. 预制外墙板

预制混凝土剪力墙外墙板(简称预制外墙板，图 3-15)按照构造形式分，可分为单叶外墙板、夹心保温外墙板、装饰一体化外墙板等。

现有图集中针对的多为常用的夹心保温外墙板，由内叶墙板、保温层和外叶墙板组成，是非组合式承重预制混凝土夹心保温外墙板，通常称为“三明治板”。外叶墙板作为荷载通过拉结件与承重内叶墙板相连。一般内叶墙板侧面预留钢筋与其他墙板或现浇边缘构件连接，底部通过钢筋灌浆套筒与下层剪力墙外伸钢筋相连。

按照墙体上门窗洞口形式的不同，预制外墙板又可分为无洞口外墙板、高窗台外墙板、矮窗台外墙板、两窗洞外墙板和门洞外墙板等几种形式。根据断面结构形式，剪力墙外墙板可分为实心墙外墙板、双面叠合外墙板和圆孔板外墙板等。

图 3-15　预制外墙板

2. 预制内墙板

预制混凝土剪力墙内墙板（简称预制内墙板）一般为单叶板，实心墙板形式，其侧面留筋方式与预制外墙板基本相同，如图 3-16 所示。

按照墙体上门洞口形式的不同，预制内墙板又可分为无洞口内墙板、固定门垛内墙板、中间门洞内墙板和刀把式内墙板等几种形式。

图 3-16　预制内墙板

3.2.5　预制楼梯

预制混凝土楼梯（简称预制楼梯）按其构造方式可分为梁承式、墙承式和墙悬臂式等类型。目前，常用的预制楼梯为预制钢筋混凝土板式双跑楼梯和剪刀楼梯，其在工厂预制完成，在现场进行吊装，如图 3-17 所示。

预制楼梯具有以下优点：

(1)预制楼梯安装后可作为施工通道；

(2)预制楼梯受力明确，地震时支座不会受弯破坏，保证了逃生通道的安全，同时楼梯不会对梁柱造成损坏。

图 3-17　预制楼梯

3.2.6　预制阳台

预制混凝土阳台(图 3-18，简称预制阳台)通常包括叠合板式阳台、全预制板式阳台和全预制梁式阳台。预制阳台能克服现浇阳台的缺点，解决了支模复杂、现场高空作业费时费力的问题，还能避免在施工过程中，由于工人踩踏使阳台楼板上部的受力筋被踩到下面，从而导致阳台拆模后下垂的质量通病。

图 3-18　预制阳台

3.2.7　其他构件

根据结构设计的不同，实际应用中还会有其他预制构件，如空调板、女儿墙、外挂板、飘窗等。预制女儿墙包括夹心保温式女儿墙和非保温式女儿墙等。

3.3 装配式混凝土预制构件的生产

装配式混凝土预制构件生产线可根据所生产构件的类型细分为叠合板生产线、内墙板生产线、外墙板生产线以及梁、柱、楼梯、阳台等专用生产线。此外，根据预制构件的制作方法，预制构件生产线可进一步划分为固定台座法生产线、长线台座法生产线和机组流水法生产线。预制构件生产企业在确定生产方法时，通常会综合考虑市场需求规模、产品类型以及自身的生产条件，选择一种或多种适合的方法来组织生产。

3.3.1 装配式混凝土预制构件的生产设备

装配式混凝土预制构件生产线所需的核心设备包括模台、模台辊道、模台清扫喷涂机、画线机、混凝土送料机、混凝土布料机、混凝土振动台、立体蒸养窑、振动赶平机、抹光机、拉毛机、翻板机、脱模机等。

1. 模台

模台(图 3-19)是生产混凝土预制构件的载体，是预制构件生产的作业面，也是预制构件的底模板，决定最终产品的质量。从置模到混凝土预制构件固化后的脱模，它经历了混凝土预制构件生产的各个步骤。目前，模台面板一般选用整块钢板制作，厚 10 mm。

图 3-19 模台

2. 模台辊道

模台辊道是实现模台沿生产线机械化行走的必要设备。该设备主要由两侧的辊轮构成，具体构造如图 3-20 所示。在作业过程中，辊轮需保持同步运动，以驱动上方的模台顺利转移至下一道工序的指定位置。为确保模台运行的平稳性与准确性，模台辊道需具备精确控制模台行进速度的能力，同时保证模台在行进过程中不出现偏移或颠簸。此外，模台辊道的规格需与模台相匹配，以确保两者之间的兼容性与高效协作。

3. 模台清扫喷涂机

模台清扫喷涂机采用除尘器一体化设计，如图 3-21 所示。其流量可精确控制，喷嘴角度亦可灵活调整，具备雾化的功能。在一轮生产周期结束后，该机可彻底清扫底模托盘上遗留的粗颗粒混凝土残渣，并在清洁后的托盘表面均匀喷涂脱模剂。

图 3-20 模台驱动轮

图 3-21 模台清扫喷涂机

4. 画线机

画线机是一种全自动化的设备，其运作完全依赖于数控系统的精确控制。在模台上，画线机能够根据设计图纸的具体要求，进行高效且精准的画线作业。如图 3-22 所示，画线机不仅显著提升了构件的定位精度，而且大幅度缩短了画线作业所需的时间。通常情况下，完成一个平台的画线工作，其耗时不会超过 5 min。

图 3-22 画线机

5. 混凝土送料机

混凝土送料机是一种专门设计用于向混凝土布料机输送混凝土拌合物的设备，如图 3-23 所示。目前，市场上的主流混凝土输送设备支持手动、遥控和自动三种操作模式，可灵活接收并执行相应指令。设备能够按照预设的速度进行移动或停止，同时，它还可以与混凝土布料机实现联动或解除联动，以满足不同施工场景的需求。

图 3-23　混凝土送料机

6. 混凝土布料机

混凝土布料机作为预制构件生产线上的关键设备，其主要职责是在模台上将混凝土精确地浇筑至模具内部，如图 3-24 所示。布料机在生产线上的横向和纵向移动能力是其基础功能，这一设计确保了混凝土能够均匀、有效地分布到每一个模具之中。此外，储料斗的有效容积为 2.5 m^3，其下料速度可根据不同的坍落度要求，在每分钟 0.5～1.5 m^3 之间进行调整，从而确保混凝土浇筑过程的连续性和稳定性。

布料口的高度可以根据混凝土浇筑过程中的自由下落高度需求进行调整，以满足不同的生产要求。此外，混凝土布料机与输送料斗、振动台、模台运行等设备能够实现联动互锁，从而提高了生产效率。安全互锁装置的应用，也大大提升了操作过程中的安全性。

图 3-24　混凝土布料机

7. 混凝土振动台

混凝土振动台是预制构件生产线上用于实现混凝土振捣密实的设备，如图 3-25 所示。混凝土振动台振捣时间小于 30 s，振捣频率可调。振动台具有振捣密实度好、作业时间短、噪声小等优点，非常适用于预制构件流水线生产。

图 3-25　混凝土振动台

8. 振动赶平机

振动赶平机主要由 4 个部分组成，分别是大支架、平台的表面、振动电机、减振装置等，如图 3-26 所示。采用这种设备就可以很好地减少混凝土中存留的空气和缝隙，使混凝土振捣密实。

图 3-26　振动赶平机

9. 抹光机

抹光机是一种混凝土表面粗、精抹光机具，如图 3-27 所示。经过机器施工的表面较人工施工的表面更光滑、更平整，能极大地提高混凝土表面的密实性和耐磨性，并且相较人工作业工作效率提高 10 倍以上。

图 3-27　抹光机

10. 拉毛机

拉毛机分为固定式和移动式两种，如图 3-28 所示。它可快速升降，锁定位置，拉毛迅速，拉毛深度不小于 4 mm。

图 3-28　拉毛机

11. 立体蒸养窑

预制构件生产过程中，混凝土的养护采用在蒸养窑里蒸汽养护的做法。蒸养窑的尺寸、承重能力应满足待蒸养构件的尺寸和重量要求，且其内部应能通过自动控制或远程手动控制对蒸养窑每个分仓里的温度进行控制，如图 3-29 所示。窑门启闭机构应灵敏可靠，封闭性能强，不得泄漏蒸汽。此外，预制构件进出蒸养窑需要构件存取机配合。

12. 翻板机

翻板机是用于翻转预制构件，使其调整到设计起吊状态的机械设备，如图 3-30 所示。

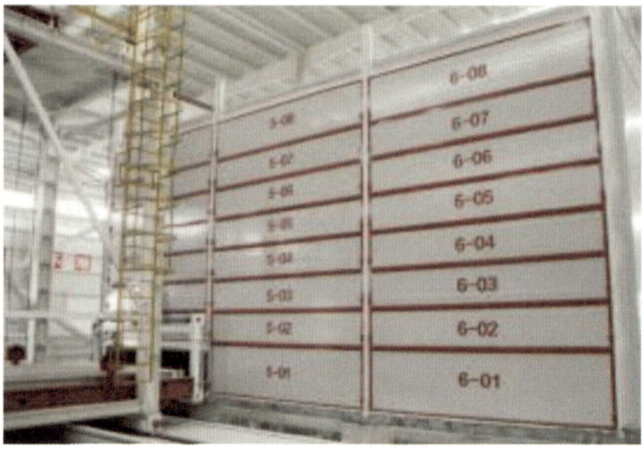

图 3-29 立体蒸养窑

图 3-30 翻板机

13. 脱模机

脱模机是待预制构件达到脱模强度后将其吊离模台所用的机械，如图 3-31 所示。脱模机应有框架式吊梁，起吊脱模时按构件设计吊点起吊，并保持各吊点垂直受力。

图 3-31 脱模机

14. 堆垛机

堆垛机是立体仓库十分重要的起重运输设备，是随立体仓库发展起来的专用起重机械设备，如图 3-32 所示。运用此种设备的仓库最高可达 40 多米，大多为 10～25 m。堆垛机的主要用途是在立体仓库的巷道间反复穿梭运行，将位于巷道口的货物存入货格，或者将货格中的货物取出运送到巷道口。此种设备只能在仓库内运行，还需配备其他设备使货物出入库。

图 3-32　堆垛机

3.2.2　装配式混凝土预制构件的生产方式

装配式混凝土预制构件的生产分现场预制和工厂预制两种方式。其中，现场预制分为露天预制、简易棚架预制；工厂预制分为露天预制和室内预制，如图 3-33 所示。近年来，随着机械化程度的提高和标准化要求的推进，工厂化预制逐渐增多，目前大部分装配式混凝土预制构件为工厂制作。

图 3-33　某 PC 构件工厂车间

3.2.3　装配式混凝土预制构件的生产工艺

预制构件的制作涉及多种工艺，选择何种工艺取决于构件的类型、复杂程度以及品种，同时还会受到投资者偏好的影响。在确定预制方式时，需要综合考虑预制构件工程量的大小、构件的尺寸与重量、运输距离以及经济效益等因素，以确保最终选择的工艺既能保证构件的预制质量，又能实现经济效益的最大化。这一过程需要严谨、稳重和理性的态度，以确保最终决策的科学性和合理性。

预制构件制作工艺有固定台座法和流水线工艺两种。

1. 固定台座法

固定台座法是模具布置在固定的位置，而操作人员按不同工种依次在各个工位上操作的生产工艺。固定台座法是在预制构件制作时应用得最为广泛的生产工艺之一，适应性强，加工灵活，非常适用于非标准化异形构件的生产，如梁、柱、楼梯、屋顶用板材等构件，虽然启动资金较少，但市场效率也相对较低。固定台座法包括固定模台工艺、立模工艺和预应力工艺等。

(1)固定模台工艺

固定模台是一块平整度较高的钢结构平台，如图 3-34 所示，也可以是高平整度、高强度的水泥基材料平台。固定模台作为预制构件的底模，在模台上固定构件侧模，组合成完整的模具，固定模台工艺也称为平模工艺。

固定模台工艺的设计主要是根据生产规模，在车间里布置一定数量的固定模台，组模、放置钢筋与预埋件、浇筑振捣混凝土、养护构件和拆模都在固定模台上进行。固定模台生产工艺的模具是固定不动的，作业人员和钢筋、混凝土等材料在各个模台间“流动”。绑扎或焊接好的钢筋用起重机送到各个固定模台处，混凝土用送料车或送料吊斗送到模台处，养护蒸汽管道也通到各个模台下。PC 构件就地养护，构件脱模后再用起重机送到存放区。

固定模台工艺可以生产柱、梁、楼板、墙板、楼梯、飘窗、阳台板、转角构件等各式构件。其最大优势是适用范围广、灵活方便、适应性强、启动资金少。

图 3-34 固定钢模台

(2)立模工艺

立模工艺的特点是模板垂直使用，并具有多种功能。模板基本上是一个箱体，箱体腔内可通入蒸汽，并装有振动设备，可分层振动成型。比平模工艺节约生产用地，生产效率相对较高，而且构件的两个表面同样平整。

立模有独立立模和组合立模两种。一个立着浇筑柱子或一个侧立浇筑的楼梯板的模具属于独立立模；成组浇筑的墙板模具属于组合立模，如图 3-35 所示。

组合立模的模板可以在轨道上平行移动，在安放钢筋、套筒、预埋件时，模板移开一定距离，留出足够的作业空间，安放钢筋等结束后，模板移动到墙板宽度所要求的位置，然后再封堵侧模。每块立模板均装有行走轮，能以上悬或下行方式作水平移动，以满足拆模、清模、布筋、支模等工序的操作需要。

图 3-35　实心墙板成组立模

立模工艺适合无装饰面层、无门窗洞口的墙板、清水混凝土柱子和楼梯等，其最大优势是节约用地。立模工艺制作的构件，立面没有抹压面，脱模后也不需要翻转。

(3)预应力工艺

预应力工艺也是预制构件固定生产方式的一种，分为先张法工艺和后张法工艺。

先张法工艺一般用于制作大跨度预应力混凝土楼板、预应力叠合楼板或预应力空心楼板。先张法工艺是在固定的钢筋张拉台上制作构件，如图 3-36 所示。钢筋张拉台是一个长条平台，两端是钢筋张拉设备和固定端，钢筋张拉后在长条台上浇筑混凝土，养护达到要求的强度后，拆卸边模和肋模，然后卸载钢筋拉力，切割预应力楼板。除钢筋张拉和楼板切割外，其他工艺环节与固定模台工艺接近。

图 3-36　先张法制作预应力楼板

后张法工艺主要用于制作预应力梁或预应力叠合梁，其工艺方法与固定模台工艺接近，构件预留预应力钢筋(或钢绞线)孔，钢筋张拉在构件达到要求强度后进行，如图 3-37 所示。

后张法工艺只适用于预应力梁、板。

图 3-37 后张法制作预应力梁

2. 流水线工艺

流水线工艺是操作人员位置相对固定，而加工对象按顺序和一定的时间节拍在各个工位上行走的生产工艺。其优势在于效率高、生产工艺适应性可通过流水线布置进行调整，适用于大批量标准化构件的生产。

流水线有手控、半自动和全自动 3 种类型。

(1)手控流水线

手控流水线是将模台通过机械装置移送到每一个作业区，完成一个循环后进入养护区。实现了模台流动，作业区操作人员位置固定，浇筑和振捣作业的工序位置也是固定的。

(2)半自动流水线

半自动流水线包括混凝土成型设备，但不包括全自动钢筋加工设备。半自动流水线实现了图样输入、模板清理、画线、组模、脱模剂喷涂、混凝土浇筑、振捣等自动化，钢筋加工和入模仍然需要人工作业。

(3)全自动流水线

全自动流水线是指在工业生产中依靠各种机械设备，并充分利用能源和信息手段完成工业化生产，从而提高生产效率、减少生产人员数量，使工厂实现有序管理，如图 3-38 所示。

图 3-38 德国艾巴维公司制作的全自动 PC 构件流水线

与传统混凝土加工工艺相比，全自动预制构件生产线具有工艺设备水平高、全程自动控制、操作工人少、人为因素引起的误差小、加工效率高、后续扩展性强等优点。

全自动流水线的工作步骤如下：在生产线上，通过计算机中央控制中心，按工艺要求依次设置若干操作工位，托盘自身装有行走轮或借助辊道的传送，在生产线行走过程中完成各道工序，然后将已成型的构件连同底模托盘送进养护窑，直至脱模，实现设备全自动对接。

建筑形体、建筑结构体系和构件的生产成本，是影响预制构件选择工艺的关键因素。品种单一的板式构件，若不出筋且表面装饰不复杂，使用流水线生产可以实现自动化和智能化，能够获得较高的效率。总之，全自动流水线只有在构件标准化、规格化、专业化、单一化和数量大的情况下，才能实现自动化和智能化。

3.2.4　装配式混凝土预制构件的生产流程

装配式混凝土预制构件生产系统由 PC 构件生产线、钢筋生产线、混凝土拌和运输、蒸汽生产输送、车间门吊起运五大生产系统组成。其中，PC 构件生产线为主线，钢筋生产线、混凝土拌和运输、蒸汽生产输送和车间门吊起运系统为辅助。本书主要介绍常见的混凝土预制构件工厂生产工艺流程。

1. 叠合板

叠合板可采用固定模台工艺生产，也可采用流水线工艺，下面主要介绍固定模台工艺流程。

微课 6：叠合板生产工艺

(1)模台清理

对模台表面进行清扫，确保模台面无锈迹，使其无杂物。

(2)模具清理

将钢侧模清理干净，无残留砂浆。所有模具拼接处均用刮板清理干净，保证无杂物残留。确保组模时无尺寸偏差。

(3)定位画线

根据图纸画出叠合板边模的位置，便于组模。

(4)组模

组模前检查清模是否到位，如发现模具清理不干净，不得进行组模。按照图纸进行模板侧模和端模拼装，用紧固螺栓将其固定，并用固定瓷盒将模具固定在模台上，确保模具不会在模台上移动。

(5)涂刷隔离剂

在将成型钢筋吊装入模前，在模板侧面和模台上涂刷隔离剂。隔离剂可采用涂刷或者喷涂方式，涂刷隔离剂应注意以下几点：

①涂刷隔离剂前检查模具清理是否干净；

②隔离剂必须采用水性隔离剂，且需时刻保证抹布(或海绵)及隔离剂干净无污染；

③用干净抹布蘸取隔离剂，拧至不自然下滴为宜，将隔离剂均匀涂抹在底模和模具内腔，保证无漏涂；

④涂刷隔离剂后的模具表面不得有明显痕迹。

(6)钢筋骨架安装

①底层钢筋摆放要点：根据构件图纸中的用料表，选取正确规格、形状的底层钢筋；按照模具开槽间距，逐一将构件放入模具槽中；根据构件图纸中标示的尺寸，控制每边钢筋伸出长度。

②面层钢筋和吊环摆放要点：根据构件图纸中的用料表，选取正确规格、形状的面层钢筋；

当为双向板时，按照模具开槽间距，逐一将钢筋放入模具槽中，控制每边钢筋伸出长度；当为单向板时，根据图纸标注的钢筋间距放置钢筋；注意摆放时的钢筋间距和距边保护层厚度；根据图纸位置放置吊环钢筋。

③网片钢筋、吊环绑扎要点：根据《混凝土结构工程施工规范》(GB 50666—2011) 中的规定，钢筋的绑扎搭接接头应在接头中心和两端用铁丝扎牢；板上部钢筋网的交叉点应全数绑扎，底部钢筋网除边缘部分外可间隔交错绑扎。最后将吊环绑扎在网片相应位置上。

④桁架钢筋摆放与绑扎要点：根据构件图纸选取正确规格、尺寸的桁架钢筋，按照图纸放置在正确的位置，并绑扎在网片上，可间隔交错绑扎，间距不大于 200 mm。

(7)安装预埋件、预留洞口

根据图纸进行预埋件的安装和预留孔洞的留设。叠合板预埋件主要是电盒、吊环。预留孔洞，一般为上下水套管、叠合板设计缺口等。

(8)浇筑混凝土

在露天进行固定模台预制叠合板制作时，可用吊车吊运料斗浇筑混凝土，也可用叉车运送混凝土料斗，龙门吊布料浇筑。车间内混凝土的运输多采用悬挂式输送料斗。

如果模台下未安装振动器，振捣时可采用振捣棒或平板振动器。振捣至混凝土表面泛浆，不再下沉，无气泡溢出为止。

(9)混凝土抹面、拉毛

混凝土振捣密实后，用木抹子抹平叠合板表面。叠合板由于其特性要求上表面为粗糙面，流水生产线一般采用拉毛机进行机械拉毛，在固定模台上生产时，一般采用人工拖曳拉毛器进行拉毛。

(10)养护

养护环节主要分为自然养护和蒸汽养护两种。环境温度较高且工期满足要求时，可采取自然养护措施。环境温度过低或要求模具及场地快速周转时，则可采取蒸汽养护措施。

(11)脱模、起吊

预制构件的强度一般应达到设计强度的 75%，才能进行脱模、起吊。叠合板由于它自身特性，脱模时采用平吊，不需要翻转起吊。叠合板一般采用 4 点、6 点或者 8 点起吊。叠合板吊装时需严格按照图纸标识的吊点位置吊装。

2. 剪力墙

装配式混凝土结构得到广泛应用，剪力墙作为高层建筑的重要构件，其预制化水平影响整个结构的预制化水平。目前，剪力墙板一般都在工厂预制生产，其具体工艺流程如下：

(1)模台、模具清理

对模台表面进行打磨处理，确保模台面无锈迹，使其无杂物。模具安装前必须进行清理，清理后的模具内表面的任何部位不得有残留杂物。

(2)模台定位画线

模台定位画线有人工画线和机械自动化画线两种。

①人工画线：操作工人结合设计图纸用墨斗、尺子等工具在模台上画出墙板的轮廓线；

②机械自动化画线：根据设计图纸，标绘器根据 CAD 数据获得的混凝土构件轮廓，以 1∶1 的比例用水溶性颜料，将轮廓绘制在底模托盘的表面。

(3)模具组装

按照放线位置正确摆放模具，使用装模工具将模具挡边安装固定在台车上。注意，需保证挡边的位置尺寸及垂直度。

(4)喷涂隔离剂

模具验收合格后，在模具面均匀涂刷脱模剂，模具夹角处不得漏涂，钢筋、预埋件不得沾有脱模剂。脱模剂应选用质量稳定、适于喷涂、脱模效果好的水性脱模剂，并应具有改善混凝土构件表观质量效果的功能。

(5)安装钢筋

根据设计图纸要求在模具内摆放钢筋，布置钢筋保护层垫块。根据要求绑扎钢筋，安装模具挡浆橡胶块。

①水平钢筋摆放：根据构件图纸选取正确规格、形状的水平筋，穿入模具槽中，注意水平箍筋尺寸，通常情况下，墙板底部和墙身处的箍筋尺寸会有差别，底部有灌浆套筒，箍筋间距会比墙身处宽。

②竖向钢筋摆放：根据构件图纸选取正确规格的竖向连接钢筋(灌浆套筒已经连接稳固，并检验合格)，从墙底边穿入，从水平筋上下层中间穿过，插入模具上挡边的孔中，底部灌浆套筒和模具下挡边上灌浆套筒固定器连接；顶部纵向钢筋穿过模具上挡边通孔，采用锥形橡胶块定位固定；根据构件图纸选取正确直径和长度的竖向网片筋，从墙顶部穿入。

③绑扎钢筋：《混凝土结构工程施工规范》(GB 50666—2011)规定，钢筋的绑扎搭接接头应在接头中心和两端用铁丝扎牢，扎丝绑扎要求牢固，扎头不能向下碰触台车面，防止浇捣后外饰面露扎头。墙、柱、梁钢筋骨架中各竖向面钢筋网交叉点应全数绑扎。

④放置保护层垫块：垫块放置数量为 4 个/m^3，垫块高度符合设计混凝土保护层厚度要求。

⑤拉结筋放置及绑扎：根据图纸要求放置拉结筋，并绑扎牢固。

⑥吊环安装与绑扎：选取正确规格的吊环，绑扎并做好加强处理。

⑦安装挡浆工装：使用槽口挡浆橡胶块或其他挡浆材料封堵模具水平钢筋槽口，要求安装稳定牢固，在浇筑振捣过程中不发生位移。

(6)预留洞口、安装预埋件

根据图纸要求安装预埋件或预留洞口。预埋件主要有线盒、吊环、吊钉、套筒等，预留对穿孔等。预埋件应固定牢固，在混凝土浇筑、振捣过程中不发生位移，保证预留预埋位置准确。

①线盒线管。根据设计图纸线盒位置，画线定位。反面线盒采用磁性固定件固定，根据定位画线位置，吸附于台模面，复测磁性固定件尺寸；正面线盒采用悬挑工装固定，将悬挑工装用螺栓固定在侧边模上，保证位置正确牢固；根据线管孔位及线管大小规格，采用螺栓将线管固定橡胶块固定在侧挡边预定位置。将预定半成品线盒及线管安装在固定工装上，保证线盒管线位置准确，固定牢靠。

②预留预埋。预留预埋附件主要有套筒、吊钉、孔洞、连接件等，根据设计图纸进行定位画线。根据画线位置及模具预留开孔位置，固定预埋工装，如磁性固定件、螺栓、悬挑工装等；将需要预留预埋的附件安装在固定工装上，安装应稳固，位置应准确。

③灌浆套筒。

固定灌浆套筒：将灌浆套筒上端与纵向钢筋连接，然后将灌浆套筒的另一端通过定位橡胶块固定在端模上，完成灌浆套筒的固定。

灌浆套筒进、出浆孔安装：如果采用正打工艺，用波纹管一端连接在灌浆套筒进浆孔与出浆孔上，波纹管另一端与吸附在模台上的磁钉连接；如果采用反打工艺，应调节灌浆套筒进、出浆孔的方向并使其向上，然后将 PVC 管安装在上面。

(7)混凝土浇筑

混凝土浇筑前应按图纸要求检查钢筋及预留预埋。混凝土操作工人根据所浇筑构件混凝土方量报料，布料机精准布料，按要求振捣混凝土，完成混凝土浇筑。

(8)赶平、抹面、收光

墙板类构件的表面要求平整，因此，在混凝土浇筑后应进行赶平、抹面、收光。

(9)养护

自然养护：根据现场条件、气候和天气等综合考虑，采用覆盖塑料薄膜，或覆盖草毡洒水养护。蒸汽养护：按操作标准、操作流程进行养护窑入窑操作。

(10)拆模、翻转起吊

拆模操作工人使用拆模工具先拆除固定工装，然后依次拆除挡边模具，并将挡边模具和固定工装整理统一摆放。

用翻转台将墙板翻转便于起吊，吊装操作工采用专用吊架将构件从台车上吊起，经检测合格后，吊入成品库存放。

3. 楼梯

微课 7：预制楼梯生产工艺

预制楼梯在构件厂的生产方式主要有卧式生产和立式生产两种。

卧式楼梯模具相对于立式而言，虽然安放钢筋笼、浇筑混凝土都较为方便，但是卧式模具生产的楼梯在脱模堆放时，会多一道翻转工序，预埋件安装比立式多；楼梯背面滴水线还需人工用压条形成，而立式则通过模具即可一次成型。

立式楼梯模具除钢筋安装较为麻烦，混凝土浇筑时有漏浆的风险外，其生产方便性、效率性、成型质量都好于卧式，因而，构件厂一般都采用立式生产方式制作楼梯。

(1)模具清理

用钢丝球或刮板将残留混凝土及其他杂物清理干净，使用压缩空气将模具内腔吹干净，以用手擦拭手上无浮灰为准。所有模具拼接处均用刮板清理干净，保证无杂物残留，确保组模时无尺寸偏差。

(2)涂刷隔离剂

涂刷隔离剂前检查模具清理是否干净，用干净抹布蘸取隔离剂，拧至不自然下滴为宜，将隔离剂均匀涂抹在底模和模具内腔，保证无漏涂。涂刷隔离剂后的模具表面不得有明显痕迹。

(3)钢筋绑扎

熟悉图纸，根据楼梯设计图纸的规定准确把握好保护层的尺寸、钢筋的弯曲度及规格、数量、间距，不可漏扎、多扎且钢筋不应弯曲，钢筋表面应光滑、无油污、锈迹。绑扎时，上下纵筋、边缘纵筋、边缘加强筋则须将全部钢筋交叉点扎牢；中间上下分布筋交叉点可相隔交错扎牢。踏步钢筋笼在绑扎时，应设置撑铁或绑扎架以固定钢筋的厚度间距，既可保证楼梯钢筋笼的厚度尺寸要求，也可大大提高钢筋笼的规整度，使钢筋笼不易变形。

(4)预留预埋

根据设计图纸要求在相应位置留设预埋件，确保预埋件的位置误差在允许范围内。

(5)合模

立式模具较为复杂，主要由一个踏步模具、一个底模连接侧模、两个端部模具构成。使用密封胶条将模具周边密封，移动一侧的模板，使之与固定一侧模板合在一起，关闭模具，用连接杆固定模具，并紧固螺栓。

(6)混凝土浇筑、振捣

将装满混凝土的料斗吊运至楼梯模具上，打开布料口卸料。按照分层、对称、均匀的原则，每20～30 cm一层浇筑混凝土。振动棒应快插慢拔，每次振捣时间为20～30 s。以混凝土停止下沉、表面泛浆、不冒气泡为止。也可通过楼梯模具外侧的附着式振动器，将楼梯混凝土振捣密实。

(7)养护

养护环节主要分为自然养护和蒸汽养护两种。环境温度较高且工期满足要求时，可采取自然养护。环境温度过低或要求模具及场地快速周转时，则可采取蒸汽养护。楼梯混凝土的蒸汽养护应按照相关技术规范及要求进行。

(8)脱模

拆模顺序是先松开预埋件螺栓的紧固螺丝，再解除两块侧模之间的拉杆连接，然后再横移滑出一侧的模板。

(9)起吊堆放

用撬棍轻轻移动楼梯构件，穿入吊钩后慢慢起吊，将楼梯构件吊至临时堆放场地后进行检查清洗并进行标识。

微课8：预制构件生产阶段质量控制

3.4　装配式混凝土预制构件的运输与堆放

3.4.1　预制构件的运输

1. 运输前准备工作

预制构件的运输方案：需要根据运输构件的实际情况、装卸车现场及运输道路的情况、施工单位或当地的起重机械和运输车辆的供应条件，以及经济效益等因素，综合考虑确定运输方法，选择起重机械、运输车辆和运输路线。

运输线路的制订：应按照客户指定的地点及货物的规格和重量制订特定的路线，确保运输条件与实际情况相符。

预制构件运输的准备工作主要包括车辆组织、踏勘和规划运输路线、设计并制作运输架、验算构件强度、清查构件等。

(1)车辆组织

大批量预制构件的运输可借用社会物流运输力量，以招标的形式，确定构件运输车队。少量预制构件的运输可自行组织车辆运输。发货前，应对承运单位的技术力量和车辆、机具进行审验，并报请交通主管部门批准，必要时需组织模拟运输。

(2)踏勘和规划运输路线

先进行运输路线的模拟规划，对每条运输路线所经过的桥梁、涵洞、隧道等结构物的承载能力、限高、限宽等实地考察并记载，要确保构件运输车辆无障碍通过。运输构件的车辆经过城区道路时，要在与地方交通、交警协商确认的通过时间内通过，不扰民、不影响沿线居民休息。

(3)设计并制作运输架

根据构件的重量和外形尺寸进行设计制作运输架，且尽量考虑运输架的通用性。

(4)验算构件强度

对钢筋混凝土屋架和钢筋混凝土柱子等构件，应根据运输方案所确定的构件装货方式、堆放层数，验算构件在最不利截面处的抗裂度，避免在运输中出现裂缝。如有出现裂缝的可能，应进行加固处理。

(5)清查构件

清查需要运输构件的型号、质量和数量，根据楼层构件布置图，核对将要装运构件的数量及编号是否正确，资料是否齐全，有无合格标志和出厂合格证书等。

2. 预制构件的主要运输方式

预制构件的主要运输方式分为立式运输和平放运输。

(1)立式运输

对内、外墙板和 PCF 板(预制混凝土外挂墙板)等竖向构件多采用立式运输方案，如图 3-39 所示。在低底盘平板车上安装专用运输架，墙板对称靠放或者插放在运输架上。

图 3-39 预制墙板专用运输车

(2)平放运输

预制叠合板、阳台、楼梯、梁、柱等 PC 构件宜采用平放运输，如图 3-40 和图 3-41 所示。

图 3-40 柱子运输

运输叠合楼板时一般可以叠放6层，在不影响质量安全的情况下可叠放8层，堆码时按产品的尺寸大小堆叠，不同宽度的叠合板不能相互叠放；第一块叠合板下须垫两根通长方木，方木沿叠合板长度方向摆放。叠合板与叠合板之间用小方木进行垫实。

运输预应力板时一般可以堆码8～10层，叠合梁一般可以叠放2～3层。

为了方便现场安装，一般采用水平叠放的方式运输楼梯。装车时楼梯与拖车板以及楼梯与楼梯之间均采用20 cm×20 cm的方木支垫。楼梯叠放层数以4层为宜，不能超过6层。层与层之间的方木须在上下同一位置。

此外，对一些小型构件和异型构件，多采用散装方式进行运输。

图3-41　叠合板运输

3. 其他注意事项

运输预制构件时，其他注意事项如下：

(1)运输时，构件的混凝土强度不应低于设计强度等级的85%，薄壁构件强度应达到设计强度等级的100%。

(2)根据施工现场吊装顺序，先运输先装配的构件，后运输后装配的构件。

(3)墙板吊起时检查墙板套筒内、楼梯预留孔、各预埋件内是否有混凝土残留物。如有，要及时清理干净后再装车运输。

(4)发货过程中，转运人员应积极配合调度，确保高质、高效地完成运输工作。

(5)装车时，应两面对称装车，保证挂车的平衡性，确保车辆运输安全。

无论装车或卸车，均应在设计吊点起吊。叠放在车上或堆放在现场的构件，构件之间的垫木要在同一条垂直线上，且两侧垫木的厚度应相等。

(6)构件在运输前要固定牢靠，防止在运输时倾倒。对重心高、底部支承面窄的构件，要用支架辅助固定。

(7)为防止运输过程中，车辆颠簸对构件造成损伤，构件边角部及构件与捆绑、支撑接触处，宜采用柔性垫衬加以保护。支架上应捆裹橡胶垫等柔性材料，并用钢丝绳将构件和车体连接牢固。设紧线器，防止构件移动和倾倒。

(8)紧固构件时，在绳索与构件接触处安装弧形高强塑胶垫块，防止构件与绳索之间因摩擦造成构件掉角或绳索破损。

(9)构件长距离运输途中应注意检查紧线器的牢固状况，如发现紧线器松动必须停车紧固，确认牢固后方可继续运行。

（10）出运 PC 构件时须开具出库交接单、合格证，并按工厂要求认真填写，不得错填、漏填。

微课 9：预制构件的储存与吊装准备

3.4.2 构件堆放

预制混凝土构件如果在存储环节发生损坏、变形将会很难补修，既耽误工期又造成经济损失。因此，大型预制混凝土构件的存储方式非常重要。构件堆放分为车间内临时存放和车间外（堆场）存放。总的来说，预制构件的堆放主要应注意以下事项：

（1）预制构件要分门别类，按“先进先出”原则堆放；应堆放在起吊设备的覆盖范围内，避免二次搬运。

（2）预制构件堆放要尽量做到“上小下大，上轻下重，不超安全高度”。

（3）预制构件不得直接置于地上，必要时加垫板、工字钢、方木予以保护。

（4）预制构件应做好相应标识，堆放场地须适当保持通风、通气。

下面介绍几种常见预制构件堆放方式。

1. 叠合板

根据标准图集的规定，叠合板堆放时，堆放场地应平整压实，如图 3-42 所示。应将板底向下平放，不得倒置。叠合板下部放置通长方木，垫木必须上下对齐、垫木垫实，不得有一角脱空现象。不同板号应分别堆放，每垛堆放层数不宜超过相关规范要求。

图 3-42 叠合板的堆放

2. 叠合梁

叠合梁应分型号、水平放置在指定的储存区域，存放区域地面应保证水平。在叠合梁起吊点对应的最下面一层垂直设置宽度为 100 mm 的通长方木，将叠合梁后浇层面朝上并整齐放置；各层之间在起吊点的正下方放置宽度为 50 mm 的通长方木，要求其方木高度不小于 200 mm，层与层之间应垫平，各层方木应上下对齐，堆放高度不宜大于 4 层，如图 3-43 所示。

3. 内外墙板

民用建筑墙板在临时存放区使用专用竖向墙体存放支架内立式存放，如图 3-44 所示。墙板采用立放专用存放架存储，墙板宽度小于 4 m 时，墙板下部垫 2 块 100 mm×100 mm×250 mm 的方木，分别设置在两端距墙边 300 mm 处。墙板宽度大于 4 m 或带门口洞时，墙板下部垫 3 块 100 mm×100 mm×250 mm 的方木，分别设置在两端距墙边 300 mm 处及墙体重心位置处。

图 3-43　叠合梁的堆放

而工业建筑使用的外挂墙板，由于高度较大，受生产车间门高度限制，需要侧立存放。

图 3-44　内外墙板的堆放

4. 柱

预制柱采用平式存放，柱需分型号放置。底部与地面支垫方木，层间用 100 mm×100 mm×500 mm 的方木隔开，保证各层间方木水平投影重合，堆放层数不得超过相关规定，如图 3-45 所示。

图 3-45　柱的堆放

5. 楼梯

楼梯应分型号放在指定的储存区域，存放区域地面应保证水平，如图 3-46 所示。楼梯进场后用塔吊进行吊卸，堆放高度不超过 6 层，每层间需用通长方木垫起，上下层楼梯垫木的位置必须对齐，严禁集中堆载。

图 3-46　楼梯的堆放

3.5　装配式混凝土预制构件的吊装

3.5.1　吊装机械设备

1. 塔式起重机(塔吊)

塔式起重机具有提升、回转、水平输送等功能，不仅是重要的吊装设备，还是重要的垂直运输设备，用其垂直和水平吊运长、大、重的物料是其他垂直运输设备(施)所不及的。塔式起重机分类见表 3-3。

表 3-3　塔式起重机分类

分类方式	类别
按固定方式分	固定式、轨道式、附墙式、内爬式
按架设方式分	自升、分段架设、整体架设、快速拆装
按塔身构造分	非伸缩式、伸缩式
按臂构造分	整体式、伸缩式、折叠式
按回转方式分	上回转式、下回转式
按变幅方式分	小车移动、臂杆仰俯、臂杆伸缩
按控速方式分	分级变速、无级变速
按操作控制方式分	手动操作、计算机自动监控
按起重能力分	轻型(≤80 t · m)、中型(≥80 t · m,≤250 t · m)、重型(≥250 t · m,≤1000 t · m)、超重型(≥1000 t · m)

吊装施工作业前对塔吊做好如下检查：检查塔吊的各安全装置、传动装置、指示仪表、主要部位连接螺栓、钢丝绳磨损情况、供电电缆等是否符合有关规定；同时按有关规定进行塔吊试运转。

2. 自行式起重机

常见的有履带式起重机(图 3-47)、汽车式起重机、轮胎式起重机几种形式,其中,常用的汽车式起重机是一种使用汽车底盘的轮式起重机。其灵活性好、转移迅速、对道路无损伤。

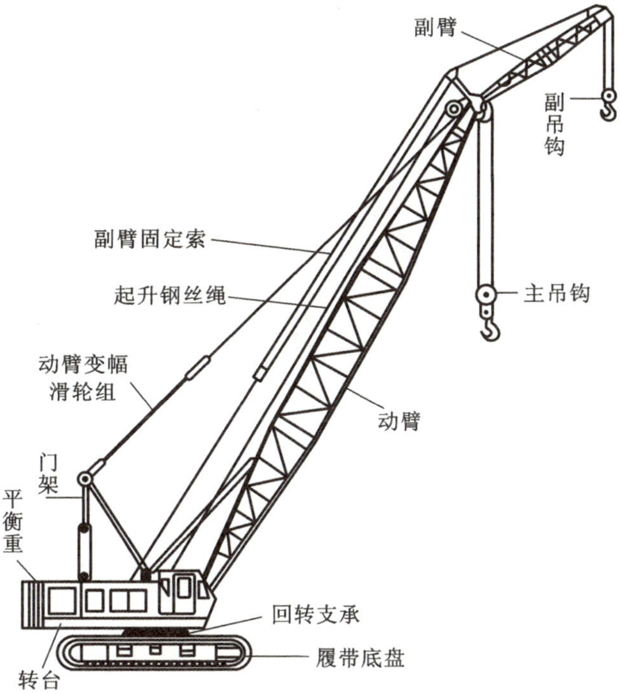

图 3-47 履带式起重机

近年来,常采用的履带式起重机是具有履带行走装置的全回转起重机,它利用两条面积较大的履带着地行走,由行走装置、回转机构、机身及起重臂等部分组成。履带式起重机具备操作灵活、使用方便,起重臂可分节接长,机身可 360 °回转等特点,在平坦坚实的道路上可负重行走,换装工作装置后可作为挖土机或打桩机使用,是一种多功能、移动式吊装机械。但是履带式起重机仍有不足,体现为行走速度慢,对路面破坏性大,长距离转移需平板拖车运输;稳定性较差,未经检验的履带式起重机容易出现侧翻。

履带式起重机使用前应做好相应的准备,包括明确起吊参数,根据参数选择起重设备,进行相应验算、检查、试用,明确其使用要点并做好安全技术交底。

(1)明确起吊参数,根据参数选择起重设备。根据现场起吊要求,明确起重量 Q(所吊物件重量,不包括吊钩、滑轮组重量)、起重高度 H(起重吊钩中心至停机面的垂直距离)以及回转半径 R(回转中心至吊钩的水平距离),根据参数选择起重设备,如图 3-48 所示,根据履带式起重机工作曲线(图 3-49)选择具体的起重机。

(2)进行相应验算、检查、试用。履带式起重机在进行超负荷吊装或接长吊杆时,需进行稳定性验算,以保证起重机在吊装中不会发生倾覆事故。履带式起重机在车身与行驶方向垂直时,处于最不利的工作状态,稳定性最差,如图 3-50 所示,此时履带的轨链中心 A 为倾覆中心,起重机的安全条件为:

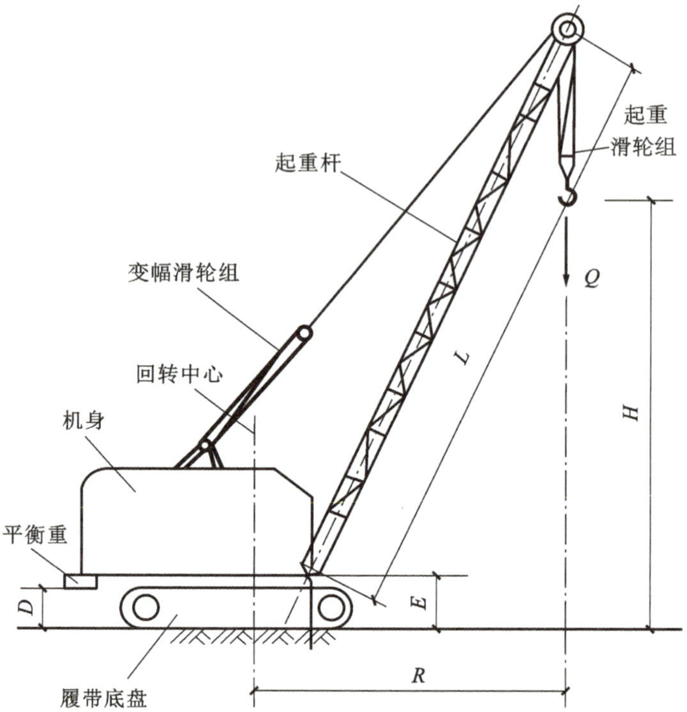

图 3-48 履带式起重机技术参数

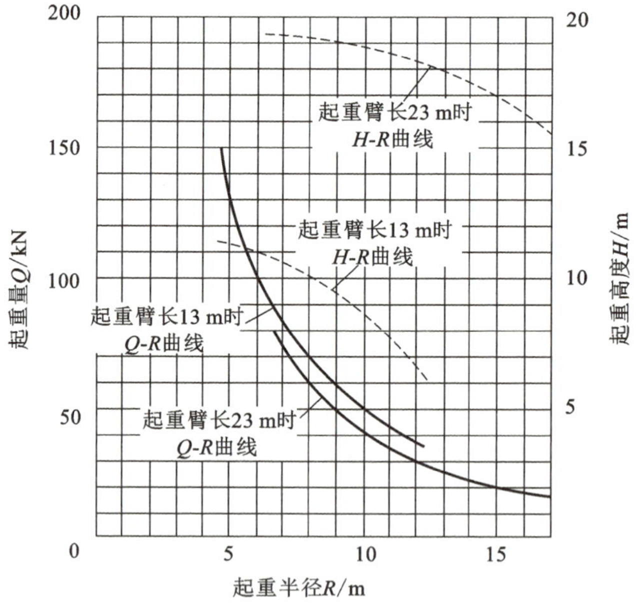

图 3-49 履带式起重机工作曲线

当只考虑吊装荷载时，稳定性安全系数 $K_1=\dfrac{M_{稳}}{M_{倾}}=1.4$。

当考虑吊装荷载及附加荷载时，稳定性安全系数 $K_2=\dfrac{M_{稳}}{M_{倾}}=1.15$。

履带式起重机启动前应按照规定进行各项检查和保养，启动后应检查各仪表指示值及运转是否正常，并进行试用。

(3)明确其使用要点并做好安全技术交底。履带式起重机必须在平坦坚实的地面上作业，当起吊荷载达到额定重量的 90%及以上时，工作动作应慢速进行，并禁止同时进行两种及以上动作。

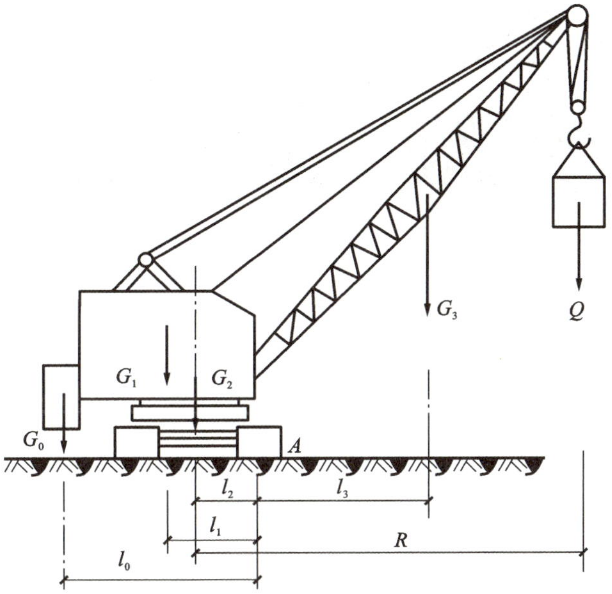

图 3-50　履带式起重机稳定性验算示意图

应按规定的起重性能作业，严禁超载作业，如确需超载时应进行验算并采取可靠措施。起重机带载行走时，载荷不得超过允许起重量的 70%。

负载行走时道路应坚实平整，起重臂与履带平行，重物离地不能大于 500 mm，并拴好拉绳，缓慢行驶，严禁长距离带载行驶，上下坡道时，应无载行驶。上坡时，应将起重臂仰角适当放小，下坡时应将起重臂的仰角适当放大，严禁下坡空挡滑行。

作业时，起重臂的最大仰角不应超过规定值，无资料可查时，不得超过 78°，最低不得小于 45°。

采用双机抬吊作业时，两台起重机的性能应相近；抬吊时统一指挥，动作协调，互相配合，起重机的吊钩滑轮组均应保持垂直。抬吊时单机的起重载荷不得超过允许载荷值的 80%。

作业后，吊钩应提升至接近顶端处，起重臂降至 40°～60°，关闭电门，各操纵杆置于空挡位置，各制动器加保险固定，操纵室和机棚应关闭门窗并加锁。

遇大风、大雪、大雨时应停止作业，并将起重臂转至顺风方向。

3.5.2　吊装配套机具索具

在装配式建筑吊装施工中，与吊装机械设备配套使用的还包括钢丝绳、吊钩、倒链、横吊梁、吊装带、卸扣、预制构件专用吊件等机具索具，在施工前这些机具索具均应准备到位。

1. 钢丝绳

钢丝绳是起重吊装作业中重要的工具，同时也是多种吊装机械设备必需的配套工具。

钢丝绳通常由多层钢丝捻成绳股，再由多股绳股绕绳芯为中心捻成绳，能卷绕成盘，因具有自重轻、强度高、弹性大、韧性好、耐磨、耐冲击，在高速下能平稳运动且噪声小，安全可靠等特点，被广泛用于起重机及捆绑物体的起升、牵引、固定等吊装操作中，如图 3-51 所示。

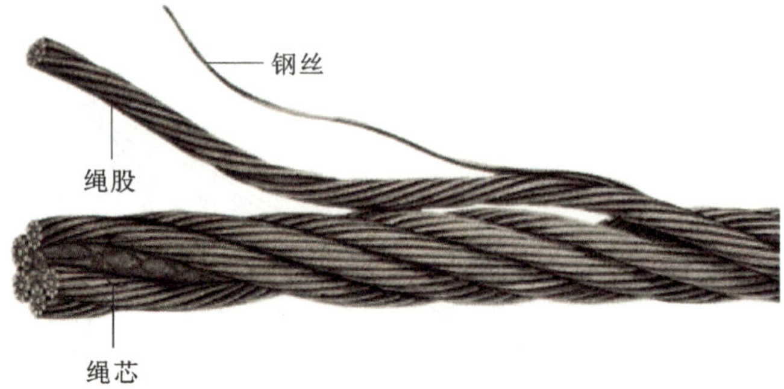

图 3-51　钢丝绳及其构造

吊装前，应对钢丝绳进行安全检查，主要包括破断拉力验算，磨损或腐蚀量检查，断丝检查，打结、波浪、扁平等其他可能影响吊装安装的检查。

2. 吊钩

吊钩按制造方法可分为锻造吊钩和片式吊钩。在建筑工程施工中，通常采用锻造吊钩，这类吊钩由优质低碳镇静钢或低碳合金钢锻造而成。吊钩按钩的多少又可分为单钩和双钩(图 3-52)，单钩一般用于较小的起重量，双钩多用于较大的起重量。

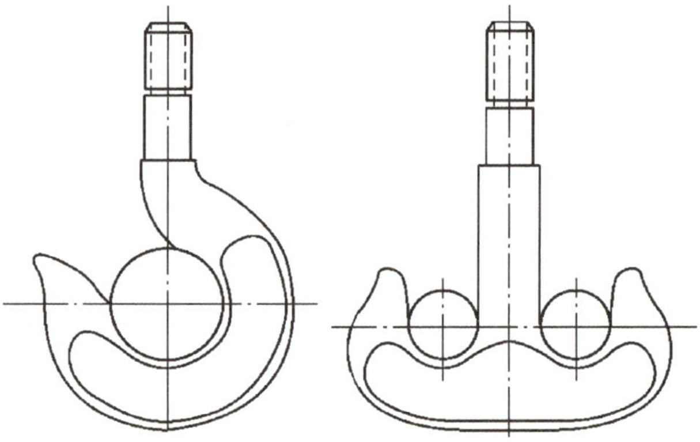

图 3-52　单钩和双钩吊钩

3. 倒链

倒链是一种使用简单、携带方便的手动起重机械，也称“环链葫芦”或“手动葫芦”(图 3-53)。倒链在预制构件吊装中使用比较广泛，适用于小型设备或物体的短距离吊装，常用作拉紧缆风绳及拉紧捆绑构件的绳索等。由于装配整体式混凝土结构吊装起重机只能进行初步就位，无法进行预制构件精确就位，因此，可等预制构件吊装至初步就位后，由人工操作倒链使预制构件精确就位，弥补大型机械精度不足的问题。

4. 横吊梁

横吊梁俗称铁扁担、扁担梁，常用于梁、柱、墙、叠合板等构件的吊装，用横吊梁吊运构件时，可防止因起吊受力不均，对构件造成的破坏，便于构件更好地安装、校正，如图 3-54 所示。常用的横吊梁有框架吊梁和单根吊梁。

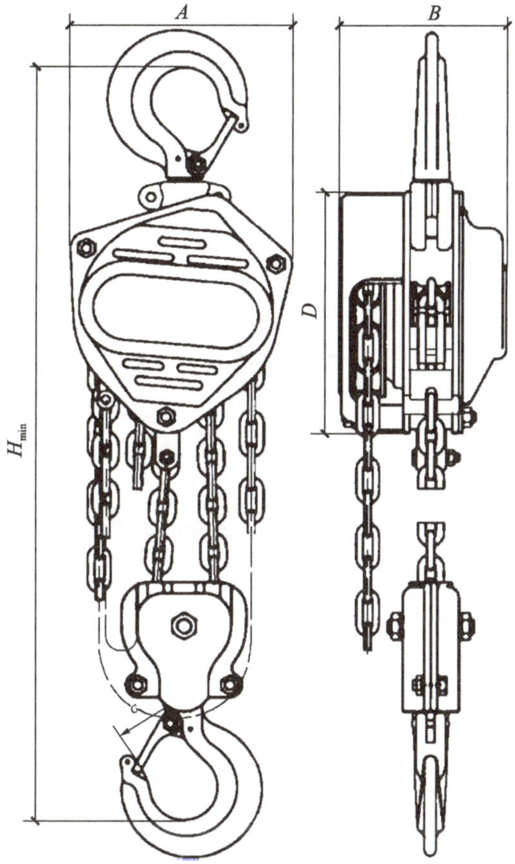

图 3-53　倒链

图 3-54　横吊梁

5. 吊装带

吊装带一般采用高强度聚酯长丝制作，根据外观可分为环形穿芯、环形扁平、双眼穿芯、双眼扁平四类(图 3-55)，吊装能力为 1 ～ 300 t，对其起吊吨位一般采用国际色标来区分吊装带的吨位，紫色为 1 t、绿色为 2 t、黄色为 3 t、灰色为 4 t、红色为 5 t、橙色为 10 t、橘红色为 12 t，同时带体上均有荷载标识标牌。

6. 卸扣

卸扣是由 20 号低碳合金钢锻造后经热处理而制成的，是起重吊装中普遍使用的连接工具，用于吊索之间或吊索与构件吊环之间的连接。卸扣由弯环和销两部分组成，如图 3-56 所示。

7. 预制构件专用吊件

专门用于连接新型吊点（圆形吊钉、鱼尾吊钉、螺纹吊钉）的连接吊钩，又称新型吊装连接件，它注重吊钩与吊点预埋件的配套性，或者用于快速接驳传统吊钩的新型吊点预埋件，具有接驳快速、使用安全等特点，如图 3-57 所示。

图 3-55　吊装带

图 3-56　卸扣

图 3-57　新型吊装连接件

3.5.3　构件吊装施工流程

1. 叠合板

预制叠合板的安装工艺及流程：放线→安装独立钢支撑→安装铝合金梁→叠合板吊装就位→叠合板调整→水电管线铺设→上层钢筋绑扎→现浇层混凝土浇筑→现浇层混凝土养护。

微课 10：叠合板的吊装施工

吊点宜采用框架横吊梁四点或八点吊装，起吊就位应垂直平稳，多点起吊时吊索与板水平面所成夹角不宜小于 60°，不应小于 45°。预制叠合板吊装示意如图 3-58 所示。

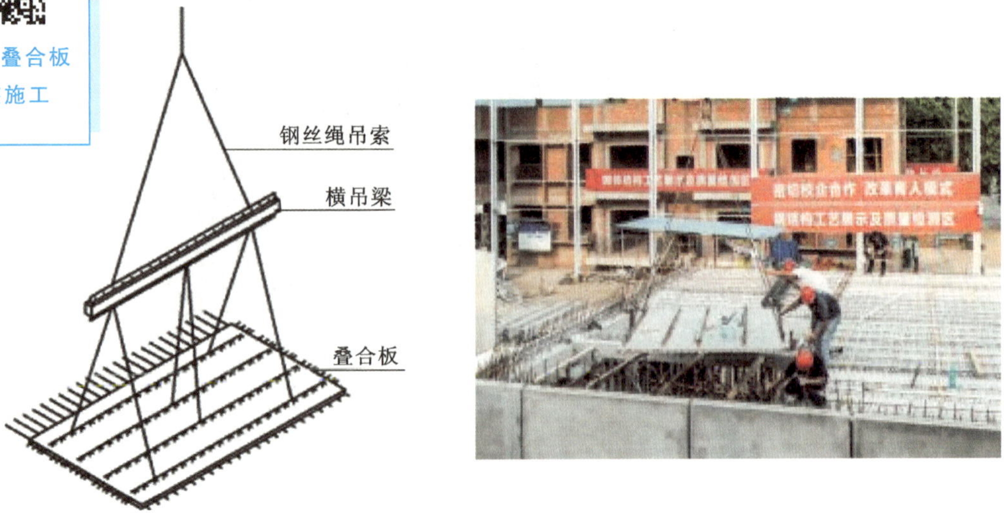

图 3-58　预制叠合板吊装示意图

2. 叠合梁

叠合梁的安装工艺及流程：叠合梁进场、验收→按图放线→设置梁底支撑→叠合梁起吊→叠合梁安放、微调→接头连接。

叠合梁通常采用两点吊升，吊点位于梁顶两侧距离梁两端 $0.2L$（L 为梁长）位置，由生产厂家预留，现场吊装应采用双腿锁具或横吊梁吊住预制梁吊点逐步移向拟定位置，人工通过叠合梁绳索辅助梁就位。叠合梁吊装示意如图 3-59 所示。

微课 11：叠合梁的吊装施工

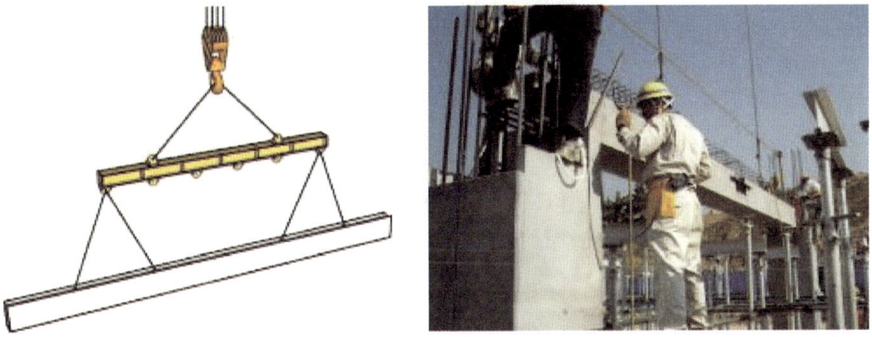

图 3-59　叠合梁吊装示意图

3. 预制柱

预制柱的安装工艺与流程：测量放样与构件弹线→标高找平→竖向预留钢筋校正→预制柱吊装→柱安装及校正→灌浆施工。

预制柱单个吊点位于柱顶中央，由预制构件生产厂家预留，现场采用单腿锁具吊住预制柱单个吊点，逐步移向拟定位置，柱顶拴绑绳，人工辅助柱就位。预制柱吊装示意如图 3-60 所示。

图 3-60　预制柱吊装示意图

4. 剪力墙

预制剪力墙吊装施工流程：基层清理及定位放线→封浆施工准备条及垫片安装→预制墙板吊运→预留钢筋插入就位→墙板调整校正→墙板临时固定。

根据预制构件形状、尺寸和重量要求选择适宜的吊具，在吊装过程中采用两点起吊，吊索与构件水平夹角不宜小于 60°，且不应小于 45°；尺寸较大或形状复杂的预制剪力墙应选择设置横吊梁等吊具，采用专用横吊梁确保墙体构件整体受力均匀，避免出现内压力和附加弯矩，同时保证构件吊装平稳。吊装过程中保证吊车主钩位置、吊具及构件重心在竖直方向重合。预制剪力墙吊装示意如图 3-61 所示。

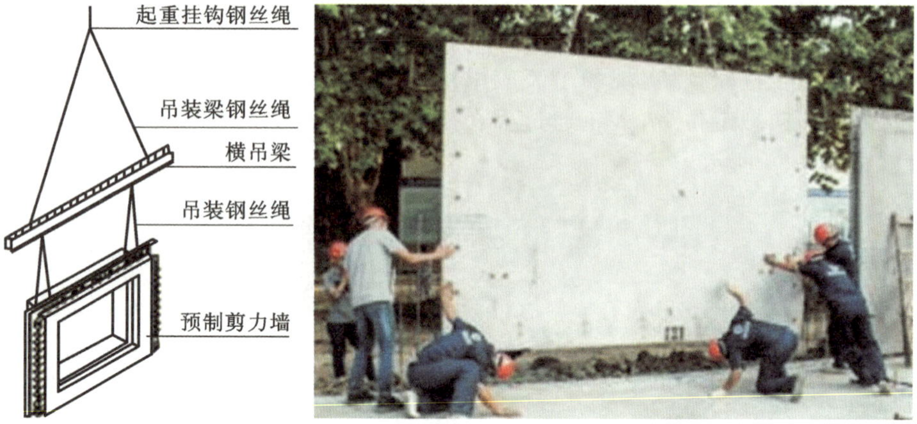

图 3-61　预制剪力墙吊装示意图

5. 楼梯

预制楼梯吊装施工流程：预制楼梯进场、验收→放线→垫片及坐浆料施工→预制楼梯吊装→预制楼梯校正→预制楼梯固定。

预制楼梯一般采用四点起吊，配合倒链下落就位，调整锁具铁链长度，使楼梯休息平台处于水平位置。试吊预制楼梯板，检查吊点位置是否准确、吊索受力是否均匀等，试吊高度不超过 1 m。预制楼梯吊装示意如图 3-62 所示。

图 3-62　预制楼梯吊装示意图

3.6　装配式混凝土预制构件的连接

装配式混凝土结构中的连接部位主要指预制构件之间的接缝及预制构件与现浇及后浇混凝土之间的结合面，包括梁端接缝、柱顶底接缝、剪力墙的竖向接缝和水平接缝等。装配整体式混凝土结构中，接缝是影响结构受力性能的关键部位。

3.6.1　预制构件竖向钢筋连接施工

微课 12：预制构件节点钢筋连接施工

本书重点介绍预制外墙板竖向连接。目前预制外墙板竖向连接采用较多的仍是套筒灌浆连接方式，作为一种实践时间较长的连接方式，该方式虽然积累了大量的经验，但碍于结构抗震理论、建筑构造、工艺工法、施工组织管理、人员操作技术等多种因素，在整个装配式建造中成为关键施工点，关系到装配式建筑后期承载力、抗震性能、结构延性及正常使用等多项能力，应予以特别关注。

竖向构件套筒灌浆施工工艺及要求如下：

(1)灌浆施工工艺流程：施工前准备→灌浆机具选择→封缝料制作与封缝操作→灌浆料制作→灌浆料流动度检测→构件灌浆。

(2)灌浆施工要点：须按施工方案执行灌浆作业，全过程应有专职检验人员负责现场监督并及时形成施工检查记录。

(3)灌浆施工方法：竖向钢筋套筒灌浆连接，灌浆应采用压浆法从灌浆套筒下方灌浆孔注入，当灌浆料从构件上本套筒和其他套筒的灌浆孔、出浆孔流出后应及时封堵。

竖向构件宜采用连通腔灌浆，并合理划分连通灌浆区域，每个区域除预留灌浆孔、出浆孔与排气孔(有些需要设置排气孔)外，应形成密闭空腔，且保证灌浆压力下不漏浆；连通灌浆区域内任意两个灌浆套筒间距不宜超过 1.5 m。采用连通腔灌浆方式时，灌浆施工前应对各连通灌浆区域进行封堵，且封堵材料不应减小结合面的设计面积。连通腔工艺灌浆时，采用一点灌浆的方式，即用灌浆泵从接头下方的一个灌浆孔处向套筒内压力灌浆，在该构件灌注完成前不得更换灌浆孔，且需连续灌注，不得断料，严禁从出浆孔进行灌浆。当一点灌浆遇到问题需要改变灌浆点时，各套筒已封堵灌浆孔、出浆孔应重新打开，待灌浆料拌合物再次流出后进行封堵。竖向预制构件不采用连通腔灌浆方式时，构件就位前应设置坐浆层或套筒下端密封装置。

(4)灌浆施工环境温度要求：灌浆施工时，环境温度应符合灌浆料产品使用说明书要求；环境温度低于 5 ℃时不宜施工，低于 0 ℃时不得施工；当环境温度高于 30 ℃时，应采取降低灌浆料拌合物温度的措施。

(5)灌浆施工异常的处置：当出现无法出浆的情况时，应查明原因，采取补救施工措施。对未密实饱满的竖向连接灌浆套筒，当灌浆料中加水拌和在 30 min 内时，应首选在灌浆孔补灌；当灌浆料拌合物已无法流动时，可从出浆孔补灌，并应采用手动设备结合细管压力灌浆，但此时应制订专门的补灌方案并严格执行。

1. 施工前准备

工作开始前首先进行施工前准备：

(1)正确佩戴安全帽，正确穿戴劳保工装、防护手套等。

(2)正确检查施工设备，如灌浆泵、搅拌器等。

(3)对施工场地进行卫生检查及清扫。

(4)材料准备，包括灌浆料准备与证明材料检查、封缝料准备与证明材料检查。

2. 灌浆机具选择

根据灌浆过程所需，从工具库领取相应工具，如测温仪、电子秤和刻度杯、不锈钢制浆桶、水桶、手提变速搅拌机、灌浆枪或灌浆泵、流动度检测仪、截锥试模、玻璃板(500 mm× 500 mm)、钢板尺(或卷尺)、强度检测三联模等,如图 3-63 所示。

图 3-63 灌浆机具准备

3. 封缝料制作与封缝操作

(1)构件吊装:先进行垫块标高找平,再进行构件吊装。

(2)封浆料制作:根据工作任务及封浆料说明配比计算所需的封缝料用量,并领取对应用量的原料进行封缝料搅拌制作。制作过程需要注意原料的成本控制、配比及操作步骤。

(3)封边操作:首先放置封边内衬,然后操作封边设备(封缝枪)将构件四周进行封缝密封操作。

(4)要求:填抹深度控制在 15~20 mm,确保不堵套筒孔,一段抹完后抽出内衬进行下一段填抹;段与段结合的部位、同一构件或同一仓要保证填抹密实;填抹完成后确认干硬强度达到要求(常温 24 h,约 30 MPa)后再灌浆;最后填写施工检查记录表。

(5)封边清理:封边操作完毕,配合质检人员检查封边质量,操作清理工具清理施工面封缝砂浆。

4. 灌浆料制作

装配式混凝土结构钢筋连接用的套筒灌浆料是以水泥为基本材料,配以细骨料,以及混凝土外加剂和其他材料组成的干混料,加水搅拌后具有良好的流动性、早强、高强、微膨胀等性能,填充于套筒和带肋钢筋间隙内,其制作过程(图 3-64)如下:

(1)进行室温检测。

图 3-64 灌浆料制作

(2)严格按照产品使用说明书要求的水料比用电子秤分别称量灌浆料和水,也可用刻度量杯计量水。

(3)先将 80%左右的水倒入搅拌桶中,然后加入全部的料,用专用搅拌桶搅拌 1～2 min,再将剩余的水倒入搅拌桶中搅拌 5～7 min 至彻底均匀,搅拌均匀后,静置 2～3 min,使浆内气泡自然排出后使用。

5. 灌浆料流动度检测

(1)灌浆料性能指标。《钢筋连接用套筒灌浆料》(JG/T 408—2019)中规定了灌浆料在标准温度和湿度条件下的各项性能指标的要求(表 3-4)。其中抗压强度值越高,对灌浆接头连接性能越有帮助;流动度越高对施工作业越方便,接头灌浆饱满度越易保证。

表 3-4　钢筋连接用套筒灌浆料主要性能指标

检测项目		性能指标
流动度/mm	初始	≥300
	30 min	≥260
抗压强度/MPa	1 d	≥35
	3 d	≥60
	28 d	≥85
竖向膨胀率/%	3 h	≥0.02
	24 h 与 3 h 差值	0.02～0.5
氯离子含量/%		≤0.03
泌水率/%		0

(2)灌浆料主要指标测试方法

①流动度试验步骤

a. 称取 1800 g 水泥基灌浆材料,精确至 5 g;按照产品设计(说明书)要求的用水量称量好拌和用水,精确至 1 g。

b. 湿润搅拌锅和搅拌叶,但不得有明水。将水泥基灌浆材料倒入搅拌锅中,开启搅拌机,同时加入拌和水,应在 10 s 内加完。

c. 按水泥胶砂搅拌机的设定程序搅拌 240 s。

d. 湿润玻璃板和截锥圆模内壁,但不得有明水;将截锥圆模放置在玻璃板中间位置。

e. 将水泥基灌浆材料浆体倒入截锥圆模内,直至浆体与截锥圆模上口平齐;徐徐提起截锥圆模,让浆体在无扰动条件下自由流动直至停止。

f. 测量浆体最大扩散直径及与其垂直方向的直径(图 3-65),计算平均值,精确至 1 mm,作为流动度初始值;应在 6 min 内完成上述搅拌和测量过程。

g. 将玻璃板上的浆体装入搅拌锅内,并采取防止浆体水分蒸发的措施。自加水拌和起 30 min 时,将搅拌锅内的浆体按 c 至 f 步骤试验,测定结果作为流动度 30 min 保留值。

②抗压强度试验步骤

抗压强度试验试件应采用尺寸为 40 mm×40 mm×160 mm 的棱柱体。

a. 称取 1800 g 水泥基灌浆材料,精确至 5 g;按照产品设计(说明书)要求的用水量称量好

图 3-65 灌浆料流动度测定

拌和用水，精确至 1 g。

b. 按照流动度试验的有关规定拌和水泥基灌浆材料。

c. 将浆体灌入试模，至浆体与试模的上边缘平齐，成型过程中不应振动试模(图 3-66)。应在 6 min 内完成搅拌和成型过程。

d. 将装有浆体的试模在成型室内静置 2 h 后移入养护箱。

e. 灌浆料抗压强度的试验按水泥胶砂强度试验有关规定执行。

图 3-66 抗压强度试验试件

6. 构件灌浆

(1)灌浆孔检查。在正式灌浆前，逐个检查各接头的灌浆孔和出浆孔内有无影响浆料流动的杂物，确保孔路畅通。套筒内不畅通会导致灌浆料不能填满套筒，造成钢筋连接不符合要求。

检查方法：使用细钢丝从上部灌浆孔伸入套筒，若从底部可伸出，且从下部灌浆孔可看见细钢丝，即畅通。如果钢丝无法从底部伸出，说明里面有异物，需要清除异物直到畅通为止。

(2)构件灌浆操作。把灌浆枪枪嘴对准套筒下部的胶管，操作灌浆枪注入灌浆料，直至出浆孔连续出浆且无气泡时，通过木塞封堵出浆孔。待全部出浆孔封堵完毕后，本构件灌浆完毕。

灌浆注意事项：

①灌浆料要在自加水搅拌开始 20～30 min 内灌完，以尽量保留一定的操作应急时间。

②同一灌浆仓只能在一个灌浆孔灌浆，不能同时选择两个以上灌浆孔灌浆。

③同一灌浆仓应连续灌浆，不得中途停顿。如果中途停顿，再次灌浆时，应保证已灌入的浆料有足够的流动性，并将已经封堵的出浆孔打开，待灌浆料再次流出后逐个封堵出浆孔。

出浆孔出浆料后，及时用专用橡胶塞封堵，待所有的灌浆套筒的出浆孔均排出浆体并封堵后，调低灌浆设备的压力，开始保压，小墙板保压 30 s，大墙板保压 1 min（保压期间随机拔掉少数出浆孔橡胶塞，观察到灌浆料从出浆孔喷涌出时，应迅速封堵），经保压后拔除灌浆管。拔掉灌浆管到封堵橡胶塞时间，间隔不得超过 1 s，避免灌浆仓内经过保压的浆体溢出灌浆仓，造成灌浆不实，如图 3-67 所示。

图 3-67　灌浆

（3）灌浆接头充盈度检验。灌浆料凝固后，取下出浆孔封堵的胶塞，检查孔内凝固的灌浆料上表面应高于出浆孔下缘 5 mm 以上，如图 3-68 所示。

（4）填写灌浆施工记录。灌浆完成后，填写灌浆作业记录表。

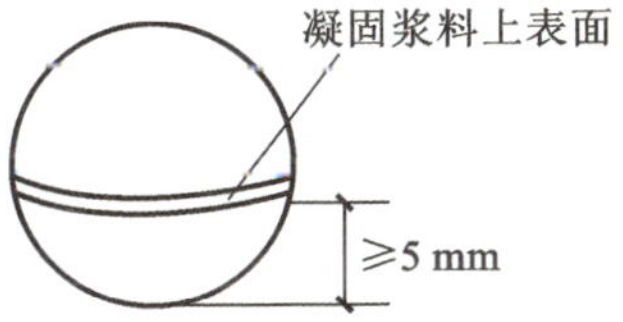

图 3-68　接头充盈度检验

（5）灌浆后节点保护。灌浆后灌浆料同试块强度达到 35 MPa 后方可进入下一道工序施工（以免受扰动）。通常，环境温度在 15 ℃以上时，24 h 内构件不得受扰动；5～15 ℃时，48 h 内构件不得受扰动；5 ℃以下时，须对构件接头部位加热保持在 5 ℃ 以上至少 48 h，期间构件不得受扰动，拆支撑时要根据后续施工荷载情况确定。

（6）灌浆料使用注意事项。灌浆料是通过加水拌和均匀后使用的材料，不同厂家的产品配方设计不同，虽然都可以满足《钢筋连接用套筒灌浆料》（JG/T 408—2019）所规定的性能指标，但还是具有不同的工作性能，对环境条件的适应能力不同，灌浆施工的工艺也会有所差异。

3.6.2　预制构件后浇连接施工

1. 预制构件后浇连接做法

（1）预制剪力墙板后浇连接做法

预制剪力墙板之间水平方向上的连接，一般考虑为后浇暗柱连接，其整体性及抗震性能主要依靠后浇暗柱的约束作用来保证，后浇暗柱的尺寸按照受力以及装配施工的便捷性要求确定，后浇暗柱内部配筋量参照配筋砌块结构的构造柱及现浇剪力墙结构的构造边缘构件确定。

预制墙体吊装就位、校核固定后，即可进行后浇暗柱的钢筋、模板、混凝土工序。此部分钢筋包含预制墙体预留水平钢筋、下层预留竖向钢筋、新增钢筋（竖向钢筋、水平箍筋）。构件吊装时，对此处的钢筋应予以关注，预留钢筋位置的准确性有助于后期竖向钢筋的接长、水平箍筋的绑扎；后浇区模板工程和混凝土工程与常规现浇混凝土结构类似，但施工期间需要注意对已就位的预制剪力墙的影响。预制剪力墙后浇区域，如图 3-69 所示。

图 3-69 预制剪力墙后浇区域

(2)预制剪力墙板其他连接施工

①预制叠合剪力墙连接施工。预制叠合剪力墙是指一侧或两侧均为预制混凝土墙板，在另一侧或中间部位现浇混凝土，从而形成共同受力的剪力墙结构，如图 3-70 所示。预制叠合剪力墙的施工工艺在吊装就位阶段和预制实心剪力墙一致，区别是其下部预留钢筋直接插入预制叠合剪力墙的空腔内，在完成预制构件校核、后浇区钢筋绑扎、模板安装工序之后对预制叠合剪力墙空腔进行混凝土浇筑。

②底部预留后浇区的预制剪力墙施工。底部预留后浇区的预制剪力墙是一种在底部预留一段后浇筑区域，墙体吊装就位后，在预制墙体内预留孔洞，由顶端浇注混凝土，实现下部构件与预留钢筋的连接，如图 3-71 所示。

图 3-70 预制叠合剪力墙

图 3-71 底部预留后浇区的预制剪力墙

2. 预制构件后浇钢筋混凝土施工

装配式整体式混凝土结构现场钢筋、模板、混凝土施工主要集中在预制梁柱节点、墙墙连接节点、墙板连接节点以及楼板、阳台叠合层部位，如图 3-72 所示。

微课 13：预制构件后浇节点连接施工

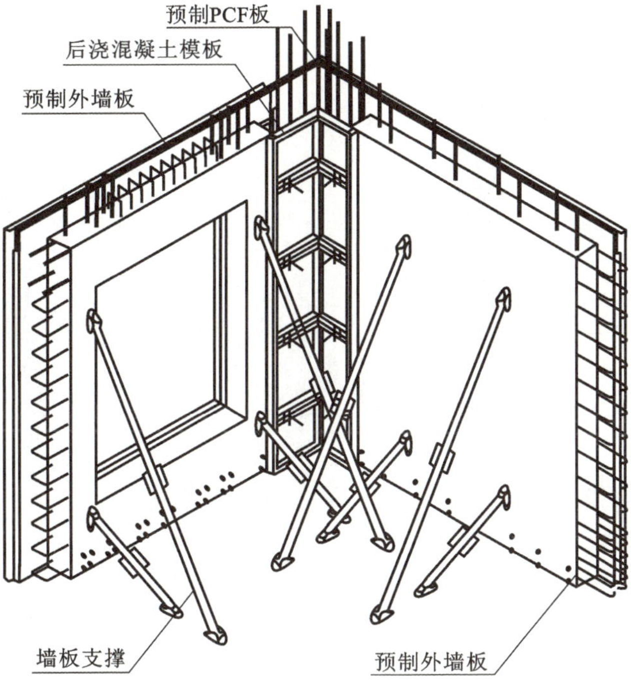

图 3-72　预制剪力墙后浇区施工

(1)钢筋工程

根据《装配式混凝土结构技术规程》(JGJ 1—2014)、《装配式混凝土建筑技术标准》(GB/T 51231—2016)要求，后浇区域钢筋连接宜根据接头受力、施工工艺、施工部位等要求选用套筒灌浆连接、浆锚搭接连接、机械连接、焊接连接、绑扎搭接等连接方式，并应符合国家现行有关标准的规定，接头位置应设置在受力较小处。

①预制剪力墙暗柱钢筋施工。装配式剪力墙结构暗柱节点主要有“一”字形、“L”形、“T”形、“十”字形，由于两侧的预制墙板均有外伸钢筋，因此暗柱钢筋的安装难度较大。需要在深化设计阶段及构件生产阶段进行暗柱节点钢筋穿插顺序分析研究，发现无法实施的节点时，应与设计单位进行沟通，避免现场施工时出现箍筋安装困难或临时切割钢筋的现象发生。

钢筋的安装按照“套暗柱箍筋→连接竖向受力筋→绑箍筋”的顺序进行，在预制剪力墙板上标定暗柱箍筋的位置，预先把箍筋交叉放置就位；先对预留竖向连接钢筋位置进行校正，再连接上部竖向钢筋，绑扎箍筋与竖向钢筋。

②水平构件叠浇层钢筋施工

a. 叠合楼板。叠合层钢筋绑扎前应清理干净叠合楼板上的杂物，根据钢筋间距进行弹线并逐一绑扎，上部受力钢筋带弯钩时，弯钩向下摆放，应保证钢筋搭接和间距符合设计要求；安装预制墙板用的斜支撑预埋件应及时埋设，预埋件定位应准确，并采取可靠的防污染措施；钢筋绑扎过程中，避免局部钢筋堆载过大；为保证上层钢筋的保护层厚度，可利用叠合板的桁架钢筋作为上层钢筋的马凳。

b. 叠合梁。预制叠合梁箍筋分整体封闭箍和组合封闭箍。整体封闭箍适用于抗震等级为一、二级的框架梁端部加密区、承受扭矩等情况，封闭部分将不利于纵筋的穿插，现场工人被迫从预制叠合梁端部插入纵筋，增加了施工难度，可将上部纵向钢筋提前放置在叠合梁上部便于后期施工操作，如图 3-73 所示。

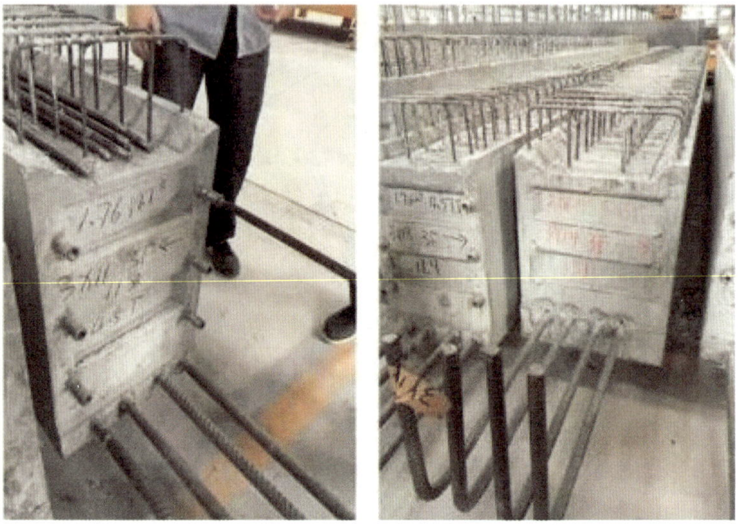

图 3-73 整体封闭箍式叠合梁

c. 节点。水平预制构件(尤其是叠合梁)与竖向预制构件(预制柱、预制剪力墙)的连接是建筑结构中较为关键的节点，建筑节点连接构造、施工质量的优劣将直接关系到后期的结构性能。国内外常用的连接方式包括以预留钢筋—后浇混凝土节点为代表的湿连接，以预应力连接、牛腿连接、对拉螺栓杆连接为代表的干连接，具体又有世构连接、润泰连接、鹿岛连接等多种连接模式。

目前，国内装配式混凝土结构体系正处于发展的重要阶段，应用最多的构件连接方式仍为预留钢筋—后浇混凝土节点模式。按照等同现浇原理，在满足“强节点、弱构件”的设计要求下，预制构件预留钢筋与节点处现场绑扎钢筋形成钢骨架，进一步保证梁柱节点核心区域具有足够的强度、刚度及延性。

(2)模板安装

在装配式混凝土建筑中，现浇节点的形式与尺寸重复较多，可采用铝模或者钢模。

后浇区采用铝模板(图 3-74)时应注意：安装和拼接墙柱铝合金模板前，整理好全部板面，涂上脱模剂，涂刷时，应遵循薄且均匀的原则，不得漏刷。按照试拼装的图纸编号次序进行墙柱铝合金模板的拼装工作，安放拉螺杆时套好胶杯与胶管，使其与墙的两边模板面紧密连接。模板安装完后质检人员应作验收处理，验收合格签字确认后方可进行下一道工序。

(3)混凝土浇筑

为使后浇混凝土与预制构件之间具有良好的黏结性能，在混凝土浇筑前应对预制构件作粗糙面处理并对浇筑部位作清理润湿处理，同时，对浇筑部位的密封性进行检查验收，对缝隙处作密封处理，避免混凝土浇筑后的水泥浆溢出对预制构件造成污染。

预制剪力墙之间的连接处一般水平长度短、竖向高度高、钢筋密集，混凝土浇筑振捣难度大，混凝土浇筑时要边浇筑边振捣。此处的混凝土浇筑需引起重视，否则很容易出现蜂窝麻面。

水平构件叠合层混凝土浇筑时，叠合层厚度较薄，应使用平板振捣器振动，要尽量使混凝土中的气泡逸出，以保证振捣密实，应考虑叠合板受力均匀，可按照先内后外的浇筑顺序。

图 3-74　预制剪力墙后浇区采用铝模板

3. 预制外挂板连接施工

（1）预制外挂板连接施工流程

预制外挂板连接施工流程：结构标高复核→预埋连接件复检→预制外挂板起吊及安装→安装临时承重铁件及斜撑→调整预制外挂板位置、标高、垂直度→安装永久连接件→吊钩解钩。

（2）预制外挂板接缝防水施工

装配式建筑屋面部分、地下结构部分多采用的是现浇混凝土结构，在防水施工中的具体操作方法可参照现浇混凝土建筑的防水方法，故其防水重点是预制构件之间的防水处理，主要包括预制外挂板、剪力墙结构建筑外立面防水，重点落在处理预制构件的接缝。预制外挂板接缝防水采用“导水优于堵水，排水优于防水”的设计理念，通过合理的构造与工艺，在封堵的同时设置排水路径，将可能突破外侧防水层的水流引入排水通道再排出室外。

①预制外挂板防水构造。采用外挂板时，可分为封闭式防水和开放式防水。常见的封闭式防水构造见图 3-75，封闭式防水最外侧为耐候密封胶，中间部分为高低缝构造、减压空腔，内侧为互相压紧的止水带，墙体每竖向相隔 3 块左右设一处排水管将渗入减压空间的水引出室外。

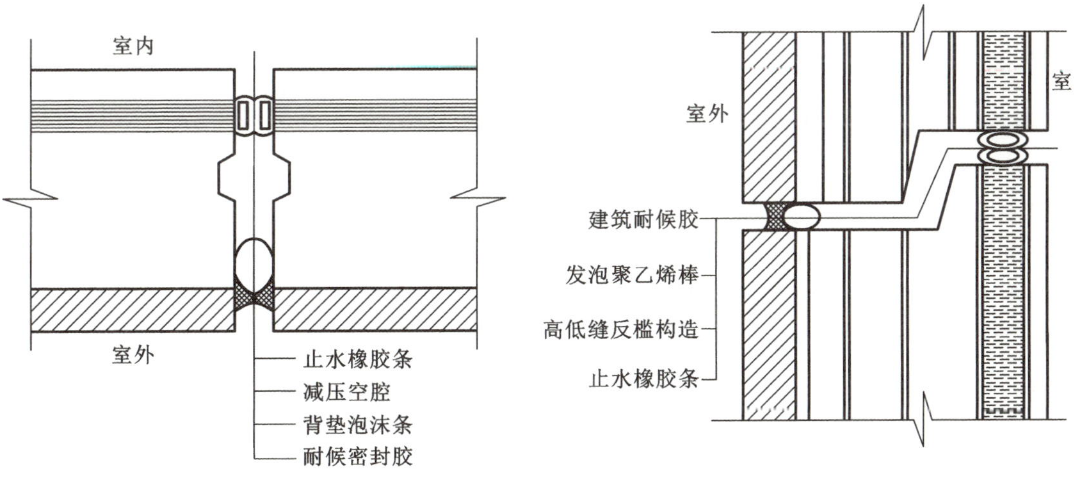

图 3-75　封闭式防水构造

（a）封闭式竖直缝构造；（b）封闭式水平缝构造

预制外挂板进场时，应检查止水条的牢固性和完整性，吊装过程中保护防水空腔、止水条、橡胶条与水平接缝等部位。密封胶施工在外墙板校核固定后进行，施工前清理、干燥板缝及空腔，按设计要求控制胶宽度和厚度，密封胶应均匀顺直、饱满密实、表面平滑连续。

②预制外挂板间十字缝接缝防水施工操作。预制外挂板间十字缝接缝防水施工工艺与流程：基层清理→打胶厚度、范围确定→设置背衬材料→粘贴防护胶带→涂刷基层处理剂→密封胶检验、混料、装填→打胶施工→表面修理及处理→胶体养护→现场检验→检验合格后清理防护胶带→工完料清。

微课 14：构件连接质量检查及常见质量问题处理

4. 构件连接质量检查

(1)钢筋套筒灌浆连接质量检查

灌浆套筒质量检查：当灌浆套筒进场时，应抽取同一批号、同一类型、同一规格的灌浆套筒，不超过 1000 个为一批，每批随机抽取 10 个灌浆套筒，检验外观质量、标识、尺寸偏差、质量证明文件和抽样检验报告，检验结果应符合现行行业标准《钢筋连接用灌浆套筒》(JG/T 398—2019) 和《钢筋套筒灌浆连接应用技术规程》(JGJ 355—2015，2023 年版)的有关规定。

灌浆料质量检查：进场时，应对灌浆料拌合物 30 min 流动度、泌水率及 3 d 抗压强度、28 d 抗压强度、3 h 竖向膨胀率、24 h 和 3 h 竖向膨胀率差值进行检验，检验结果应符合现行规程《钢筋套筒灌浆连接应用技术规程》(JGJ 355—2015，2023 年版)的有关规定；同一成分、同一批号的灌浆料，不超过 50 t 为一批，每批按现行行业标准《钢筋连接用套筒灌浆料》(JG/T 408—2019)的有关规定随机抽取灌浆料制作试件。

全数检查钢筋套筒灌浆连接及浆锚搭接连接的灌浆，灌浆应密实饱满，检验方法：检查灌浆施工质量检查记录。

(2)后浇区钢筋混凝土质量检查

钢筋采用机械连接时，其接头质量应符合国家现行标准《钢筋机械连接技术规程》(JGJ 107—2016)的要求。检查钢筋机械连接施工记录及平行加工试件的强度试验报告。

钢筋采用焊接连接时，按现行行业标准《钢筋焊接及验收规程》(JGJ 18—2012)规定的检查数量，检查质量证明文件和平行加工试件的检验报告，其接头质量应符合现行行业标准《钢筋焊接及验收规程》(JGJ 18—2012)的规定。

按现行国家标准《混凝土强度检验评定标准》(GB/T 50107—2010)的要求，在后浇混凝土施工时，对后浇混凝土按批检验进行检查，检验批应符合：预制构件结合面疏松部分的混凝土应剔除并清理干净；模板应保证后浇混凝土部分形状、尺寸和位置准确，并应防止漏浆；在浇筑混凝土前应洒水润湿结合面，混凝土应振捣密实；同一配合比的混凝土，每工作班组建筑面积不超过 1000 m^2 时，应制作一组标准养护试件，同一楼层应制作不少于 3 组标准养护试件。

后浇部分结构实体检验：结构实体检验的内容应包括混凝土强度、钢筋保护层厚度以及工程合同约定的项目。

(3)预制外挂板连接施工质量检查

预制外挂板采用焊接、螺栓连接等连接方式时，按照国家现行标准《钢结构工程施工质量验收标准》(GB 50205—2020)和《钢筋焊接及验收规程》(JGJ 18—2012) 的相关规定，检查施工记录及平行加工试件的检验报告，其材料性能及施工质量应符合标准要求。

全数检查外挂板连接板缝的防水止水条，检查质量合格证明文件、检验报告和隐蔽验收记录，其品种、规格、性能等应符合现行国家产品标准和设计要求。

防水性施工的质量检查：按批检验现场淋水试验报告，每 1000 m^2 外墙面积应划分为一个检验批，不足 1000 m^2 时也应划分为一个检验批；每个检验批每 100 m^2 应至少抽查一处，每处不得少于 10 m^2。现场淋水试验应满足下列要求：淋水流量不应小于 5 L/(m · min)，淋水试验时间不应小于 2 h，检测区域不应有遗漏部位，淋水试验结束后，检查背水面有无渗漏。

课后思考题

1. 装配式混凝土结构有哪些类型？
2. 装配式混凝土建筑材料有哪些类型？
3. 装配式混凝土预制构件在生产时主要用到哪些设备？
4. 请简述叠合板和叠合梁的生产工艺流程。
5. 预制构件的主要运输方式有哪些？不同预制构件应采用何种运输方式？
6. 预制构件的堆放需要注意哪些问题？
7. 不同预制构件的吊装一般要用到哪些机械和设备？
8. 请简述竖向构件套筒灌浆施工工艺及要求。
9. 请简述预制外挂板连接施工流程。
10. 钢筋套筒灌浆连接质量检查需要注意哪些问题？

模块 4　装配式钢结构建筑

主要内容

本模块介绍了装配式钢结构建筑的概念及类型；重点讲解装配式钢结构预制构件的生产、运输与堆放、吊装及连接等施工过程及质量控制要点。

教学目标

1. 了解装配式钢结构建筑基本特点、使用材料；

2. 掌握装配式钢结构预制构件的生产要点、钢结构与预制构件的运输与堆放要点、装配式钢结构建筑施工工艺过程；

3. 了解装配式钢结构施工质量控制。

拓展延伸

通过本模块的学习，学生可以更好地了解装配式钢结构建筑的相关知识和施工技术，为未来的学习和工作打下坚实的基础。引导学生认识到装配式钢结构建筑的高效、环保、节能等特点，强调节约资源、保护环境；要求学生在生产过程中，严格遵守工艺规范，确保每一件预制构件都达到质量标准，需具备严谨的工作态度和高度的责任心，体现职业素养和道德情操；强调钢结构施工质量控制的重要性，培养高度的职业操守和质量意识，体现职业道德和诚信品质。

4.1　装配式钢结构建筑简介

4.1.1　简介

装配式钢结构建筑(Assembled Building with Steel-structure)是指建筑的结构系统由钢部(构)件构成的装配式建筑。装配式钢结构建筑以其强度高、施工快速、环保和灵活等优点，在现代建筑领域中越来越受到青睐。它不仅提高了建筑质量和建造效率，还推动了建筑业的可持续发展(图 4-1)，它具备以下几种特点：

(1)具有很高的结构强度和稳定性。钢材作为一种优质的结构材料，具有高强度、轻质和优良的抗震性能，使得这种建筑方式在地震多发地区具有特别的优势。

(2)施工周期相对较短。由于大部分构件在工厂内预制完成，现场施工主要是组装工作，因此大大缩短了施工时间，这不仅加快了工程进度，还降低了施工成本。

(3)具有很好的环保性能。钢材可以循环再利用，减少了建筑垃圾的产生，同时，这种建筑方式在施工现场产生的噪声和粉尘污染也相对较低，有利于保护环境和改善施工条件。

(4)具有很好的适应性和灵活性。由于构件在工厂内预制，可以根据不同的设计需求进行定制，实现多样化的建筑风格和功能需求。

图 4-1　HUF HAUS 装配式钢结构住宅

4.1.2　基本材料

1.常用的钢材及表示方法

《钢铁产品牌号表示方法》(GB/T 221—2008)明确规定了主要建筑钢材牌号的命名规则。钢材的牌号能够集中展现其主要的力学性能、冶炼工艺以及内在质量等重要信息。下面，对钢结构工程中常用的建筑钢材牌号表示方法进行详细的说明。

(1)碳素结构钢

碳素结构钢是碳素钢中的一种类型，其含碳量介于 0.05%至 0.70%之间，某些特殊情况下甚至可以达到 0.90%。碳素结构钢可划分为普通碳素结构钢与优质碳素结构钢两大类别。在建筑钢结构工程中，为了确保材料的塑性、韧性以及冷弯性能等关键指标，主要采用的是低碳钢。低碳钢的含碳量通常控制在 0.03%至 0.25%的范围内。

①普通碳素结构钢

普通碳素结构钢又称碳素结构钢。钢结构工程常用的普通碳素结构钢牌号通常由四部分按顺序组成：

第一部分：代表屈服强度的拼音字母“Q”。

第二部分：屈服强度数值(以 N/mm^2 或 MPa 为单位)。

第三部分(必要时)：代表质量等级的符号，用字母 A、B、C、D……表示，A 为最低等级，随字母顺序级别依次升高。

第四部分(必要时)：代表脱氧方法的符号，“F”表示沸腾钢，“Z”表示镇静钢，“TZ”表示特殊镇静钢。牌号表示方法中，“Z”及“TZ”通常可省去不标。

《碳素结构钢》(GB/T 700—2006)规定的普通碳素结构钢牌号有 Q195、Q215、Q235、Q275 等，其中 Q195 钢不设质量等级，Q215 钢设 A、B 两个等级，Q235 及 Q275 钢设 A、B、C、D 四个等级。工程中应用最广泛的是 Q235 钢。

②优质碳素结构钢

优质碳素钢是为满足不同的加工要求，而赋予相应性能的碳素钢。其钢质纯净，杂质少，力学性能好。根据含锰量分为普通含锰量（小于 0.80%）和较高含锰量（0.80%～1.20%）两种。

优质碳素结构钢牌号通常由四部分按顺序组成：

第一部分：代表钢材中的平均碳含量（以万分之几计），以两位阿拉伯数字表示。

第二部分（必要时）：当钢材的含锰量较高时，加锰元素符号 Mn。

第三部分（必要时）：代表优质钢的冶金质量等级，优质钢不加字母，高级优质钢、特级优质钢分别以字母 A、E 表示。

第四部分（必要时）：代表脱氧方法的符号，“F”表示沸腾钢，“b”表示半镇静钢，“Z”表示镇静钢。牌号表示方法中，“Z”通常可省去不标。

优质碳素结构钢的牌号较多，在钢结构工程中应用较少，在高强度螺栓中有部分应用。

（2）低合金高强度结构钢

低合金高强度结构钢是指在炼钢过程中增添了一些合金元素（其总含量不超过 5%）的钢材。同碳素结构钢相比，它具有强度高、综合性能好、使用寿命长、适用范围广等优点，尤其在大跨度或重负载结构中其优点更为突出，一般可比碳素结构钢节约 20%左右的用钢量。

低合金高强度结构钢的牌号表示方法与普通碳素结构钢基本一致，即由代表屈服强度的拼音字母“Q”、屈服强度数值、质量等级符号（A、B、C、D、E，A 表示最低级别，E 表示最高级别）等按顺序排列表示。对于具有厚度方向性能要求的钢板，则在上述规定牌号后加上代表厚度方向（*Z* 向）性能级别的符号。

低合金高强度结构钢的牌号共有 Q355、Q390、Q420、Q460、Q500、Q550、Q620、Q690 八种，其中 Q355、Q390、Q420 均设置 A、B、C、D、E 五种质量等级，其余牌号钢仅设置 C、D、E 三种质量等级，体现了对高强度结构钢质量的高要求。

2. 对钢材性能的要求

（1）《钢结构设计标准》（GB 50017—2017）规定

①承重结构的钢材宜采用 Q235 钢、Q355 钢、Q390 钢、Q420 钢，其质量应分别符合《碳素结构钢》（GB/T 700—2006）和《低合金高强度结构钢》（GB/T 1591—2018）的规定。采用其他牌号钢材时，尚应符合相关标准的规定和要求。

②承重结构采用的钢材应具有抗拉强度、伸长率、屈服强度和硫、磷含量的合格证明，对于焊接结构尚应具有碳含量的合格保证。焊接承重结构以及重要的非焊接承重结构采用的钢材应具有冷弯试验的合格保证。

③对于需要验算疲劳的焊接结构钢材，应具有常温冲击韧性的合格保证。当结构工作温度不高于 0℃但高于－20℃时，Q235 钢和 Q355 钢应具有 0℃冲击韧性的合格保证；对 Q390 钢和 Q420 钢应具有－20℃冲击韧性的合格保证。当结构工作温度不高于－20℃时，对 Q235 钢和 Q355 钢应具有－20℃冲击韧性的合格保证；对 Q390 钢和 Q420 钢应具有－40℃冲击韧性的合格保证。

④对于需要验算疲劳的非焊接结构的钢材亦应具有常温冲击韧性的合格保证。当结构工作温度不高于－20℃时，对 Q235 钢和 Q355 钢应具有 0℃冲击韧性的合格保证；对 Q390 钢和 Q420 钢应具有－20℃冲击韧性的合格保证。

⑤钢铸件采用的铸钢材质应符合《一般工程用铸造碳钢件》(GB/T 11352—2009)的规定。

⑥当焊接承重结构为防止钢材的层状撕裂而采用 Z 向钢时，其材质应符合《厚度方向性能钢板》(GB/T 5313—2023)的规定。

⑦对于处于外露环境且对耐腐蚀有特殊要求，或在腐蚀性气态和固态介质作用下的承重结构，宜采用耐候钢，其质量要求应符合《耐候结构钢》(GB/T 4171—2008)的规定。

(2)《高层民用建筑钢结构技术规程》(JGJ 99—2015)规定

①高层建筑钢结构的钢材，宜采用 Q235 等级为 B、C、D 的碳素结构钢，以及 Q355 等级为 B、C、D、E 的低合金高强度结构钢。其质量标准应分别符合《碳素结构钢》(GB/T 700—2006)和《低合金高强度结构钢》(GB/T 1591—2018)的规定。当有可靠根据时，可采用其他牌号的钢材。

②承重结构的钢材应保证抗拉强度、伸长率、屈服点、冷弯试验、冲击韧性合格和硫、磷含量符合限值。对焊接结构尚应保证碳含量符合限值。

③抗震结构钢材的强屈比不应小于 1.2，且应有明显的屈服台阶；伸长率应大于 20%；应有良好的可焊性。

④承重结构处于外露情况和低温环境时，其钢材性能尚应符合耐大气腐蚀和避免低温冷脆的要求。

⑤采用焊接连接的节点，当板厚等于或大于 50 mm，并承受沿板厚方向的拉力作用时，应按《厚度方向性能钢板》(GB/T 5313—2023)的规定附加板厚方向的断面收缩率，并不得小于该标准 Z15 级规定的允许值。

⑥高层建筑钢结构采用的钢材强度设计值，按《高层民用建筑钢结构技术规程》(JGJ 99—2015)的规定采用。

⑦钢材的物理性能，应按《钢结构设计标准》(GB 50017—2017)的规定采用。高层建筑钢结构的设计和钢材订货文件中，应注明所采用钢材的牌号、等级和对 Z 向性能的附加保证要求。

3. 连接方式及材料

(1)螺栓连接

钢结构螺栓连接即将螺栓、螺母、垫圈机械地和连接件连接在一起形成的一种连接形式。

①螺栓的材质与性能

螺栓按照性能等级分为 3.6、4.6、4.8、5.6、5.8、6.8、8.8、9.8、10.9、12.9 十个等级，其中 8.8 级及以上等级的螺栓材质为低碳合金钢或中碳钢并经热处理(淬火、回火)，统称为高强度螺栓，8.8 级以下(不含 8.8 级)统称为普通螺栓。

螺栓性能等级标号由两部分数字组成，分别表示螺栓的公称抗拉强度和材质的屈强比。例如性能等级 4.6 级的螺栓，其含意为：第一部分数字(4.6 中的“4”)为螺栓材质公称抗拉强度(N/mm^2)的 1/100；第二部分数字(4.6 中的“6”)为螺栓材质屈服比的 10 倍；两部分数字的乘积(4×6，即“24”)为螺栓材质公称屈服点(N/mm^2)的 1/10。

②普通螺栓

普通螺栓按照形式可分为六角头螺栓、双头螺栓、沉头螺栓等；按制作精度可分为 A、B、C 三个等级，A、B 级为精制螺栓，C 级为粗制螺栓，钢结构用连接螺栓，除特殊注明外，一般均为普通粗制 C 级螺栓。

③高强度螺栓

高强度螺栓连接按其受力状况，可分为摩擦型连接、摩擦-承压型连接、承压型连接和张拉型连接等几种类型，其中摩擦型连接是目前广泛采用的基本连接形式。

高强度螺栓从外形上可分为大六角头和扭剪型两种，如图4-2、图4-3所示；按性能等级可分为8.8级、10.9级、12.9级等，目前我国使用的大六角头高强度螺栓有8.8级和10.9级两种，扭剪型高强度螺栓只有10.9级一种。

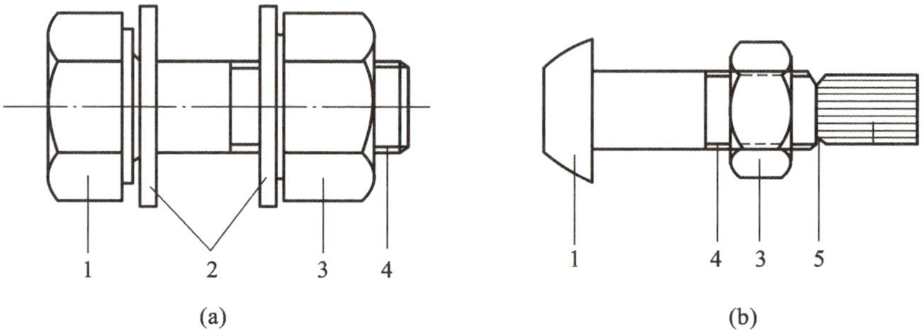

1—螺栓；2—垫圈；3—螺母；4—螺丝；5—槽口

图4-2 高强度螺栓图示

(a)大六角头螺栓；(b)扭剪型螺栓

图4-3 高强度螺栓实物

(2)焊接连接

虽然装配式钢结构强调“工厂构件焊接、工地节点螺栓连接”，但一直以来，焊接连接都是钢结构最主要的连接方法，其显著优势在于构造简明、不受构件尺寸限制、不削弱截面强度、钢材利用率高、加工便捷、便于自动化操作、连接密封性良好且刚性强劲。然而，其缺点亦不容忽视，焊接过程中产生的残余应力和变形对结构性能产生不利影响，特别是在低温环境下，焊接结构的冷脆问题尤为显著。随着科技的飞速发展，我国的焊接技术取得了长足进步，新型焊接工艺和设备层出不穷，但同时也面临着严峻挑战。特别是近年来，我国大型钢结构建筑，如超高层建筑和大跨度结构等，建设速度迅猛，高强度钢材在复杂环境下的焊接技术仍需进一步提升。

焊接方法主要包括熔焊、压焊和钎焊三种形式。当前，建筑钢结构焊接主要采用熔焊技术。熔焊是通过高温集中热源使待连接金属局部熔化，冷却后形成牢固连接的方法。根据加热能源的不同，熔焊可分为电弧焊、电渣焊、气焊、等离子焊、电子束焊、激光焊等多种类型。考虑到成本和应用条件，电弧焊在建筑钢结构领域应用最为广泛。

具体而言，电弧焊可细分为熔化电极与不熔化电极电弧焊、气体保护与自保护电弧焊、栓焊等类型。根据焊接过程的自动化程度，又可分为手工焊、半自动焊和自动焊。在建筑钢结构工程中，药皮焊条手工电弧焊（图 4-4）、自动和半自动埋弧焊（图 4-5）、CO_2 气体保护焊应用最为普遍。而在某些特殊场合，电渣焊和栓焊则成为不可或缺的焊接方式。

图 4-4 手工电弧焊

图 4-5 半自动埋弧焊

4.2 装配式钢结构预制构件的生产

4.2.1 构件生产要求

钢构件的加工制作及质量必须严格遵循国家现行标准《钢结构工程施工规范》（GB 50755—2012）及《钢结构工程施工质量验收标准》（GB 50205—2020）的要求。钢构件与装配式楼板的深化设计图需基于设计图和其他相关技术文件进行编制，涵盖设计说明、构件清单、布置图、加工详图、安装节点详图等详尽内容。

在钢构件的加工制作过程中，推荐使用自动化生产线以减少人为错误，提升效率。钢构件与墙板、内装部品的连接件宜在工厂与钢构件同步加工，确保整体协调性和质量。钢构件的焊接工作应优先选择自动或半自动焊接方式，并严格按照经过评定的合格工艺进行，确保焊缝质量符合国家现行标准《钢结构工程施工质量验收标准》（GB 50205—2020）和《钢结构焊接规范》(GB 50661—2011)的规定。高强度螺栓孔的制孔工作,建议使用数控钻床或套模制孔技术,确保制孔质量满足《钢结构工程施工质量验收标准》(GB 50205—2020)的要求。

关于生产过程的质量检验控制,需遵循以下规定:

(1)首批(件)产品加工完成后,必须进行自检、互检、专检三道检验程序,产品经检验合格并形成检验记录后,方可开始批量生产。

(2)首批(件)产品检验合格后,应对产品生产加工工序,特别是关键工序进行持续的质量巡检。

(3)产品生产加工全部完成后,需由专业检验人员依据图纸资料、施工单等对生产产品进行逐批检查,做好产品检验记录,并对检验中发现的不合格产品进行记录,同时增加抽样检测的数量或频次。

(4)检验人员需严格按照图样及工艺技术要求对产品的外观质量、规格尺寸等进行出厂检验,各项检查记录需完整,签署产品合格证后方可入库,无合格证的产品严禁入库。

在建筑部品部件的生产过程中,质量过程控制应遵循以下规定:

(1)所有涉及安全和功能的原材料,必须按照现行国家标准进行复验,确保质量可靠,并严格执行见证取样、送样制度。

(2)各生产工序需按生产工艺要求进行严格的质量控制,并实行工序检验,确保每道工序的质量符合标准。

(3)相关专业工种之间需进行交接检验,确保各工种之间的衔接质量。

(4)隐蔽工程在封闭前必须进行质量验收,确保隐蔽部分的质量符合设计要求。

建筑部品部件生产检验合格后,生产企业必须提供出厂产品质量检验合格证。建筑部品应满足设计要求和国家现行相关标准的规定,并提供执行产品标准的说明、出厂检验合格证明文件、质量保证书和使用说明书。建筑部品部件的运输方式应根据部品部件的特性、工程要求等因素进行合理选择。建筑部品或构件出厂时,应明确标注部品或构件的重量、重心位置、吊点位置、能否倒置等信息。

4.2.2 生产工艺流程

钢结构制作的过程涵盖了多个复杂工序,从原材料进厂开始,便需要经过精心策划和组织。在这一流程中,放样是第一步,它确保了每个部件的精确尺寸和形状;紧接着是号料,即按照放样结果进行材料的选取和切割;随后是零部件的加工,包括切割、弯曲、钻孔等步骤,这些工序都需要高精度的设备和熟练的操作人员。

完成零部件加工后,接下来的组装环节要求极高的精度和细致度,以确保各个部件能够完美契合。紧接着的焊接工序更是关键,它需要焊接工人具备相应的技艺,确保焊缝的质量既美观又牢固。

为了确保最终产品的质量,检测环节必不可少。这一步骤涵盖了尺寸检查、外观检查、无损检测等多个方面,确保钢结构的安全性和可靠性。除锈和涂装则是为了增加钢结构的防腐性和耐久性,使其能够在各种环境条件下保持稳定。

最后,包装和发运环节也不容忽视。合理的包装能够保护钢结构在运输过程中不受损伤,而高效的发运则确保了项目进度不受延误。

1. 放样

放样，作为钢结构制作的初始步骤，其重要性不言而喻。在这一环节中，设计图纸上可能存在的不可知的尺寸或近似尺寸得以明确和精确化。放样的核心依据是设计图纸，若在放样过程中发现任何与设计不符或需要改进的地方，应及时与设计师沟通反馈，以便设计师能够迅速作出调整，从而优化和完善设计方案。放样的方法多种多样，包括但不限于以下几种方式。

(1)手工放样

手工放样是指在实际尺寸的样台上进行 1∶1 的实物放样，也称作放大样。经过技术部门或质检员的认可后，会制作样板，并在上面详细标注部件名称、零件编号、钢材的牌号、规格和数量，同时标明中心线、对合线、接缝线、断线、折变线等加工所需的符号。

(2)比例放样与光学投影放样

由于钢结构构件日益大型化以及实尺放样样台的局限性，大型钢构件常采用比例放样和光学投影放样技术。这些方法能够将外板的外形尺寸和加工肋骨线位置以 1∶10 的比例放到号料机上，图形误差严格控制在 2 mm 以内。相比实尺放样，比例放样的工时比手工放样能减少 40%，而光学投影放样的工时更是比手工放样减少 60%。此外，比例放样所需的占地面积也仅为实尺放样与手工放样的 20%，其优势显而易见。

(3)数字放样与数控号料、切割

随着电子计算机技术的快速发展，数控号料和切割技术逐渐普及。数字放样被广泛应用于空间弯曲、表面平滑的构件的结构排列和展开，最终将数据输出到计算机进行数控切割，或将数据输入肋骨冷弯机进行肋骨加工。数字放样技术将传统的放样、号料、切割三道工序转化为计算机数据处理、数控号料、切割三道工序。若已知钢板规格，可利用电子计算机进行排料，并将数据输入数控切割机，从而精确切割出所需形状的外板。然而，对于需要进行冷加工或火工热加工的双向曲度外板，仍需要手工展开肋骨剖面线，并制作三角样板以供加工使用。

在进行放样时，对于需要铣、刨的工件，必须考虑加工余量，通常所有加工边都应预留 5 mm 的加工余量。对于焊接构件，必须按照工艺要求预留焊接收缩量。如果图纸要求桁架起拱，那么在放样时，上、下弦应同时起拱，起拱时，垂直杆的方向一般应保持与水平方向线垂直，而不是与下弦杆垂直。

2. 号料

号料，是一种基于样板、样杆或图纸，在板料和型钢上标明孔位和零件形状界限的加工过程(图 4-6)，其核心工作涵盖了对材料的检查核对，确定切割、铣削、刨削、弯曲、钻孔等加工位置，进行冲孔标记，以及为零件标注编号等步骤。

在实际操作中，常采用以下几种号料方法：

(1)集中号料法。鉴于钢材规格繁多，为减少材料浪费，提升生产效率，工厂会将同厚度的钢板零件和同规格的型钢零件集中起来进行号料，这就是所谓的集中号料法。

(2)套料法。在号料过程中，会精心规划板料零件的形状和位置，将同厚度的不同形状零件或同一形状的零件进行套料处理，这种方法即为套料法。

(3)统计计算法。这是针对型钢下料的一种特殊方法。首先将同规格型钢零件的长度进行汇总，优先安排较长零件，然后计算余料长度，并根据余料长度安排相应或稍短的零件，直至整根材料得到充分利用。这种先统计再号料的方法，称之为统计计算法。

(4)余料统一号料法。工厂会把号料后剩余的余料按厚度、规格和形状相近的原则进行归类，然后在这些余料上标记较小的零件，这就是余料统一号料法。

在进行号料时，应始终遵循有利于切割和保证零件质量的原则。所画的实笔线条和粉线在弹线时的粗细都应严格控制在 1 mm 以内；敲凿子印的间距，直线部分应保持在 40～60 mm，圆弧部分则为 20～30 mm。

图 4-6 号料

3. 切割

号料以后的钢材，须按其所需的形状和尺寸进行切割下料。常用的切割方法有机械切割、气割、等离子切割，其使用设备、特点及适用范围见表 4-1。

表 4-1 各种切割方法分类比较

类别	使用设备	特点及适用范围
机械切割	剪板机、型钢冲剪机、联合冲剪机	切割速度快、切口整齐、效率高，适用于薄钢板、冷弯檩条的切割
	无齿锯	切割速度快，可切割不同形状、不同类别的各类型钢、钢管和钢板，切口不光洁，噪声大，适于锯切精度要求较低的构件或下料留有余量，最后尚需精加工的构件
	砂轮锯	切口光滑、生刺较薄，易清除，噪声大，粉尘多，适于切割薄壁型钢及小型钢管，切割材料的厚度不宜超过 4 mm
	锯床	切割精度高，适于切割各类型钢及梁、柱等型钢构件
气割	自动切割机	切割精度高，速度快，在其数控精度时可省去放样、画线等工序而直接切割，适于钢板切割
	手工切割机	设备简单，操作方便，费用低，切口精度较差，能够切割各种厚度的钢材
等离子切割	等离子切割机	切割温度高，冲刷力大，切割边质量好，变形小，可以切割任何高熔点金属，特别是不锈钢、铝、铜及其合金等，切割材料的厚度可至 20～30 mm

对于高强度的零件，机械切割的方式并不适用于厚度超过 12.0 mm 的材料，且切割后的表面必须保持平整。特别需要注意的是，当环境温度低于－20℃时，碳素结构钢不适宜进行切割或冲孔操作；同样，对于低合金高强度结构钢，环境温度低于－15℃时，也应避免此类操作。

在进行气割前，务必确保钢材切割区域的表面干净无杂物。实际切割时，应根据使用的设备类型、钢材的具体厚度以及切割气体的性质等因素，来选择合适的工艺参数，以确保切割质量和效率(图 4-7)。

图 4-7 电脑控制自动切割

4. 矫正

钢结构矫正是一种工艺方法，它主要依赖于钢材的塑性和热胀冷缩特性。通过施加外力或利用加热效应，可以使钢材产生反向变形，从而使材料或构件变得平直，并满足特定几何形状的要求。这种矫正方法确保了钢结构最终能够符合相关技术标准，保证了其质量和性能的稳定性和可靠性。

(1)钢材矫正的形式

①矫直：消除材料或构件的弯曲；

②矫平：消除材料或构件的翘曲或凹凸不平；

③矫形：对构件的一定几何形状进行整形。

(2)钢材矫正的常用方法

①机械矫正是利用专用机械或矫正机对钢材进行矫正的一种方法(图 4-8)。常见的矫正机械包括滚板机、型钢矫正机、H 型钢矫正机以及管材(圆钢)调直机等，这些机械在钢材矫正过程中发挥着重要的作用。

②当钢材的型号超出矫正机的承载范围，或者构件的形状不适合机械矫正时，钢结构加工厂会选择加热矫正法，其中火焰矫正最为常用。加热矫正不仅适用于钢材本身的矫正，还可以用于解决构件制造过程和焊接工序中产生的变形问题。由于操作简便且灵活多变，加热矫正方法在实际应用中得到了广泛的推广。

③在实际工程中，通常会结合加热矫正和机械矫正两种方法，以达到更好的矫正效果。这种联合矫正的方式能够充分利用两种方法的优势，确保钢材和构件的矫正质量。

5. 边缘加工

边缘加工是指板件的外露边缘、焊接边缘、直接传力的边缘，需要进行铲、刨、铣等的加工。常用的边缘加工方法主要有：铲边、刨边、铣边、碳弧气刨、气割和坡口机加工等。

焊缝坡口加工一般可采用气割、铲削、坡口机加工等方法；某些零部件精度要求较高时，可采用铣床进行边缘铣削加工。

图 4-8 H 型钢矫正

6. 滚圆

滚圆也称卷板，是指在外力的作用下，使钢板的外层纤维伸长、内层纤维缩短而产生弯曲变形（中层纤维不变）。当圆筒半径较大时，可在常温状态下卷圆；当半径较小和钢板较厚时，应将钢板加热后卷圆。

滚圆是在卷板机（又叫滚板机、轧圆机）上进行的，它主要用于滚圆各种容器、大直径焊接管道、锅炉汽包和高炉等壁板。在卷板上滚圆时，板材的弯曲是由上滚轴向下移动时所产生的压力来达到的。

7. 煨弯

在钢结构制造中，弯曲和弯扭形式的构件通常利用煨弯工艺来精细加工（图 4-9）。

煨弯工艺因加工手法的差异，主要分为压弯、滚弯和拉弯三种方式。

（1）压弯是通过压力机对钢板施加压力，使其弯曲成型。这种方法特别适用于直角弯曲构件（如 V 形件）、双直角弯曲构件（如 U 形件）以及其他适合弯曲的构件。

（2）滚弯则是利用卷板机对钢板进行滚动弯曲，尤其适用于圆筒形构件和其他弧形构件的制造。

（3）拉弯则是通过转臂拉弯机或转盘拉弯机对钢板进行拉伸弯曲，主要用于将长条板材塑造成不同曲率的弧形构件。

图 4-9 圆钢管煨弯

此外，根据加热程度的不同，煨弯还可以分为冷弯和热弯两类。

(1)冷弯是在常温条件下进行的弯曲加工，适用于一般薄板、型钢等材料的加工。

(2)热弯则是先将钢材加热至 950～1100 ℃，然后在模具上进行弯曲加工，这种方法特别适用于厚板、形状复杂构件以及型钢的加工。

8. 制孔

孔加工在钢结构制造中占有一定的比重，尤其是高强度螺栓的采用，使孔加工不仅在数量上，而且在精度要求上都有了很大的提高。制孔可采用钻孔、冲孔、铣孔、铰孔、镗孔和锪孔等方法。制孔应符合下列规定：

(1)采用钻孔制孔时，应符合以下规定：

①钻孔前宜进行定位画线和打样冲孔控制点(数控钻床可由数控程序控制直接进行钻孔，图 4-10)，采用成叠钻孔时，应保持零件边缘对齐；

②钻孔后若需扩孔、镗孔或铰孔，钻孔时宜留出合理的切削余量。

(2)采用冲孔制孔时，应符合以下规定：

①冲孔孔径不得小于钢材的厚度，且当环境温度低于－20 ℃时，禁止冲孔；

②在工字钢和槽钢翼缘上冲孔时，应用斜面冲模，其斜表面应和翼缘的斜面相一致；

③冲孔上、下模的间隙宜为板厚的 10%～15%，冲模硬度一般为 HRC40～50；

④需要在所冲的孔上再钻大时，则冲孔直径宜比指定的直径小 3 mm。

(3)制成的螺栓孔，应垂直于所在位置的钢材表面，倾斜度应小于 1/20，其孔周边应无毛刺、破裂、喇叭口或凹凸的痕迹，切屑应清除干净。

(4)制成孔眼的边缘不应有裂纹、飞刺和大于 1.0 mm 的缺棱，因清除飞刺而产生的缺棱不得大于 1.5 mm。

(5)当高强度螺栓连接件采用大圆孔或槽孔时，只可在同一个摩擦面中的盖板或芯板上按相应的扩大孔型制孔，其余仍按标准圆孔制孔。

数控三维钻孔机制孔示意图如图 4-10 所示。

图 4-10　数控三维钻孔机制孔

9. 组装

组装，亦称拼装、装配或组立，是一道工序，其核心在于将制备完成的半成品和零件依据图纸指定的运输单元精准地装配成构件或部件。之后，这些构件或部件被进一步连接成一个完整的整体。

在钢结构构件的组装过程中，工作平台和组装胎架是理想的操作环境。根据具体的组装需求，有多种方法可供选择，如地样法、仿形复制装配法、立装、卧装以及胎模装配法等。这些方法各具特色，适用于不同的组装场景和需求，详细的组装方法及适用范围可参见表 4-2。

表 4-2 钢结构构件组装的方法及适用范围

序号	方法名称	方法内容	适用范围
1	地样法	用 1∶1 的比例在装配平台上放出构件实样，然后根据零件在实样上的位置，分别组装起来成为构件	桁架、构架等小批量结构的组装
2	仿形复制装配法	先用地样法组装成单面（单片）的结构，然后将定位点焊牢固，将其翻身，作为复制胎模，在其上面装配另一单面的结构，往返两次组装	横断面互为对称的桁架结构
3	立装	根据构件的特点及其零件的稳定位置，选择自上而下或自下而上地装配	放置平稳，高度不大的结构或者大直径的圆筒
4	卧装	将构件放置于平卧位置进行的装配	断面不大，但长度较大的细长构件
5	胎模装配法	将构件的零件用胎模定位在其装配位置上的组装方法	制造批量大、精度高的产品

4.3 装配式钢结构预制构件的运输与堆放

4.3.1 包装、运输

预制钢构件部品部件在出厂之前，务必进行周密的包装工作，以确保在运输和堆放过程中不会遭受破损或变形。特别是那些超高、超宽、形状特殊的大型构件，需要制定专门的运输和堆放方案。选用的运输车辆必须能够满足部品部件的尺寸和重量要求。在装卸与运输过程中，需遵循以下规定：

(1)装卸过程中应采取有效措施确保车体平衡，避免倾斜或晃动。

(2)应采取必要的固定措施，以防止构件在运输途中发生移动、倾倒或变形等。

(3)运输时应特别注重保护部品部件，防止损坏。对于构件的边角部或链索接触处，应设置保护衬垫，以减少摩擦和碰撞带来的损害。

4.3.2 钢材的堆放

1. 堆放原则

钢材的堆放应遵循以下原则：确保钢材不变形、不锈蚀，同时有效节约用地，方便钢材的提取与运转。为了方便管理和查找，建议按钢材的品种和规格分别堆放。

对于成品钢结构部品部件的堆放，应遵循以下规定：

(1)堆放场地必须平整坚实，并根据部品部件的保管技术要求采取相应的防雨、防潮、防暴

晒、防污染及排水措施，确保部品部件的安全和质量。

(2)构件的支垫必须坚实可靠，垫块的位置应与脱模和吊装时的起吊位置保持一致，确保构件的稳定性和安全性。

(3)在重叠堆放构件时，每层构件间的垫块应上下对齐，堆垛层数应根据构件和垫块的承载力来确定。同时，为防止堆垛倾覆，应采取必要的措施，确保堆放的稳定性和安全性。

2. 室外堆放(图 4-11)

(1)堆放场地应平整、坚固，避免因场地较软而导致钢材变形；堆放在结构物上时，宜进行结构物的受力验算。

(2)堆放场地一般应高于四周地面或具备较好的排水能力，堆顶面宜略有倾斜并尽量使钢材截面的背面向上或向外，以便雨水及时排走。

(3)构件下面须有木垫或条石，以免钢材与地面接触而受潮锈蚀。

(4)构件堆场附近不应存放对钢材有腐蚀作用的物品。

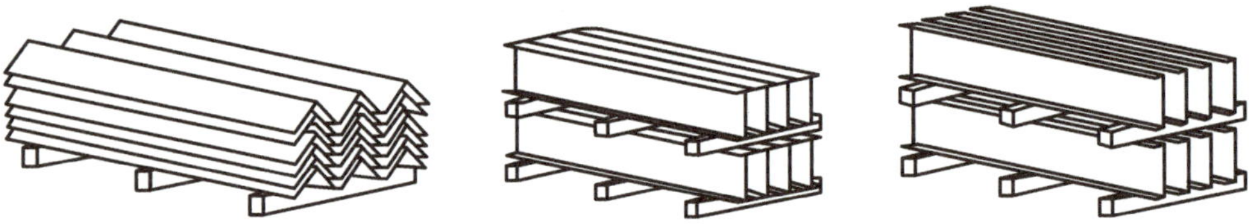

图 4-11　钢材露天堆放

3. 室内堆放

(1)在保证室内地面不返潮的情况下，可直接将钢材堆放在地面上，否则需采取防潮措施或在下方设置木垫或条石，堆与堆之间应留出走道。

(2)保证地面坚硬，满足钢材堆放的要求。

(3)应根据钢材的使用情况合理布置各种规格钢材在堆场的堆放位置，近期需使用的钢材应布置在堆场外侧，便于提取。

4. 堆放注意事项

(1)钢结构产品不得直接与地面接触，必须垫高至少 200 mm，以防止受潮和损坏。

(2)对于侧向刚度较大的构件，可水平堆放。在多层叠放时，需确保各层垫木位于同一垂线上，以保证稳定性。

(3)构件应依据型号、编号、吊装顺序和方向，进行有序分类并配套堆放。堆放位置需遵循吊装平面布置图的规定，确保在起重机回转半径内。先吊装的构件应靠近起重机放置，后吊装的构件依次排列，同时需考虑吊装和装车方向，避免不必要的转向和二次搬运，以提高效率并降低构件损坏风险。

(4)大型构件附带的小零件应妥善放置在构件间的空隙中，并使用螺栓或铁丝牢固固定在构件上，以防止丢失或损坏。

(5)对于侧向刚度较差、重心较高或支承面较窄的构件，如屋架、托架薄腹屋面梁等，宜采用直立放置。除两端设置垫木支撑外，还应在两侧增设撑木，或利用方木和 8 号钢丝将多榀构件绑扎在一起以增强稳定性。支撑和连接点至少需设置 3 处。

(6)在构件叠层堆放时，需严格控制堆放层数。一般来说，柱子不宜超过 2 层，梁不超过 3 层，大型屋面板和圆孔板不超过 8 层，楼板和楼梯板不超过 6 层，钢屋架平放不超过 3 层，钢檩

条不超过 6 层。钢结构堆垛整体高度通常不应超过 2 m,并确保堆垛间留有至少 2 m 宽的通道,以便于操作和运输。

(7)构件堆放时需预留足够的挂钩、绑扎操作空间,以及净距和净空。相邻构件之间的间距应不小于 0.2 m,与建筑物之间保持 2.0～2.5 m 的距离。每隔 2～3 个堆垛应设置一条纵向通道,每隔 25 m 设置一条横向通道,通道宽度应不小于 0.7 m。此外,堆放场应建设环形运输道路,单行道宽度不少于 4 m,双行道宽度不少于 6 m,以满足运输需求。

4.4 装配式钢结构建筑施工

4.4.1 概述

微课 15:装配式钢结构施工基本知识

装配式钢结构施工应符合现行国家标准《钢结构工程施工规范》(GB 50755—2012)和《钢结构工程施工质量验收标准》(GB 50205—2020)的规定。装配式钢结构施工前应进行施工阶段设计,选用的设计指标应符合设计文件和现行国家标准《钢结构设计标准》(GB 50017—2017)等的规定。施工阶段结构分析的荷载效应组合和荷载分项系数取值,应符合现行国家标准《建筑结构荷载规范》(GB 50009—2012)和《钢结构工程施工规范》(GB 50755—2012)的规定。

装配式钢结构应根据结构特点选择合理顺序进行安装,并应形成稳固的空间单元,必要时应增加临时支撑或临时措施。钢结构施工期间,应对结构变形、环境变化等进行过程监测,监测方法、内容及部位应根据设计或结构特点确定。

装配式钢结构现场焊接工艺和质量应符合现行国家标准《钢结构焊接规范》(GB 50661—2011)和《钢结构工程施工质量验收标准》(GB 50205—2020)的规定。

装配式钢结构紧固件连接工艺和质量应符合国家现行标准《钢结构工程施工规范》(GB 50755—2012)、《钢结构工程施工质量验收标准》(GB 50205—2020)和《钢结构高强度螺栓连接技术规程》(JGJ 82—2011)的规定。

装配式钢结构现场涂装应符合下列规定:

(1)构件在运输、存放和安装过程中损坏的涂层以及安装连接部位的涂层应进行现场补漆,并应符合原涂装工艺要求。

(2)构件表面的涂装系统应相互兼容。

(3)防火涂料应符合国家现行有关标准的规定。

(4)现场防腐和防火涂装应符合现行国家标准《钢结构工程施工规范》(GB 50755—2012)和《钢结构工程施工质量验收规范》(GB 50205—2020)的规定。

压型钢板组合楼板和钢筋桁架楼承板组合楼板的施工按现行国家标准《钢-混凝土组合结构施工规范》(GB 50901—2013)执行。

其中混凝土叠合板施工时,应根据设计要求或施工方案设置临时支撑。施工荷载应均匀布置,且不超过设计规定。端部的搁置长度应符合设计或国家现行有关标准的规定。叠合层混凝土浇筑前,应按设计要求检查结合面的粗糙度及外露钢筋。

预制混凝土楼梯的安装应符合国家现行标准《混凝土结构工程施工规范》(GB 50666—

2011)和《装配式混凝土结构技术规程》(JGJ 1—2014)的规定。

装配式钢结构工程测量应符合下列规定:钢结构安装前应设置施工控制网;施工测量前,应根据设计图和安装方案,编制测量专项方案。施工阶段的测量工作应包括平面控制、高程控制和细部测量。

4.4.2　施工准备

1. 检测与试验

(1)根据设计图纸及标准规范的要求,钢板原材应复试合格;

(2)首节钢柱地脚螺栓的复试应合格;

(3)钢构件的加工制作焊缝检测、防腐质量检测应合格;

(4)工厂加工制作和现场安装的摩擦面抗滑移系数检测应合格;

(5)所用紧固螺栓复试应合格;

(6)焊接材料复试应合格;

(7)钢构件加工制作单位提供工厂焊接工艺评定技术文件,钢构件安装单位完成现场安装的焊接工艺评定技术文件。钢构件加工制作单位应提供有效期范围内的工厂加工制作的焊接工艺评定技术文件;现场安装的焊接工艺评定文件应按照现行国家标准《钢结构焊接规范》(GB 50661—2011)的相关规定执行。

2. 材料和成品准备

钢构件送达现场后,必须严格进行进场验收,包括但不限于对其质量证明文件的核查、摩擦面的留存情况以及加工尺寸的校验。若钢构件的摩擦面保护范围不足或需打磨处理,处理后的摩擦面必须按相关规定进行抗滑移系数检测试验,确保满足设计要求及相关标准后,方可进行后续施工。

对于焊接材料,应审查其出厂合格检验报告,并确保其相关技术指标符合设计文件和国家现行标准的规定。紧固螺栓到达现场后,需对其产品质量合格证明文件、性能等级、批号、规格及外观质量进行验收,以确保其符合使用要求。防火涂料进场后,应检查其型检报告。在喷涂前,需完成材料的复试工作,确保相关指标满足设计文件和国家现行标准的规定,以保障施工安全。

钢筋桁架楼承板、压型钢板、钢筋桁架混凝土叠合板、钢管桁架预应力混凝土叠合板、全预制混凝土楼板、预制混凝土楼梯、钢梯等材料送达现场后,应分别对其质量证明文件、外观尺寸等进行进场验收,以确保各类建筑材料的质量符合施工要求。

3. 施工机具准备

钢结构起重运输设备应合理配置,包括塔式起重机、履带起重机、汽车起重机、运输汽车和叉车等机械设备。起重设备的选用需综合考虑结构特点、钢构件重量、现场环境及作业效率等因素。所有用于吊装的钢丝绳、卸扣、吊钩和吊环等吊具,必须经过严格检查并合格,且必须在其额定的许用荷载范围内使用,以确保吊装过程的安全。

根据焊缝的特性,钢结构现场焊接工具应选择适合的焊接设备,如 CO_2 焊机、栓钉焊机和焊条电弧焊机等,以提高焊接质量和效率。

钢结构安装与校正工具应配备齐全,包括扭矩扳手、普通扳手、大六角头和扭剪型高强螺栓扳手、高强螺栓初拧电动扳手、千斤顶、倒链、索具、电动葫芦、冲钉、铰刀等,以满足安装和校正的各种需求。

对于钢结构切割打磨工作，应配备等离子切割机、砂轮机和气割工具等设备，以提高切割和打磨的精度和效率。

测量检测工具同样重要，应配置全站仪、经纬仪、水准仪、塔尺、钢尺、盒尺、线坠、超声波探伤仪、焊缝检查量规、涂层测厚仪等，确保钢结构施工的精度和质量。

在楼板、楼梯吊装方面，可选用一字型吊装梁、框架式吊装梁、软吊带、鸭嘴扣、万向吊环等机具，以提高吊装效率和安全性。

防腐涂装机具的配置同样关键，包括角磨机、铲刀、钢丝刷、无气喷涂机、空气喷枪、辊筒、刷子等，确保防腐涂装的均匀性和质量。

对于防火涂装工作，建议选用便携式搅拌机、压送式喷涂机、高压无气喷涂机、重力式喷枪和空气压缩机等机具，以实现高效、均匀的防火涂装。

微课 16：装配式钢结构施工工艺要求

4.4.3 装配式钢结构安装

1. 安装要求

在装配式钢结构建筑施工之前，施工单位需精心策划并编制一系列技术文件，包括施工组织设计及其相应的专项施工方案、安全专项方案和环境保护专项方案。这些方案不仅需按照相关规定进行严格审批和深入论证，以确保其科学性和可行性，而且需要紧密结合装配式钢结构建筑的特点，选择最适合的施工方法，并制定出高效合理的施工顺序。

考虑到装配式钢结构建筑的特性，施工单位应致力于减少现场支模和脚手架的使用量，这不仅可以降低施工成本，还能显著提高施工效率。同时，所有用于施工的设备、机具、工具和计量器具，都必须满足施工的各项要求，且必须在合格的检定有效期内，确保其精度和可靠性。

在现代建筑领域，信息化技术的应用日益广泛。装配式钢结构建筑也应积极采用信息化技术，对安全、质量、技术和施工进度进行全面、高效的信息化协同管理。利用建筑信息模型(BIM)技术，施工单位可以对结构构件、建筑部品和设备管线等进行虚拟建造，进一步优化施工方案和提高施工质量。

值得一提的是，装配式钢结构建筑在施工过程中必须严格遵守国家环境保护的法规和标准。施工单位应采取切实有效的措施，减少粉尘、废弃物和噪声等对周围环境造成的污染和危害。同时，防火等安全措施也必须可靠有效，确保施工现场的安全稳定。

为了确保施工质量和效率，施工单位还应对装配式钢结构建筑的现场施工人员进行相应的专业培训。培训内容应涵盖施工技术、安全操作、环境保护等多个方面，以提高施工人员的专业素质和技能水平。

在构件吊装方面，施工单位应制定详细的吊装顺序方案。通常，最佳的施工方法是先吊装竖向构件，后吊装平面构件。这样的施工顺序可以有效减少建筑物纵向长度的安装累积误差，从而确保工程质量和稳定性。

以下以单层装配式钢结构安装为例，简单介绍其安装准备和施工工艺。

2. 安装准备

单层装配式钢结构安装工程施工准备阶段主要内容有：技术准备、机具设备准备、材料准备、作业条件准备等。

(1)技术准备

技术准备工作主要包括:编制施工组织设计、现场基础准备。

①编制单层装配式钢结构安装施工组织设计

主要内容包括:工程概况与特点;施工组织与部署;施工准备工作计划;施工进度计划;施工现场平面布置图;劳动力、机械设备、材料和构件供应计划;质量保证措施和安全措施;环境保护措施等。

在工程概况的编写中,由于单层钢结构安装工程施工的特点,对于工程所在地的气候情况,尤其是雨水、台风情况要作详细的说明,以便于在工期允许的情况下避开雨期施工,以保证工程质量,在台风季节到来前做好施工安全应对措施。

②基础准备

a. 根据测量控制网对基础轴线、标高进行技术复核。如对于在钢结构施工前由土建单位完成的地脚螺栓预埋,还需复核每个螺栓的轴线、标高,对超出规范要求的,必须采取相应的补救措施。如加大柱底板尺寸,在柱底板上按实际螺栓位置重新钻孔(或设计认可的其他措施)。

b. 检查地脚螺栓外露部分的情况,若有弯曲变形、螺牙损坏的螺栓,必须对其进行修正。

c. 将柱子就位轴线弹测在柱基表面。

d. 对柱基标高进行找平。

浇筑混凝土柱基时标高一般预留 50～60 mm(与钢柱底设计标高相比),在安装时用钢垫板或提前采用坐浆垫板找平。

当采用钢垫板作支承板时,钢垫板的面积应根据基础混凝土的抗压强度、柱脚底板下二次灌浆前柱底承受的荷载和地脚螺栓的紧固拉力计算确定。垫板与基础面和柱底面的接触应平整、紧密。

采用坐浆垫板时应采用无收缩砂浆,柱子吊装前砂浆垫块的强度应高于基础混凝土强度一个等级,且砂浆垫块应有足够的面积以满足承载的要求,如图 4-12 所示。

(2)机具设备准备

①起重设备选择

a. 一般单层钢结构安装的起重设备宜按履带式、汽车式、塔式的顺序选用。由于单层钢结构普遍存在面积大、跨度大的特点,应优先考虑使用起重量大、移动方便的履带式和汽车式起重机;对于跨度大、高度高的重型工业厂房主体结构的吊装,宜选用塔式起重机。

b. 缺乏起重设备或吊装工作量不大、厂房不高的情况下,可考虑采用独角桅杆、人字桅杆、悬臂桅杆及回转式桅杆等吊装。

c. 对于位于狭窄地段或采用敞开式施工方案(厂房内设备基础先施工)的单层厂房,宜采用双机抬吊吊装法进行厂房屋面结构的吊装,亦可采用单机在设备基础上铺设枕木的方式进行垫道吊装。

②其他机具设备

单层装配式钢结构安装工程其他常用的施工机具有电焊机、栓钉机、卷扬机、空压机、倒链、滑车、千斤顶等。

(3)材料准备

材料准备包括钢构件的准备,普通螺栓和高强度螺栓的准备,焊接材料的准备等。

①钢构件的准备

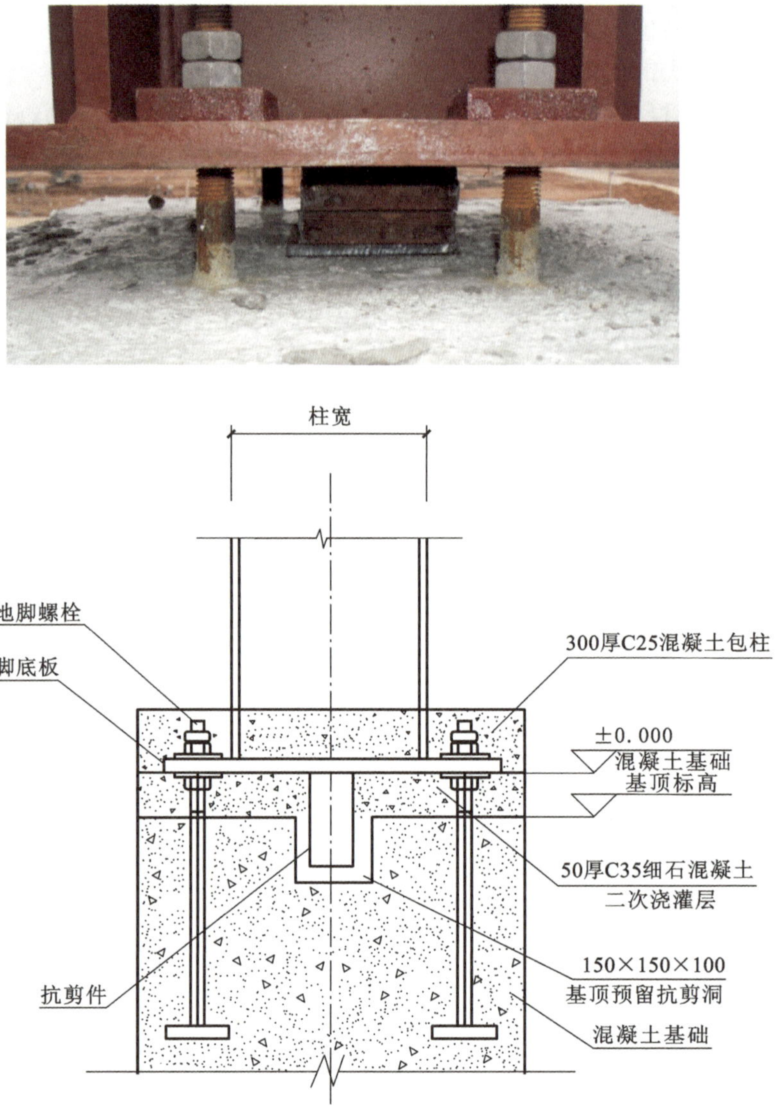

图 4-12　钢结构地脚螺栓基础

钢构件的准备包括钢构件堆放场的准备和钢构件的检验。

a. 钢构件堆放场的准备

钢构件的制造通常会在专业的钢结构加工厂进行，完成后会运至项目现场，直接或通过组装后进行吊装。为了提高施工效率，钢构件应尽可能在吊装现场附近堆放，并遵循“重近轻远”的原则，即重的构件应靠近吊装机械放置，轻的则可适当远离。对于规模较大的工程项目，需设立专门的钢构件堆放场，以便对进场的钢构件进行堆放、检验、组装和配套供应。

在吊装现场，钢构件通常沿吊车行驶路线两侧按轴线就近堆放。特别是像钢柱和钢屋架等大型构件，其放置位置需根据吊装工艺进行精心的平面布置设计，以避免在现场发生二次搬运的困难。而钢梁、支撑等构件，则可根据吊装顺序进行配套供应和堆放。为确保安全，堆垛的高度通常不超过 2 m 和三层。在堆放过程中，还需特别注意避免钢构件产生超出规范要求的变形。

b.钢构件验收

在钢结构安装前应对钢结构构件进行检查，其项目包含钢结构构件的变形、钢结构构件的标记、钢结构构件的制作精度和孔眼位置等。在钢结构构件的变形和缺陷超出允许偏差时应进行处理。

②高强度螺栓的准备

钢结构设计用高强度螺栓连接时，应根据图纸要求分规格统计所需高强度螺栓的数量，并配套供应至现场。应检查其出厂合格证、扭矩系数或紧固轴力（预拉力）的检验报告是否齐全，并按规定作紧固轴力或扭矩系数复验。

对钢结构连接件摩擦面的抗滑移系数进行复验。

③焊接材料的准备

钢结构焊接施工之前应对焊接材料的品种、规格、性能进行检查，各项指标应符合现行国家标准和设计要求。检查焊接材料的质量合格证明文件、检验报告及中文标志等。对重要钢结构采用的焊接材料应进行抽样复验。

3. 施工工艺

(1)吊装方法及顺序

在单层装配式钢结构安装工程的施工过程中，对于柱子、柱间支撑以及吊车梁等部件，常采用单件流水法进行吊装。这种方法允许我们先一次性完成柱子的安装并进行校正，随后再依次安装柱间支撑、吊车梁等构件。特别是当使用履带式起重机时，由于其移动便捷，此种方法更为适用。然而，在使用汽车式起重机时，由于其移动不便，通常会将 2 至 3 个轴线划分为一个单元，按照此单元进行节间构件的安装。

至于屋盖系统的吊装，普遍采用“节间综合法”。具体而言，这种方法是通过吊车一次性吊完一个节间的所有屋盖构件后，再转而吊装下一个节间的屋盖构件。这种方法确保了吊装过程的连续性和高效性。

(2)装配式钢结构安装工艺

单层装配式钢结构安装主要有钢柱安装、吊车梁安装、钢屋架安装等。

①钢柱的安装(图 4-13)

图 4-13 钢柱安装

一般钢柱的弹性和刚性都很好，吊装时为了便于校正一般采用一点吊装法，常用的钢柱吊装法有旋转法、递送法和滑行法。对于重型钢柱可采用双机抬吊吊装法。

杯口柱吊装方法如下：

a. 在吊装前先将杯底清理干净；

b. 操作人员在钢柱吊至杯口上方后，各自站好位置，稳住柱脚并将其插入杯口；

c. 在柱子降至杯底时停止落钩，用撬棍撬柱子，使其中线对准杯底中线，然后缓慢将柱子落至底部；

d. 拧紧柱脚螺栓。

②钢吊车梁的安装

钢吊车梁安装一般采用工具式吊耳或捆绑法进行吊装(图 4-14)。在进行安装以前应将吊车梁的分中标记引至吊车梁的端头，以利于吊装时按柱牛腿的定位轴线临时定位。

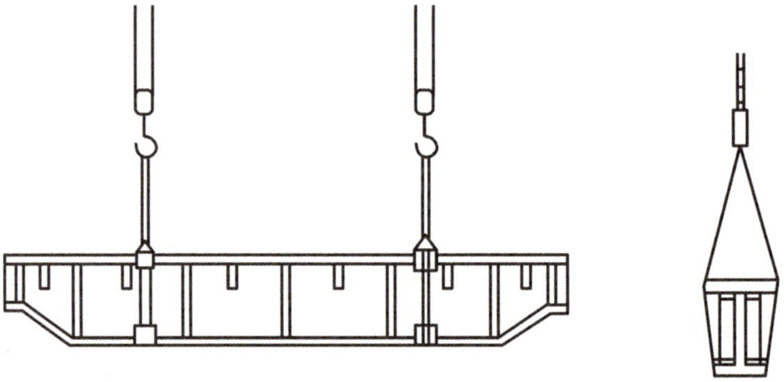

图 4-14 钢吊车梁的吊装

③钢屋架的安装

钢屋架在安装前应进行强度、稳定性等验算，不满足要求时应采取加固措施，一般可通过在屋架上、下弦杆绑扎固定加固杆件的方式予以加强。

钢屋架吊装时的注意事项如下：

a. 绑扎时必须绑扎在屋架节点上，以防止钢屋架在吊点处发生变形。绑扎节点的选择应符合钢屋架标准图要求或经计算确定。

b. 屋架吊装就位时，应以屋架下弦两端的定位标记和柱顶的轴线标记严格定位，并点焊加以临时固定。

c. 第一榀屋架吊装就位后，应在屋架上弦两侧对称设缆风绳固定(图 4-15)；第二榀屋架就位后，每坡用一个屋架间调整器进行屋架垂直度校正，再固定两端支座处并安装屋架间水平及垂直支撑。

(3)螺栓与焊接施工

①高强螺栓安装要求

a. 高强度螺栓连接副应按批配套进场，并应在同批内配套使用，不得混批使用。

b. 高强度螺栓连接副组装时，螺母带圆台的一侧应朝向垫圈有倒角的一侧。大六角头高强度螺栓连接副组装时，螺栓头下垫圈有倒角的一侧应朝向螺栓头。

c. 高强度螺栓连接安装的穿入方向应以施工方便为准，并力求一致。

d. 安装高强度螺栓时，构件的摩擦面应保持干燥，不得在潮湿状态、雨雪天作业。

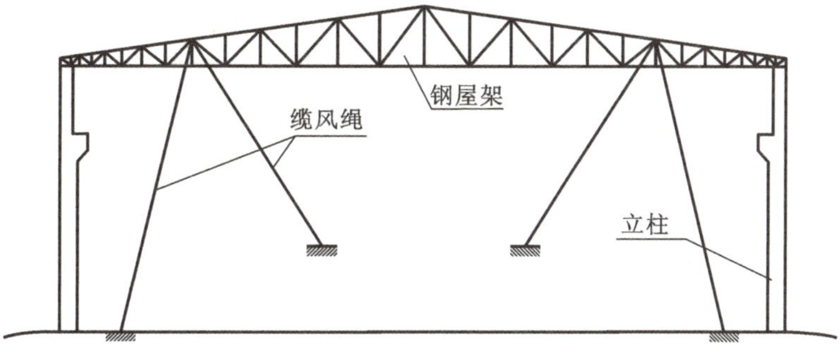

图 4-15 第一榀屋架吊装就位示意

e. 高强度螺栓连接副的初拧、复拧和终拧宜在一天内完成，并做好施工过程记录。

f. 一节钢柱吊装就位、初步校正后，逐层安装钢梁连接接头时应先用冲钉或临时螺栓定位，临时螺栓和冲钉的数量应根据该接头可能承担的载荷计算确定，并应符合：临时螺栓不得少于 2 个；不得少于节点螺栓总数的 1/3；穿入冲钉数量不宜多于临时螺栓数量的 30%。

g. 竖向一节钢柱范围形成基本框架后更换高强螺栓，进行初拧、复拧和终拧，高强螺栓的施拧顺序应符合下列规定：

高强度螺栓在初拧、复拧和终拧时，连接处的螺栓应按一定顺序施拧，确定施拧顺序的原则为从螺栓群中央顺序向外拧紧和从接头刚度大的部位向约束小的方向拧紧。一般接头应从接头中心顺序向两端进行(图 4-16)。

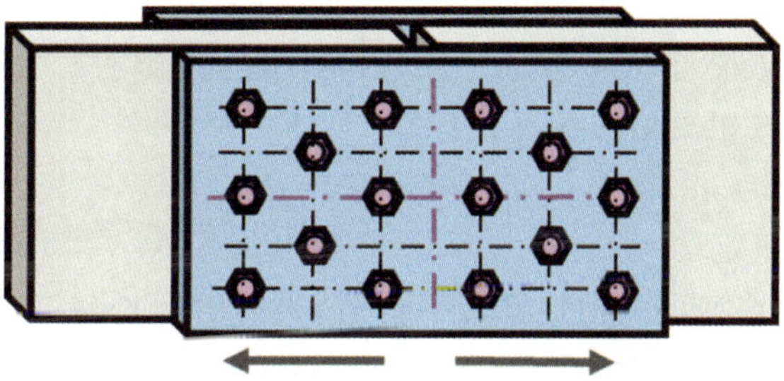

图 4-16 一般接头的施拧顺序

螺栓连接的 H 型梁节点高强度螺栓应按 A～F 顺序进行(图 4-17)。

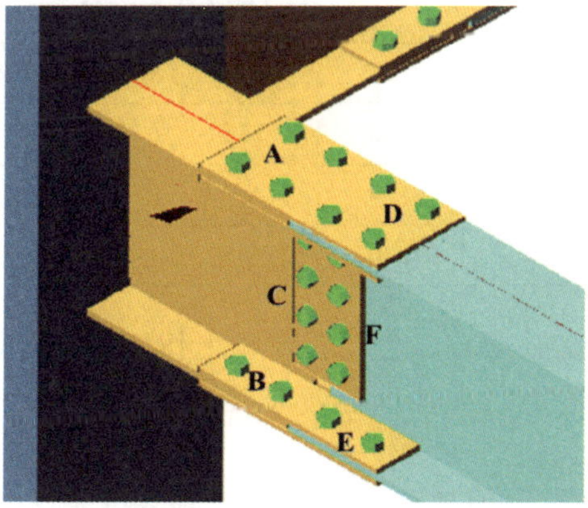

图 4-17 H 型梁接头的施拧顺序

全螺栓连接的H型柱节点高强度螺栓紧固顺序为先翼缘后腹板。

两个或多个接头螺栓群的拧紧顺序应先主要构件接头，后次要构件接头。

高强度螺栓安装时应能自由穿入螺栓孔，不得强行穿入。如果螺栓不能自由穿入孔，不得火焰切割扩孔。应按下列方法处理：

a. 当螺栓孔偏差不大时，使用铰刀进行修整，修整后孔的最大直径不应大于1.2倍螺栓直径，且修孔数量不应超过该节点螺栓数量的25%。修孔前应将四周螺栓全部拧紧，使板紧密贴合后再进行铰孔。

b. 当螺栓孔偏差较大，该孔应补焊后重新钻孔。清除孔边毛刺，用砂轮进行局部摩擦面打磨。补焊时，应用与母材相匹配的焊材补焊，不得用钢筋、钢块、焊条等填塞。每组孔中经补焊重新钻孔的数量不得超过该组螺栓数量的20%，处理后的孔应作好记录。

②大六角头高强度螺栓连接施工

大六角头高强度螺栓连接副施拧可采用扭矩法或转角法。

a. 扭矩法

扭矩法施工，根据计算确定的施工扭矩 T_c，使用扭矩扳手按施工扭矩值进行终拧，这就是扭矩施工法原理。

当采用扭矩法施工时，应符合下列规定：

施工用的扭矩扳手使用前应进行校正，其扭矩相对误差不得大于±5%；矫正用的扭矩扳手，其扭矩相对误差不得大于±3%；

施拧时，应采用专用大六角电动扳手在螺母上施加扭矩；

施拧分为初拧和终拧，对于大型节点应分为初拧、复拧、终拧。初拧扭矩和复拧扭矩为终拧扭矩的50%左右。终拧扭矩值应按下式计算：

$$T_c = k \cdot P_c \cdot d$$

式中 T_c——施工终拧扭矩(N·m)；

k——高强度螺栓连接副的扭矩系数平均值，该值由试验测得；

P_c——高强度螺栓施工预拉力(kN)，按表4-3取值；

d——高强度螺栓公称直径(mm)。

表4-3 高强度大六角头螺栓的施工预拉力(kN)

螺栓性能等级	螺栓公称直径							
	M12	M16	M20	M22	M24	M27	M30	M30
8.8s	50	90	140	165	195	255	310	450
10.9s	60	110	170	210	250	320	390	570
12.9s	60	115	180	225	260	340	415	600

初拧或复拧后的高强度螺栓应用颜色笔在螺母上作好标记，再按终拧扭矩值进行终拧，终拧后的高强度螺栓应用另一种颜色在螺母上做标记。

b. 转角法

因扭矩系数(k)的离散性，特别是螺栓制造质量或施工管理不善，扭矩系数大于标准值(平均值和变异系数)，在这种情况下采用扭矩法施工，就会出现较大误差，欠拧或超拧问题突出。为解决这一问题，引入转角法施工，即利用螺母旋转角度以控制螺杆弹性伸长量来控制螺栓轴向力的方法。

转角法施工的基本原理：根据上面提到的线性关系，在确定了螺栓的施工预拉力后，就很容易得到螺母的旋转角度，施工操作人员按照此旋转角度紧固施工，就可以满足设计上对螺栓预拉力的要求。

转角法施工次序如下：

初拧。采用定扭扳手，从栓群中心向外顺序拧紧螺栓。

初拧检查。一般采用敲击法，即用小锤逐个检查，目的是防止螺栓漏拧。

画线。初拧后对螺栓逐个进行画线。

终拧。用专用扳手使螺母再旋转一定角度，螺栓群紧固的顺序同初拧。

终拧检查。对终拧后的螺栓逐个检查螺母旋转角度是否符合要求，检查初拧后在螺母与相对位置所画的终拧起始线和终止线所夹的角是否达到规定值。

作标记。对终拧完的螺栓用不同颜色笔作出明显的标记，以防漏拧和超拧，并供质检人员检查。

③扭剪型高强度螺栓连接副连接施工

扭剪型高强度螺栓连接副紧固施工，正常情况采用专用的电动扳手进行终拧，梅花头拧掉即标志终拧的结束，对检查人员来说也很直观明了，只要检查梅花头掉没掉就可以了。

a. 初拧

扭矩法：初拧扭矩可适当加大，一般初拧扭矩可以控制在螺栓终拧扭矩的 50%～80%，对常用规格的高强度螺栓（M20、M22、M24）初拧扭矩可以控制在 400～600 N·m。

转角法：初拧转角控制在 45°～75°，一般以 60°为宜。

b. 扭剪型高强度螺栓终拧过程（图 4-18）：

先将扳手内套筒套入梅花头上，轻压扳手，再将外套筒套在螺母上。完成本项操作后最好晃动一下扳手，确认内、外套筒均已套好，且调整套筒与连接板面垂直。

按下扳手开关，外套筒旋转，直至切口拧断。

切口断裂，扳手开关关闭，将外套筒从螺母上卸下，此时注意拿稳扳手，特别是高空作业时。

开启顶杆开关，将内套筒中已拧掉的梅花头顶出，梅花头应收集在专用容器内，禁止随便丢弃，特别是严防高空坠落伤人。

④钢框架的焊接施工

钢框架的焊接施工的开展，平面上宜从中心向四周扩展，采用结构对称、节点对称的焊接顺序，钢柱两侧的梁柱对称焊缝应同时焊接。

一个竖向流水段钢框梁的焊接应按照最上层主梁→最下层主梁→中间层主梁→钢柱对接的顺序施焊；

柱与柱对接时，应由两名焊工以逆时针方向，距柱角 50 mm 处开始等温、等速对称焊接，每层均在离前一层起弧点 30～50 mm 处起焊，每焊一遍应认真检查清渣，焊到柱角处使柱角焊成方角；

梁柱连接的栓焊混合节点，按先焊接 H 型钢梁的下翼缘板，再焊接上翼缘板的顺序进行。每根梁先焊接一端，待焊缝冷却后再焊接另一端。

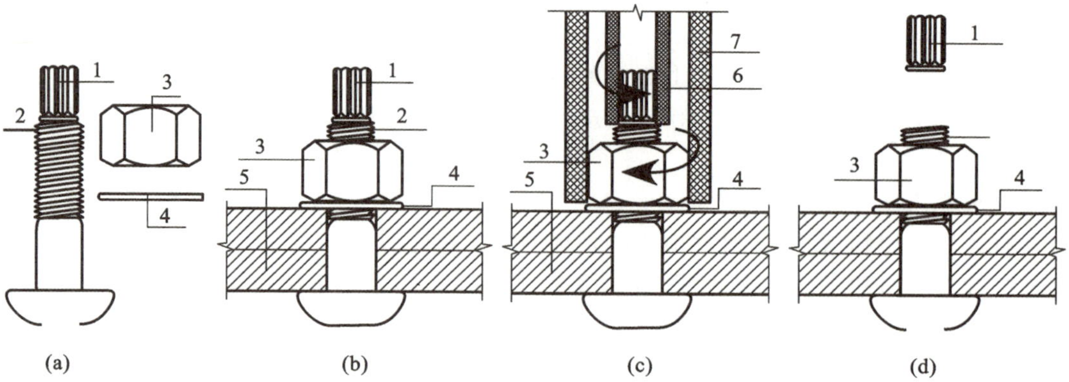

1—梅花头；2—螺栓螺丝；3—螺母；4—垫圈；5—被夹紧的钢板；
6—扭剪型终拧电动扳手内套筒；7—扭剪型终拧电动扳手外套筒

图 4-18 扭剪型高强度螺栓紧固方法

(a)安装前；(b)初拧后；(c)终拧时；(d)终拧后

钢柱安装施工应注意因焊接收缩、重力荷载压缩造成竖向压缩变形和变形差的影响，其压缩数值应根据理论分析得到，必要时对影响较大的钢柱进行长度补偿，避免结构误差超过相关规范限值。

钢梁与钢柱的焊接连接节点应考虑焊缝收缩值的影响，其影响可通过理论分析或焊接试验得到，当影响不可忽略时应对钢梁长度进行补偿，避免造成结构平面累积误差、柱垂直度误差等超过相关规范限值。

(4)除锈和涂装

施工前，施工单位应编制专项涂装施工专项方案；对首次进行的复合涂装作业，应先进行涂装工艺试验与评定。工艺试验与评定的内容包括除锈工艺参数、各道涂料之间的匹配性能、防火涂料与中间涂层、面涂层的相容性能以及所使用材料的施工工艺性能参数。

①除锈(油污)

钢结构进行除锈(油污)时，根据不同需要可选用下列除锈(油污)工艺：

a. 油污可采用蒸汽清理、乳液清理、溶剂清洗或碱液清洗。清洗方法有擦洗法、喷射清洗和蒸汽法等；

b. 钢构件表面除锈可采用手工除锈、机械除锈、动力工具除锈、喷射除锈、酸洗除锈等方法。

②防腐涂装

钢结构防腐涂装施工方法可选用刷涂法、手工滚涂法、空气喷涂法、无气喷涂法等。钢结构防腐涂装施工，施工环境条件应符合下列规定：环境温度应按照涂料产品说明书的规定执行；宜在相对湿度小于 80%的条件下进行。具体应按照产品说明书的规定执行；应控制钢材表面温度与露点温度，钢材表面的温度应高于空气露点温度 3 ℃以上；环氧涂料施工，钢板表面温度不低于 10 ℃方可进行。在雨、雾、雪和较大灰尘的环境下，不得施工。

涂料开桶前，应充分摇匀。开桶后，原漆应不存在结皮、结块、凝胶等现象，沉淀应能搅起，漆皮应除掉；涂装施工过程中，应控制油漆的黏度，稀释时应充分地搅拌，使油漆色泽、黏度均匀一致。调整黏度应使用配套稀释剂；涂刷遍数及涂层厚度应执行设计要求规定；涂装间隔时间应根据涂料产品说明书确定；当涂层设计有面漆时，补涂边缘宜进行羽化处理，以保证补涂后油漆的整体外观。

③防火涂料施涂

在钢结构防火涂料施工之前，应确保以下工作已完成：钢结构工程需经过细致检查并验收合格，各项指标均应符合设计要求；钢构件表面需彻底清洁，去除灰尘、灰浆、油污等一切杂物；对于钢构件的碰损或漏涂部分，需及时补刷防锈漆，并再次验收确保合格；防火涂料需经过进场复试，确保符合设计要求，同时防腐与防火涂装系统需相互兼容，不产生冲突；对于无需防火保护的墙面、门窗、机械设备及其他构件，应使用塑料布进行遮挡保护，防止涂料被污染。

钢结构防火涂料的涂装工作应在室内装饰之前进行，并确保在后续工程中不会受到损坏。所选用的防火涂料，其耐火极限必须满足设计要求。对于钢柱、钢梁、钢梯、抗侧力构件等，所涂防火涂料的最小厚度需符合设计及《钢结构防火涂料》(GB 14907—2018)的规定；而在现场施工的膨胀型、非膨胀型防火涂料，其厚度应与涂料厂家提供的有效期内型式检验报告中的厚度保持一致。

4.5　装配式钢结构施工质量控制

4.5.1　原材料及成品进场质量控制

1. 钢材质量控制要点

钢材作为钢结构主体材料，需从品种规格、力学性能和表面质量三方面进行控制。主控项目要求所有钢材必须符合国家产品标准，进口钢材需额外满足合同规定的特殊指标。对于六类特殊情形须强制复验：进口钢材、混批材料、Z 向性能厚板($\geqslant$40 mm)、一级安全等级结构用材、设计要求复验材料及质量存疑材料。复验指标包括化学成分、拉伸性能、冲击韧性等，抽样比例根据批量按规范执行。

几何尺寸控制中，钢板厚度偏差检测采用游标卡尺量测，每规格抽检 5 处；型钢尺寸检验需结合钢尺与游标卡尺。表面质量要求锈蚀深度不得超过厚度负偏差的 1/2，锈蚀等级需达 GB 8923 标准的 C 级及以上，断口处禁止存在分层、夹渣缺陷。

2. 焊接材料质量控制体系

焊材质量控制分为主控与一般项目。主控要求焊条、焊丝、焊剂的品种规格与性能参数必须与设计文件完全匹配，重要结构用焊材需抽样复验熔敷金属力学性能。一般项目包括外观检查(药皮完整性、焊芯锈蚀情况)和存储管理，其中焊剂含水率超过 0.1%的需进行烘干处理。

对于焊钉等特殊焊接材料，规格尺寸偏差需符合 GB 10433 标准，每批次抽检 1%且不少于 10 套。瓷环的匹配性检查重点观察与焊钉直径的配合公差，确保焊接过程熔池成型质量。

3. 连接用紧固件验收标准

高强度螺栓作为关键连接部件，其质量控制包含三个层级：首先核查质量证明文件，包括扭矩系数(大六角头)或预拉力(扭剪型)检验报告；其次进行现场复验，抗滑移系数试件按规格每 2000 套为一批；最后进行硬度检测，8.8 级螺栓硬度范围 HRC21-29，10.9 级达 HRC32-36。

表面处理要求螺栓螺纹部位涂油防锈，包装标识需完整显示生产批次信息。

对于网架结构用螺栓球节点，除常规检验外还需进行表面硬度试验和磁粉探伤，重点检测螺纹根部裂纹。焊接球节点则需进行UT探伤，焊缝质量等级不低于Ⅱ级，承载力试验需达到设计值的1.6倍。

4. 压型金属板与涂装材料管理

压型板进场验收需核查基板材质证明和镀层检测报告，尺寸偏差检测包括波距(±2 mm)、波高(±1.5 mm)等指标，每规格抽检5%。泛水板、包角板的防水密封性能需通过淋水试验验证。

防腐涂料和防火涂料的质量控制要点包括：核查涂料与基材的相容性报告；开封后检查结皮、凝胶现象；防火涂料需提供耐火极限检测报告。薄型防火涂料干膜厚度偏差不得超出±10%，超薄型需进行附着力划格试验。

5. 质量检验管理体系构建

建立三级检验制度：供应商提供全数质量证明文件→监理单位见证取样(比例不低于20%)→第三方检测机构复验。检测设备管理方面，游标卡尺、硬度计等需定期校验，超声波探伤仪校验周期不超过6个月。建立材料追溯系统，通过二维码标识实现从进场到安装的全生命周期管理。

4.5.2 装配式钢结构施工过程质量控制

1. 质量控制体系构建

钢结构施工质量控制需建立全过程管理体系，包含事前预控、过程监控和事后评估三个维度。事前预控阶段需完成施工组织设计审查、材料进场验收和工艺评定三大任务。施工组织设计应明确吊装方案、焊接工艺参数、螺栓连接工艺等关键技术路线。材料验收需核查钢材质量证明文件，重点检测抗拉强度、屈服强度、碳当量等指标，对厚度≥40 mm的钢板还需增加Z向性能测试。工艺评定要求对首次采用的焊接方法、螺栓类型进行工艺试验，形成标准化作业指导书。

过程监控强调工序交接检查制度，建立“三检制”(自检、互检、专检)质量保障体系。重点控制基准线复核、焊前预热、层间温度等17个质量控制点，采用PDCA循环实施动态管理。项目监理机构需配备经纬仪、超声波探伤仪等检测设备，对关键节点实施旁站监理。

2. 关键工序质量控制

焊接工程作为钢结构核心连接工艺，需执行三级质量控制标准。焊工必须持证上岗，每季度进行技能复核测试。对于箱型柱隔板熔嘴电渣焊等特殊工艺，应严格控制焊接电流(280～320 A)、电压(40～45 V)和渣池深度(35～45 mm)。焊缝检测采用20%超声波初探与5%射线复探相结合，对T型对接焊缝还需进行宏观金相检验。

高强度螺栓连接需重点控制摩擦面处理质量和施拧精度。接触面抗滑移系数应≥0.45，喷砂处理后72小时内完成安装。扭矩施工采用初拧(标准值的50%)、复拧、终拧三阶段控制，使用校准合格的电动扭矩扳手，偏差控制在±3%以内。

安装精度控制涵盖基准轴线、垂直度、标高三大要素。柱脚安装允许偏差为轴线位移≤2 mm，标高偏差≤±3 mm，垂直度偏差≤H/1000且≤25 mm。采用全站仪进行三维坐标实时监测，对跨度≥60 m的桁架实施预起拱，起拱值取跨度的1/1000～3/1000。

3. 质量检测技术创新

现代检测技术已形成多维度质量评价体系。数字射线成像(DR)技术可实时显示焊缝内部缺陷,检测速度比传统胶片法提升 5 倍。相控阵超声波检测能实现复杂节点三维成像,缺陷检出率提高至 99.2%。对于大跨度空间结构,采用三维激光扫描技术,点云数据精度可达±2 mm,实现施工误差可视化分析。未来发展方向将聚焦 BIM 技术集成应用,实现施工质量的可视化预控和智能化管理。

4.5.3　装配式钢结构的施工质量验收

装配式钢结构的施工质量要求和验收标准应按现行国家标准《钢结构工程施工质量验收标准》(GB 50205—2020)、《混凝土结构工程施工质量验收规范》(GB 50204—2015)的有关规定执行。其主体工程焊接工程验收应按现行国家标准《钢结构工程施工质量验收标准》(GB 50205—2020)的有关规定,在焊前检验、焊中检验和焊后检验基础上按设计文件和现行国家标准《钢结构焊接规范》(GB 50661—2011)的规定执行。其主体工程紧固件连接工程应按现行国家标准《钢结构工程施工质量验收标准》(GB 50205—2020)规定的质量验收方法和质量验收项目执行,同时尚应符合现行行业标准《钢结构高强度螺栓连接技术规程》(JGJ 82—2011)的规定。

装配式钢结构防腐蚀涂装工程应按国家现行标准《钢结构工程施工质量验收标准》(GB 50205—2020)、《建筑防腐蚀工程施工规范》(GB 50212—2014)、《建筑防腐蚀工程施工质量验收标准》(GB 50224—2018)和《建筑钢结构防腐蚀技术规程》(JGJ/T 251—2011)的规定进行验收;金属热喷涂防腐和热镀锌防腐工程,应按现行国家标准《热喷涂金属和其他无机覆盖层锌、铝及其合金》(GB/T 9793—2012)和《热喷涂 金属零部件表面的预处理》(GB/T 11373—2017)等有关规定进行质量验收。

钢结构防火涂料的黏结强度、抗压强度应符合现行国家标准《钢结构工程施工质量验收标准》(GB 50205—2020)的规定,试验方法应符合现行国家标准《建筑构件耐火试验方法》(GB/T 9978.1~9978.9—2008)的规定;防火板及其他防火包覆材料的厚度应符合现行国家标准《建筑设计防火规范》(GB 50016—2014)关于耐火极限的设计要求。

装配式钢结构建筑的楼板及屋面板应按下列标准进行验收:压型钢板组合楼板和钢筋桁架楼承板组合楼板应按现行国家标准《钢结构工程施工质量验收标准》(GB 50205—2020)和《混凝土结构工程施工质量验收规范》(GB 50204—2015)的有关规定进行验收。预制带肋底板混凝土叠合楼板应按现行行业标准《预制带肋底板混凝土叠合楼板技术规程》(JGJ/T 258—2011)的规定进行验收。预制预应力空心板叠合楼板应按现行国家标准《预应力混凝土空心板》(GB/T 14040—2007)和《混凝土结构工程施工质量验收规范》(GB 50204—2015)的规定进行验收。混凝土叠合楼板应按国家现行标准《混凝土结构工程施工质量验收规范》(GB 50204—2015)和《装配式混凝土结构技术规程》(JGJ 1—2014)的规定进行验收。

钢楼梯应按现行国家标准《钢结构工程施工质量验收标准》(GB 50205—2020)的规定进行验收,预制混凝土楼梯应按国家现行标准《混凝土结构工程施工质量验收规范》(GB 50204—2015)和《装配式混凝土结构技术规程》(JGJ 1—2014)的规定进行验收。

课后思考题

1. 简述装配式钢结构建筑的特点。
2. 单层装配式钢结构安装前的准备内容包括哪些?
3. 简述单层装配式钢结构安装工艺。
4. 大六角头高强度螺栓连接施工可采用扭矩法或转角法,简述其区别。
5. 装配式钢结构施工过程质量控制涉及哪些环节?

模块5　装配式木结构建筑

主要内容

本模块主要对装配式木结构的建筑材料、结构构造、制作工艺、生产方式、运输与堆放方法、施工与质量控制等加以介绍。

教学目标

1. 具有组织装配式木结构施工的能力；
2. 掌握装配式木结构的建造工艺；
3. 能够运用质量标准对装配式木结构施工质量进行检查。

拓展延伸

1. 通过材料选择、工艺技术等方面的创新，强调对自然生态的尊重和保护；
2. 在设计中融入中国传统文化元素，以传统文化的智慧和美学为依托，体现中华民族的精神风貌。同时也要积极采纳现代科技成果，推动装配式木结构建筑技术的创新发展，满足当代人们对于舒适、安全和智能化的需求；
3. 在项目实施过程中，始终将安全和质量放在首位。加强施工工艺和管理的科学性和规范性，确保建筑物的安全性和耐久性，提高装配式木结构建筑的整体品质。

5.1　装配式木结构建筑简介

装配式木结构是指以木材为主要受力体系的工程结构。与其他材料建造的结构相比，木结构具有资源再生、绿色环保、保温隔热、轻质、美观、建造方便、抗震和耐久等许多优点。现代装配式木结构建筑与我国传统的木结构建筑相比，虽然主要材料都是木材，但是在结构体系、建筑材料和连接方式上有着本质的区别。

从建筑结构上看，传统的木结构建筑主要采用梁柱式的建筑体系，而现代木结构选择更加宽泛，可采用方木原木结构、胶合木结构和轻型木结构；从建筑材料上看，传统的木结构多采用未经加工的原木，而现代木结构使用的木材大多是经过一系列加工处理后的，木材材料和规格也会有所不同，现代木结构材料不仅是天然木材，还有许多新型木产品，如结构胶合材、层板胶合木、工字型梁和木桁架等；从连接方式上看，传统木结构基本上采用了榫卯连接，而现代木结构的连接处是由金属连接件连接而成的。

5.1.1 装配式木结构建筑材料

木材及其制品、胶黏剂、防腐剂、连接件是装配式木结构建筑的主要材料及配件。

1. 常用的木材及木制品

装配式木结构建筑常用的木制品类型见表 5-1。结构用材按其加工方式的不同主要分为原木、锯材和胶合木三类。

原木是指伐倒后并除去树皮、树枝和树梢的树干。由原木锯制而成的任何尺寸的成品材或半成品材称为锯材。

胶合木是一种由木材和胶合剂经过特殊处理和加工制成的复合木材。

木制品或工程木产品主要包括木基结构板(包括结构胶合板和定向木片板)、工字形木搁栅和结构复合材(包括旋切胶合板和旋切胶合木)。

表 5-1 装配式木结构建筑常用的木制品类型

序号	类型		定义
1	原木		伐倒并除去树皮、树枝和树梢的树干
2	锯材	板材	宽度为厚度的 3 倍或 3 倍以上的矩形锯材
		方木	直角锯切且宽厚比小于 3 的、截面为矩形(包括方形)的锯材
3	胶合木	结构复合材	将原木旋切成单板或切削成木片,施胶加压而成的一类木基结构用材,包括旋切板胶合木、平行木片胶合木、层叠木片胶合木及定向木片胶合木等
		层板胶合木	以厚度不大于 45 mm 的胶合木层沿顺纹方向叠层胶合而成的木制品

2. 装配式木结构建筑中常用的构件

(1)墙骨柱

轻型木结构房屋墙体中按一定间隔布置的竖向承重骨架构件。

(2)木基结构板剪力墙

面层采用木基结构板或石膏板,墙骨柱或间柱采用规格材、方木或胶合木构成,用于承受竖向和水平作用的墙体。

(3)木骨架组合墙体

在由规格材制作的木骨架外部覆盖墙面板,并可在木骨架构件之间的空隙内填充保温隔热及隔声材料而构成的非承重墙体。

(4)搁栅

一种截面尺寸较小的受弯木构件(包括工字形木搁栅),用于楼盖或屋盖,分别称为楼盖搁栅或屋盖搁栅。

(5)工字形木搁栅

采用锯材或结构用复合材作为翼缘,定向木片板或结构胶合板作为腹板而制作的工字形截面受弯构件。

(6)木骨架

组合墙体中按一定间距布置的非承重的规格木骨架构件。

(7)齿板

经表面处理的钢板冲压成带齿板,用于轻型桁架节点连接或受拉杆件的接长。

(8)轻型木桁架

采用规格材作为桁架杆件,用齿板在桁架节点处将各杆件连接而形成的木桁架。

(9)组合桁架

主要用于支承轻型木桁架的桁架。一般由多榀相同的轻型木桁架组成。

(10)悬臂桁架

桁架端部上弦杆与下弦杆相交面的外端位于支座边沿外侧的桁架。

(11)金属连接件

用于固定、连接、支承木桁架或木构件的专用金属构件,如梁托、螺栓、柱帽、直角连接件、金属板条等。

(12)抗拔锚固件

将墙体边界构件的上拔力传递到支承剪力墙的基础、梁或柱,或者传到剪力墙体上面或下面相应的弦杆构件上的连接件。

(13)组合梁

由规格材或工程木产品组合制成的梁。

(14)组合柱

由规格材或工程木产品组合制成的柱。

(15)地梁板

将防腐处理的规格材制成的水平结构构件沿基础墙顶水平放置,锚固于基础梁的顶部,并支撑其上面的楼盖搁栅。

(16)钉板

用于桁架节点连接的经表面镀锌处理的带圆孔金属板。连接时采用圆钉固定在杆件上。

(17)结合板

用于桁架部分节点在施工现场进行连接的经表面镀锌处理的钢板,经冲压成一半带齿、另一半带圆孔的金属板。

5.1.2 装配式木结构构造

现代装配式木结构的常见结构体系有井干式构架、抬梁式构架、梁柱-支撑构架、梁柱-剪力墙构架、CLT 剪力墙结构、核心筒-木构架、网壳构架以及张弦构架等。

1. 井干式构架

井干式构架采用原木、方木等实体木料,逐层累叠,纵横叠垛而构成。连接部位采用榫卯切口相互咬合,木材加工量大,木材利用率不高,一般在森林资源比较丰富的国家或地区多见,如我国东北地区等。井干式构架需用大量木材,在绝对尺度和开设门窗上都受很大限制。井干式木结构房屋是一种不用立柱和大梁的房屋结构,这种结构以圆木或矩形、六角形木料平行向上层层叠置,在转角处木料端部交叉咬合,形成房屋四壁,形如古代井上的木围栏,再在左右两侧壁上立矮柱承脊檩构成房屋。井干式木结构房屋素描图,房屋实例以及房屋拐角处局部细节分别如图 5-1 所示。

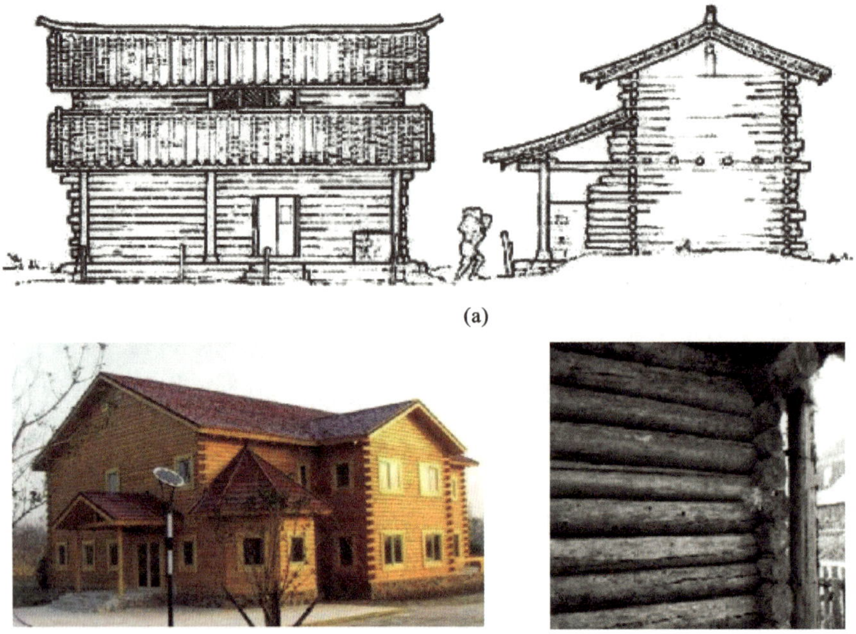

(a)

(b) (c)

图 5-1 井干式木结构房屋

(a)井干式木结构房屋素描;(b)井干式木结构房屋实例;(c)井干式木结构房屋拐角处

2. 抬梁式构架

抬梁式构架由柱、梁、椽、檩等主要承重构件组成,这些构件通过榫卯结合,结构牢固,不但可以承受较大的荷载,而且柔性的榫卯节点允许产生一定的变形。抬梁式构架体系如图 5-2 所示。

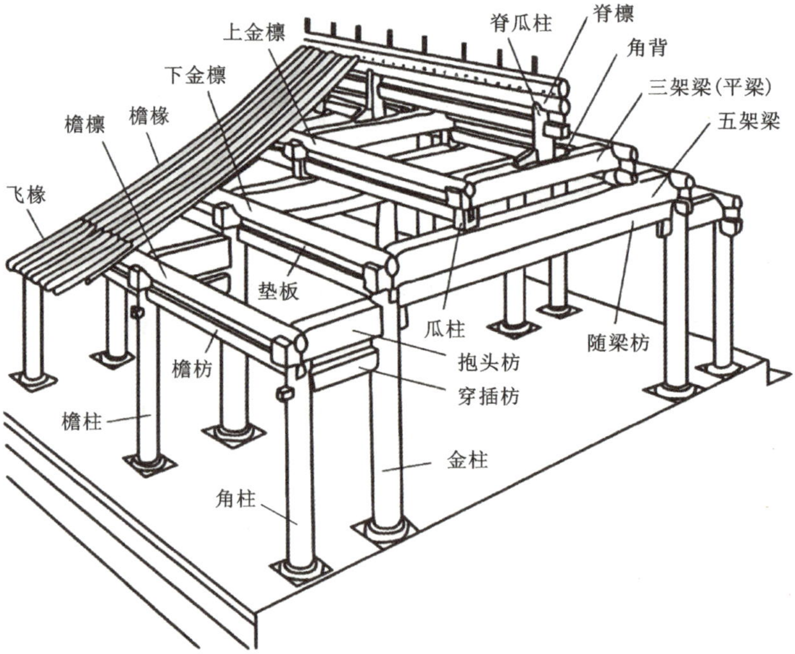

图 5-2 抬梁式构架体系示意图

抬梁式构架的基本原理：

(1)在地基基础上立起各种柱子。

(2)在柱子顶部安装横向的枋和梁。横枋是为了加强柱子之间的联结，不承重，只是为了使柱子之间形成更稳定的整体结构；横梁上再立起各种矮柱，名为瓜柱。

(3)瓜柱上再安装承托梁，梁上再加瓜柱，按照此方法一层一层地抬上去，最上面的那层梁上竖立一根位置最高的脊瓜柱，由此构成一个坡屋顶的轮廓。

(4)每层梁的两头分别搁上檩条，檩条上钉椽子，铺上望板，最后再铺上瓦。

3. 梁柱-支撑构架

在抬梁式构架或者穿斗式构架的基础上，在若干榀构架中增加木支撑，形成梁柱-支撑构架，以增强结构的耗能和抗震性能。该类结构在空间布局上具有灵活性，同时也有较好的抗侧向位移能力，适用于多高层木结构建筑。梁柱-支撑构架如图 5-3 所示。

(a)

(b)

图 5-3　梁柱-支撑构架

(a)梁柱-支撑构架示意图；(b)梁柱-支撑构架房屋

4. 梁柱-剪力墙构架

在抬梁式构架或者穿斗式构架的基础上，将若干榀构架用胶合木框架结构代替，且在其中嵌入木剪力墙，形成混合式样的框剪木结构。这样，在空间布局上既有一定的灵活性，又利于整体的抗侧向力和抗侧向位移，适用于较高的房屋。这种结构体系在国内外的建筑工程中已有应用，但是人们对这种结构体系的抗侧向力性能研究不足。实际工程中多采用保守的设计方案：第一种设计方案是假设框架为铰接体系，而由剪力墙承受全部水平侧向力；第二种设计方案是假定由木框架承受全部水平侧向力，而剪力墙只是作为填充墙不参与承担水平力。这两种设计方案尽管不能准确地反映整体结构的实际受力状况，但具有较高的安全性保证。

5. CLT 剪力墙结构

CLT 是 Cross Laminated Timber 的简写，意为交错层压木材。这是利用机器设备和窑炉将木材水分去除，然后切割成木方，根据预先设计的面积和厚度，将木方正交叠放，用高强度建筑胶将木方胶合成型。其抗压强度与混凝土材料的强度相当，而且抗拉强度远高于混凝土的。

CLT 木质墙体对竖向和水平荷载都有较好的承载能力。CLT 是一种抗震性能良好的组合式木材，具有强度高、绿色环保、防火性能好等特点，可用于建造多高层木结构建筑。CLT 技术于 2000 年左右产生于欧洲的德国、瑞士和奥地利，目前已在我国得到了推广。

CLT 木质墙体在工厂流水线生产时，预先打好孔；在现场安装时，各 CLT 木构件之间可以通过螺栓、销轴、螺母等配件连接固定，同时增强节点的强度。CLT 剪力墙木构件的连接如图 5-4 所示。

图 5-4　CLT 剪力墙木构件的连接

6. 核心筒-木构架

核心筒-木构架是用 CLT 木质墙体围成核心筒，核心筒承担主要的侧向力和水平位移，外围采用木梁柱框架结构，由框架结构承担主要竖向荷载的结构形式。该结构体系各部分之间分工受力明确，可用于多高层木结构建筑。

加拿大温哥华市于 2017 年 5 月建成 53 m 高的 18 层木结构学生公寓大楼。将预制构件运输到现场施工，主体结构所用时间为 70 天。该建筑首层是混凝土核心筒-框架结构，主要是为了防潮和增加底层强度；首层以上的 17 层由 CLT 木核心筒-木框架组合而成；外墙面是木纤维挂板。该建筑施工过程如图 5-5 所示。

图 5-5　加拿大木结构学生公寓大楼吊装与主体完工

7. 网壳构架

网壳是空间杆系结构，由杆件按一定规律组成壳体状布置的空间构架网格。木结构网壳构架主要用于跨度为 50～200 m 的大跨度公共建筑。

8. 张弦构架

张弦构架是一种混合型柔性结构，可以将拱梁、桁架、拉杆等结合起来形成自平衡的空间结构。一般屋面系统、下部结构都采用拉结构造，以预防屋面在大风作用下上浮动。张弦构架跨度一般为 30～70 m，主要用于跨度大的建筑和桥梁。普通张弦梁、张弦拱的常见做法有以下几种：

(1)三角形木桁架与钢拉杆结合形成张弦木桁架系统，如图 5-6(a)所示。

(2)大木梁与钢拉杆结合形成张弦木梁系统，如图 5-6(b)所示。

(3)由两根木梁组成人字木拱梁，底部与钢桁架、钢拉杆结合形成张弦人字木拱系统，如图 5-6(c)所示。

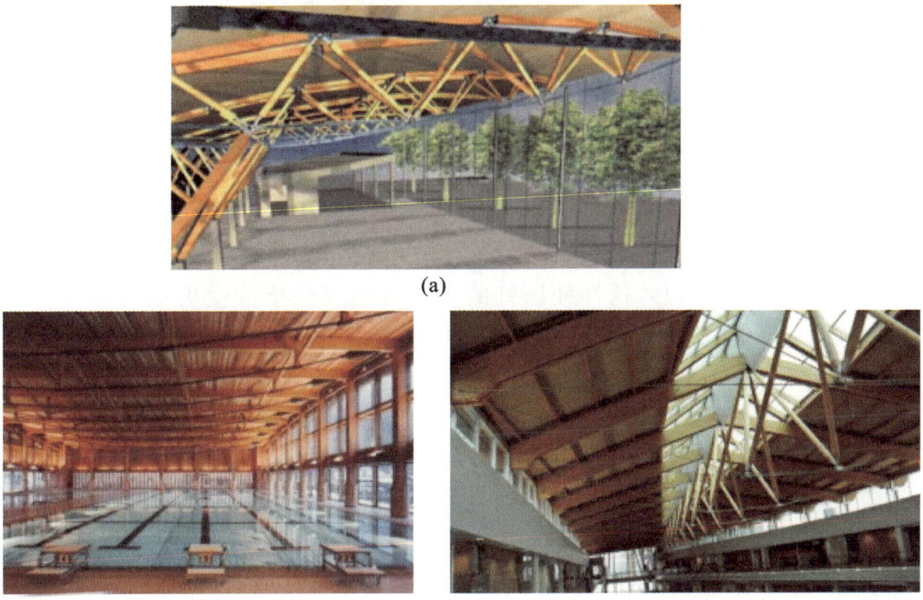

(a)

(b)　(c)

图 5-6　张弦梁、张弦拱的常见做法

(a)张弦木桁架；(b)张弦木梁；(c)张弦人字木拱

5.1.3　装配式木结构的连接

木结构连接形式有很多，有特定的木与木的连接，如斗拱、榫卯、齿和销等；而现代木结构中更多的则是通过钢板及螺栓、钉、销等将木构件连接起来。连接的破坏形式有很多，随连接方式的变化而变化，设计人员必须精心设计，在特定的部位使用最合适的连接方式，以保证连接的安全性。现代木结构连接主要有以下几种类型：钉连接、螺钉连接、螺栓连接、销连接、齿板连接、裂环与剪板连接和植筋连接。其中，前四类可统称为销轴类连接，也是现代木结构中最常见的连接形式，如图 5-7 所示。

图 5-7 现代木结构的常见连接方式

(a)螺钉连接；(b)螺栓连接；(c)销连接；(d)齿板连接；(e)裂环与剪板连接；(f)植筋连接

1. 齿连接

齿连接是用于传统的普通木桁架节点的连接方式。将压杆的端头做成齿形，直接抵承于另一杆件的齿槽中，通过木材承压和受剪传力。为了提高其可靠性，压杆的轴线须垂直于齿槽的承压面，并通过承压面的中心，这样使压杆的垂直分力对齿槽的受剪面有压紧作用，从而提高木材的抗剪强度。如图 5-8 所示，齿连接有单齿连接和双齿连接两种形式。

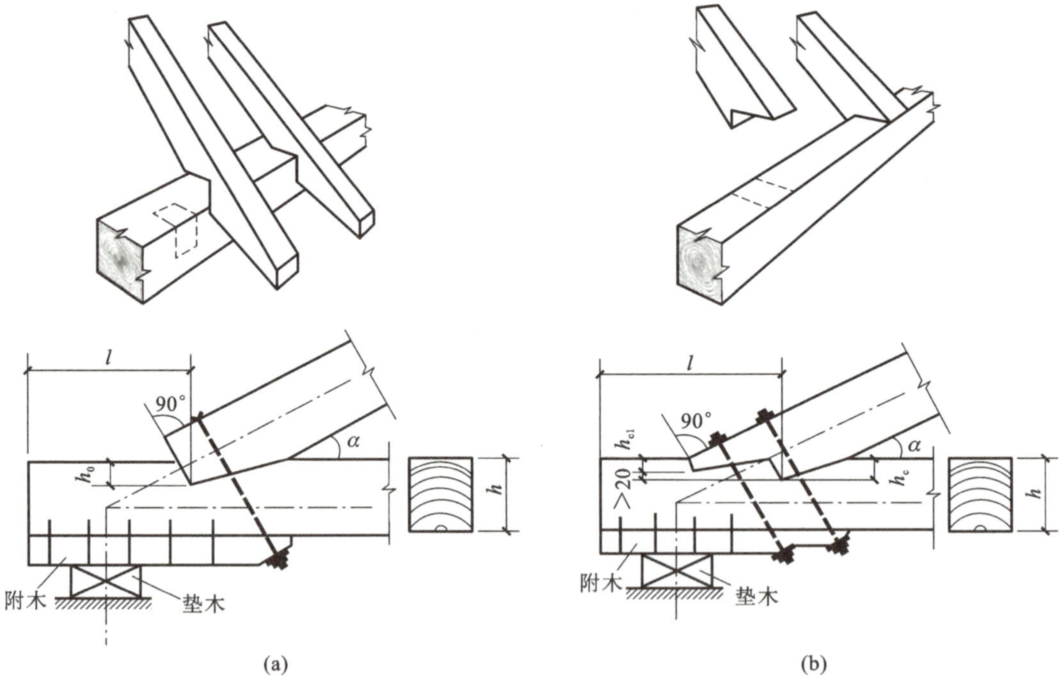

图 5-8 木结构齿连接形式

(a)单齿连接；(b)双齿连接

2. 螺栓连接和钉连接

在木结构中，螺栓和钉的工作原理是相同的。螺栓和钉阻止构件的相对移动，使得孔壁承受挤压，螺栓和钉主要承受剪力。当剪力较大时，如果螺栓和钉材料的塑性较好，则会弯曲。为了充分利用螺栓和钉受弯、与木材相互之间挤压的良好性，避免因螺栓和钉过粗、排列过密或构件过薄而导致木材被剪坏或劈裂，在构造上对木材的最小厚度、螺栓和钉的最小排列间距等须作规定。在螺栓群连接中，即一个节点上有多个螺栓共同工作时，沿受力方向布置的多个螺栓中受力分布是不均匀的，端部螺栓比中间螺栓承受更大的力，而螺栓群总体承载力又小于单个螺栓的承载力之和。钉连接在这方面也具有与螺栓同样的性质。木结构的螺栓连接和钉连接如图 5-9 所示。

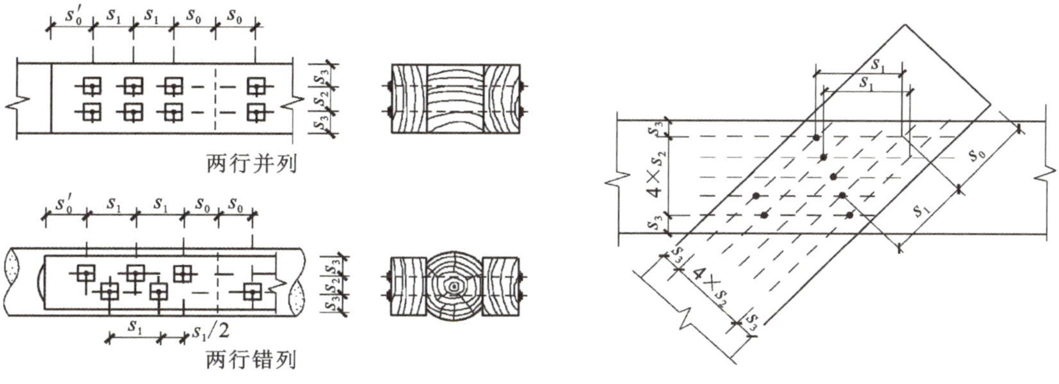

图 5-9　木结构的螺栓连接和钉连接

(a)螺栓连接；(b)钉连接

3. 齿板连接

齿板在表面已经处理过的钢板作用下形成带齿板，这种板主要用于轻型木结构中桁架节点的连接或受拉杆件的加长，图 5-10 所示为典型齿板。

图 5-10　齿板连接

5.2 装配式木结构预制构件的制作

5.2.1 木结构预制构件制作的内容

装配式木结构建筑的构件(组件和部品)大都在工厂生产线上预制,包括构件预制、板块式预制、模块化预制和移动木结构。工厂生产线生产木结构预制构件的优点主要有:(1)易于实现产品质量的统一管理,确保加工精度、施工质量及稳定性;(2)构件可以统筹计划下料,有效地提高了材料的利用率,减少了废料的产生;(3)工厂预制完成后,现场直接吊装组合能够大大减少现场施工时间、现场施工受气候条件的影响和劳动力成本。

1. 构件预制

构件预制是指单个木结构构件(如梁、柱等构件)和组成组件的基本单元构件的工厂代制作,主要适用于普通木结构和胶合木结构。构件预制是装配式木结构建筑的最基本方式,其优点是构件运输方便,并可根据客户具体要求实现个性化生产,缺点是现场施工组装工作量大。

2. 板块式预制

板块式预制是将整栋建筑分解成几个板块,在工厂预制完成后运输到现场进行吊装组合。预制板块的大小根据建筑物体量、跨度、进深、结构形式和运输条件确定。

一般而言,每面墙体、楼板和每侧屋盖构成单独的板块。预制板块根据开口情况分为开放式和封闭式两种。

(1)开放式板块是指墙面没有封闭的板块,保持一面或双面外露,便于后续各板块之间的现场组装、设备与管线系统安装和现场质量检查。

开放式板块集成了结构层、保温层、防潮层、防水层、外围护墙板和内墙板。一面外露的板块一般外侧是完工表面,内侧墙板未安装。

(2)封闭式板块内外侧均为完工表面,且完成了设施布线和安装,仅各板块连接部分保持开放。这种建造技术主要适用于轻型木结构建筑,可以大大缩短施工工期。

板块式木结构技术既充分利用了工厂预制的优点,又便于运输(包括长距离海运)。例如,有些欧洲国家为降低建造成本,在中国木结构工厂加工板块,用集装箱运回欧洲在工地现场安装。

3. 模块化预制

模块化预制可用于建造单层或多层木结构建筑。单层建筑的木结构系统一般由 2～3 个模块组成,两层建筑木结构系统由 4～5 个模块组成。模块化木结构会设置临时钢结构支承体系以满足运输、吊装的强度与刚度要求,吊装完成后撤除。模块化木结构最大化地实现了工厂预制,也实现了自由组合,在欧美发达国家得到了广泛应用,但在国内还处于探索阶段。

4. 移动木结构

移动木结构是整座房子完全在工厂预制装配的木结构建筑,不仅完成了所有结构工程,还完成了所有内外装修,管道、电气、机械系统和厨卫家具都安装到位,房屋运输到建筑现场吊装,安放在预先建造好的基础上,接驳上水、电和天然气后,马上可以入住。由于道路运输问题,目前移动木结构仅局限于单层小户型住宅和旅游景区小体量景观房屋。

5.2.2　木结构预制构件制作工艺与生产线

木建筑的墙、柱、梁等结构，均可以在工厂内预制，然后在现场组装，都是利用预制结构技术生产。在不适于预制的情况下，结构的不同部分可以在施工现场加工生产。木材具有多功能性，重量更轻，易于使用，非常适合预制的施工方法。图 5-11 所示为木结构制作车间。

图 5-11　木结构制作车间

下面以轻型木结构墙体预制为例，介绍木结构构件的制作工艺流程。

首先对规格木材进行切割；然后进行小型框架构件组合，墙体整体框架组合，结构覆面板安装，在多功能工作桥上进行钉卯、切割，为门窗的位置开孔、打磨，翻转墙体敷设保温材料、蒸汽阻隔、石膏板等；最后进行门和窗安装，外墙饰面安装。

生产线流向为：锯木台—小型框架构件工作台—框架工作台—覆面板安装台—多功能场（上钉、切割、开孔、打磨）—翻转墙体台—直立存放。

（1）预制木结构组件应按设计文件制作。制作工厂除了需要具备相应的生产场地和生产工艺设备外，还需要有完善的质量管理体系和试验检测手段，并且需要建立组件制作档案。

（2）制作前应制订制作方案，包括制作工艺要求、制作计划、技术质量控制措施、成品保护措施、堆放及运输方案等。

（3）制作过程中需控制制作及储存环境的温度、湿度。木材含水率应符合设计文件的规定。

（4）预制木结构组件和部品在制作、运输和储存过程中，应采取防水、防潮、防火、防虫和防止损坏的保护措施。

（5）每种构件的首件须进行全面检查，符合设计与规范要求后再进行批量生产。

（6）宜采用 BIM 信息化模型进行校正和组件预拼装。

（7）对于有饰面材料的组件，制作前应绘制排版图，制作完成后应在工厂进行预拼装。

5.3　装配式木结构预制构件的运输与堆放

5.3.1　装配式木结构预制构件的运输

木结构组件和部品运输须符合以下要求。

(1)制订装车固定、堆放支垫和成品保护方案。

(2)采取措施防止运输过程中组件移动、倾倒和变形。

(3)应采取使其达到要求含水率的措施,并应有保护层包装,对边角部需设置保护衬垫。

(4)预制木结构组件水平运输时,应将组件整齐堆放在车厢内。梁、柱等预制木组件可分层隔开堆放,上、下分隔层垫块应竖向对齐,悬臂长度不宜大于组件长度的1/4。板材和规格材应纵向平行堆垛、顶部压重存放。

(5)预制木桁架整体水平运输时,宜竖向放置,支撑点应设在桁架两端节点支座处,下弦杆的其他位置不得有支撑物。应在上弦中央节点处的两侧设置斜撑,并且与车厢牢固连接,按桁架的跨度大小设置若干对斜撑。数榀桁架并排竖向放置运输时,需在上弦节点处用绳索将各桁架彼此系牢。

(6)预制木结构墙体宜采用直立插放架运输和储存。插放架应有足够的承载力和刚度,并应支垫稳固。

5.3.2 装配式木结构预制构件的堆放

预制木结构组件的堆放应符合下列规定:

(1)组件应存放在通风良好的仓库或防雨的有顶场所内。堆放场地应平整、坚实,并应具备良好的排水设施。

(2)施工现场堆放的组件需按安装顺序分类堆放。堆垛需布置在起重机工作范围内,且不应受其他工序施工作业影响。

(3)采用叠层平放的方式堆放时,应采取防止组件变形的措施。

(4)吊件应朝上,标志需朝向堆垛间的通道。

(5)支垫应坚实,垫块在组件下的位置需与起吊位置一致。

(6)重叠堆放组件时,每层组件间的垫块应上下对齐;堆块层数需按组件、垫块的承载力确定,并采取防止堆垛倾覆的措施。

(7)采用靠架堆放时,靠架应具有足够的承载力和刚度,与地面倾斜角度应大于80°。

(8)堆放曲线形组件时,应按组件形状采取相应的保护措施。

(9)对在现场不能及时进行安装的建筑模块应采取保护措施。

5.4 装配式木结构建筑施工

我国木结构建筑在设计和施工过程中,除考虑建筑的基本设计元素外,还要考虑建筑设计和施工过程中的装配率。在设计过程中,还要考虑建设成本、推广应用等需求,施工过程中要考虑一体化施工、绿色施工、工序穿插等优化要点。

5.4.1 安装准备

装配式木结构构件安装准备工作包括以下内容。

(1)装配式木结构施工前编制施工组织设计方案。

(2)安装人员应培训合格后上岗,特别应注重起重机司机与起重工的培训。

(3)起重设备、吊索吊具的配置与设计。

(4)吊装验算:构件搬运、装卸时,动力系数取 1.2;构件吊运时,动力系数可取 1.5;当有可靠经验时,动力系数可根据实际受力情况和安全要求适当增减。

(5)临时堆放与组装场地准备,或在楼层平面进行上一楼层的部品组装。

(6)对于安装工序要求复杂的组件,选择有代表性的单元进行试安装,并根据试安装结果对施工方案进行调整。

(7)施工安装前需要检验以下内容:

①混凝土基础部分是否满足木结构施工安装精度要求;

②安装所用材料及配件是否符合设计和国家标准及规范要求;

③预制构件的外观质量、尺寸偏差、材料强度和预留连接位置等;

④连接件及其他配件的型号、数量和位置;

⑤预留管线、线盒等的规格、数量、位置及固定措施等。

以上检验若不合格,不得进行安装。

(8)测量放线等。

5.4.2　安装要点

1. 吊点设计

吊点设计由设计方给出,需符合以下要求。

(1)对于已拼装构件,应根据结构形式和跨度确定吊点,施工方须进行试吊,证明结构具有足够的刚度后方可开始吊装。

(2)杆件吊装宜采用两点吊装,长度较大的构件可采取多点吊装。

(3)长细杆件应复核吊装过程中的变形及平面外稳定性,板件类、模块化构件应采用多点吊装,组件上应有明显的吊点标示。

2. 吊装要求

(1)对于刚度差的构件,应根据其在提升时的受力情况用附加构件进行加固。

(2)吊装过程应平稳。构件吊装就位时,需使其拼装部位对准预设部位垂直落下。

(3)正交胶合木墙板吊装时,宜采用专用吊绳和固定装置,移动时采用锁扣扣紧。

(4)竖向组件和部件安装应符合下列规定。

①底层构件安装前,应复核结合面标高,并安装防潮垫或采取其他防潮措施。

②其他层构件安装前,应复核已安装构件的轴线位置、标高。

③柱的安装应先调整标高,再调整水平位移,最后调整垂直偏差,柱的标高、位移、垂直偏差应符合设计要求。用于调整柱垂直度的缆风绳或支撑夹板,应在柱起吊前在地面绑扎好。

④校正构件安装轴线位置后,初步校正构件垂直度并紧固连接节点,同时采取临时固定措施。

(5)安装水平组件时,应复核支撑位置连接件的坐标,应对与金属、砖、石、混凝土等的结合部位采取相应的防潮、防腐措施。

(6)安装柱与柱之间的主梁构件时,应对柱的垂直度进行检测。除检测梁两端柱的垂直度变化外,还应检测相邻各柱因梁连接影响而产生的垂直度变化。

(7)桁架可逐榀吊装就位,或多榀桁架按间距要求在地面用永久性或临时支撑组合成数榀后一起吊装。

3. 临时支撑

(1)构件安装后应设置防止失稳或倾覆的临时支撑。可通过临时支撑对构件的位置和垂直度进行微调。

(2)水平构件支撑不宜少于2道。

(3)预制柱、墙的支撑点距底部的距离不宜小于高度的2/3,且不可小于高度的1/2。

(4)吊装就位的桁架应设临时支撑以保证其安全和垂直度。当采用逐榀吊装时,第一榀桁架的临时支撑应有足够的能力防止后续桁架的倾覆,其位置应与被支撑桁架的上弦杆的水平支撑点一致,支撑的一端应可靠地锚固在地面或内侧楼板上。

4. 连接施工

(1)螺栓应安装在预先钻好的孔中。孔不能太小或太大。如果孔洞太小,则需对木构件重新钻孔,这可能会导致木构件开裂,而这种开裂会极大地降低螺栓的抗剪承载力;相反如果孔洞太大,则销槽内会产生不均匀压力。预钻孔的直径比螺栓直径约大0.8~1.0 mm,螺栓的直径不宜超过25 mm。

(2)螺栓连接中力的传递依赖于孔壁的挤压,因此连接件与被连接件上的螺栓孔必须同心。

(3)预留多个螺栓钻孔时,宜将被连接构件临时固定后进行一次贯通施钻。安装螺栓时应拧紧,确保各被连接构件紧密接触,但拧紧时不得将金属垫板嵌入胶合木构件中。

(4)螺栓连接中,垫板尺寸仅需满足构造要求,无须验算木材横纹的局部受压承载力。

5. 其他要求

(1)现场安装时,未经设计允许不得对预制木构件采取切割、开洞等影响预制木构件完整性的行为。

(2)装配式木结构现场安装全过程中,应采取防止预制木构件及建筑附件、吊件等破损、遗失或污染的措施。

5.5 装配式木结构施工质量控制

装配式木结构建筑与普通木结构建筑工程验收的要求一样,采用《木结构工程施工质量验收规范》(GB 50206—2012),其要点如下。

(1)装配式木结构子分部工程分为木结构制作安装和木结构防护(防腐、防火)分项工程。先验收分项工程,再验收子分部工程。

(2)制作用的原材料与配件验收、木结构组件验收在工厂进行,要有合格证书。

(3)外观验收需符合以下规定。

①A级,结构构件外露,构件表面孔洞需采用木材修补,木材表面应用砂纸打磨。

②B级,结构构件外露,外表可用机具刨光,表面可有轻度漏刨、细小缺陷和空隙,但不可有松软的孔洞。

③C级,结构构件不外露,构件表面可不进行刨光。

(4)主控项目(表5-2)包括:

①结构形式、布置与构件截面尺寸。

②预埋件位置、数量与连接方式。

③连接件类别、规格与数量。

④构件含水率。

⑤受弯构件抗弯性能见证试验。

⑥弧形构件曲率半径及其偏差，

⑦装配式轻型木结构和装配式正交胶合木结构的承重墙、剪力墙、柱、楼盖、屋盖的布置、抗倾覆及屋盖抗掀起应有应对措施。

表 5-2　主控项目质量要求

序号	检查项目	质量要求
1	轻型木结构的承重墙(包括剪力墙)、柱、楼盖、屋盖的布置，抗倾覆措施及屋盖抗掀起措施等	符合设计文件的规定
2	进场规格材要求	有产品质量合格证书和产品标识
3	进场规格材的抗弯强度及等级	每批次进场的目测分等规格材由有资质的专业分等人员做目测等级见证检验或做抗弯强度见证检验；每批次进场的机械分等规格材作抗弯强度见证检验
4	规格材的树种、材质等级和规格，以及覆面板的种类和规格	符合设计文件的规定
5	规格材的平均含水率	不大于 20%
6	木基结构板材	有产品质量合格证书和产品标识，用作楼面板、屋面板的木基结构板材有该批次干态和湿态集中荷载、均布荷载及冲击荷载检验的报告，其力学性能要符合要求。对进场木基结构板材做静曲强度和静曲弹性模量见证检验，所测得的平均值不低于产品说明书的规定
7	进场结构复合木材和工字型木搁栅	有产品质量合格证书，并有符合设计文件规定的平弯或侧立抗弯性能检验报告，进场工字型木搁栅和结构复合木材受弯构件，作荷载效应标准组合作用下的结构性能检验，在检验荷载作用下，构件不发生开裂等损伤现象，跨中挠度的平均值不应大于理论计算值的 1.13 倍
8	齿板桁架	由专业加工厂加工制作，并有产品质量合格证书
9	钢材、焊条、螺栓和圆钉	符合规范相关规定的要求
10	金属连接件的质量	具有产品质量合格证书和材质合格保证；镀锌防锈层厚度不小于 275 g/m^2
11	金属连接件及钉连接	金属连接件的规格以及钉连接的用钉规格与数量符合设计文件的规定
12	钉连接的质量	当采用构造设计时，各类构件间的钉连接不低于规范的要求

(5)一般项目(表 5-3)包括：

①木结构尺寸偏差，螺栓预留孔尺寸偏差，混凝土基础平整度。

表 5-3 一般项目质量要求

序号	检查项目			质量要求或允许偏差
1	承重墙的构造要求			符合设计文件的规定且不低于现行国家标准《木结构设计标准》(GB 50005—2017)关于构造的规定
2	楼盖构造要求			符合设计文件的规定且不低于现行国家标准《木结构设计标准》(GB 50005—2017)关于构造的规定
3	齿板桁架进场验收			符合规范的相关规定
4	屋盖各构件的安装质量			符合设计文件的规定且不低于现行国家标准《木结构设计标准》(GB 50005—2017)关于构造的规定
5	楼盖主梁、柱子及连接件	楼盖主梁	截面宽度/高度	±6 mm
			水平度	±1/200
			垂直度	±3 mm
			间距	±6 mm
			拼合梁的钉间距	±30 mm
			拼合梁各构件的截面高度	±3 mm
			支承长度	−6 mm
		柱子	截面尺寸	±3 mm
			拼合柱的钉间距	±30 mm
			柱子长度	±3 mm
			垂直度	±1/200
		连接件	连接件的间距	±6 mm
			同一排列连接件之间的错位	±6 mm
			构件上安装连接件开槽尺寸	连接件尺寸±3 mm
			端距/边距	±6 mm
			连接钢板的构件开槽尺寸	±6 mm
	楼(屋)盖施工	楼(屋)盖	搁栅间距	±40 mm
			楼盖整体水平度	±1/250
			楼盖局部水平度	±1/150
			搁栅截面高度	±3 mm
			搁栅支承长度	−6 mm
			规定的钉间距	+30 mm
			钉头嵌入楼、屋面板表面的最大深度	+3 mm

续表 5-3

<table>
<tr><th>序号</th><th colspan="3">检查项目</th><th>质量要求或允许偏差</th></tr>
<tr><td rowspan="16">5</td><td rowspan="5">楼(屋)盖施工</td><td rowspan="5">楼(屋)盖齿板连接桁架</td><td>桁架间距</td><td>±40 mm</td></tr>
<tr><td>桁架垂直度</td><td>±1/200</td></tr>
<tr><td>齿板安装位置</td><td>±6 mm</td></tr>
<tr><td>弦杆、腹杆、支撑</td><td>19 mm</td></tr>
<tr><td>桁架高度</td><td>13 mm</td></tr>
<tr><td rowspan="11">墙体施工</td><td rowspan="6">墙骨柱</td><td>墙骨间距</td><td>±40 mm</td></tr>
<tr><td>墙体垂直度</td><td>±1/200</td></tr>
<tr><td>墙体水平度</td><td>±1/150</td></tr>
<tr><td>墙体角度偏差</td><td>±1/270</td></tr>
<tr><td>墙骨长度</td><td>±3 mm</td></tr>
<tr><td>单根墙骨柱的出平面偏差</td><td>±3 mm</td></tr>
<tr><td rowspan="2">顶梁板、底梁板</td><td>顶梁板、底梁板的平直度</td><td>+1/150</td></tr>
<tr><td>顶梁板作为弦杆传递荷载时的搭接长度</td><td>±12 mm</td></tr>
<tr><td rowspan="3">墙面板</td><td>规定的钉间距</td><td>±30 mm</td></tr>
<tr><td>钉头嵌入墙面板表面最大深度</td><td>+3 mm</td></tr>
<tr><td>木框架上墙面板之间的最大缝隙</td><td>+3 mm</td></tr>
</table>

②预制墙体、楼盖、屋盖组件内的填充材料。

③外墙防水防潮层、胶合木构件外观。

④木骨架组合墙体的墙骨间距和布置，开槽或开孔的尺寸和位置，地梁板防腐、防潮及基础锚固，顶梁板规格材层数、接头处理及在墙体转角和交接处的两层梁板的布置，墙体覆面板的等级、厚度及与墙体连接钉的间距，墙体与楼盖或基础连接件的规格和布置。

⑤楼盖拼合连接节点的形式和位置，楼盖洞口的布置和数量，洞口周围的连接，连接件的规格及布置。

⑥檩条、天棚搁栅或齿板屋架的定位、间距和支撑长度，屋盖周围洞口檩条与顶棚搁栅的布置和数量，洞口周围檩条与顶棚搁栅的连接、连接件规格与布置。

⑦预制梁柱的组件预制与安装偏差。

⑧预制轻型木结构墙体、楼盖、屋盖的制作与安装偏差。

⑨外墙接缝防水。

课后思考题

1. 装配式木结构的主要材料有哪些？
2. 装配式木结构建筑中常用的构件有哪些？
3. 井干式构架有什么特点？

4. 木结构连接形式有哪些？
5. 如何提高木结构的抗弯承载力？
6. 工厂生产线生产木结构预制构件的优点有哪些？
7. 木结构构件制作工艺流程是什么？
8. 请规划一个装配式木结构的运输和堆放方案。
9. 装配式木结构的临时支撑如何进行？
10. 装配式木结构的施工质量如何控制？

模块 6　装配式建筑外围护系统

主要内容

本模块主要讲解了装配式建筑外围护系统的概念、外围护系统按照不同标准的分类、装配式外围护系统与传统外围护系统对比的特点、装配式建筑外围护系统的保温系统、装配式建筑外围护系统的设计要求和设计难点等。

教学目标

1. 理解装配式建筑外围护系统的基本概念；
2. 了解装配式建筑外围护系统的分类；
3. 掌握装配式建筑外围护系统的保温系统；
4. 了解装配式建筑外围护系统的设计要求。

拓展延伸

1. 鼓励学生积极参与装配式建筑技术的实践与创新，培养学生的实际动手能力和解决问题的能力，同时激发学生对于技术创新的兴趣和热情；

2. 分析装配式建筑技术在国家发展战略和产业升级中的地位和作用，引导学生关注国家建设的需求和方向，激发他们为国家发展贡献力量的愿望；

3. 引导学生了解装配式建筑外围护技术的优势和应用，思考这种技术对于城市建设、资源利用和环境保护的意义，培养学生的社会责任感和环境意识。

6.1　装配式建筑外围护系统综述

6.1.1　外围护系统的概念

外围护系统是指在建筑物或结构物中起到保护作用的一系列组件和设施。它们包括外墙、屋顶、窗户、门等，不仅使建筑物的外观美观，更重要的是保障了建筑物的安全性、耐久性和舒适性。

根据装配式建筑国家标准，外围护系统是指由建筑外墙、屋面、外门窗及其他部品部件等组合而成，用于分隔建筑室内外环境的部品部件的整体。作为建筑的外围界面，起着保温、防水、隔热、隔音等多重功能。其作用主要体现在以下几个方面：

(1)保护建筑结构：外围护系统是建筑结构与外界环境的重要分界线，能够有效地保护建筑结构免受自然力和外部侵蚀的影响，延长建筑的使用寿命。

(2)保温隔热：外围护系统能够有效地隔绝外部高温、低温和湿度等因素，保持建筑内部的舒适温度和湿度，提高建筑的节能性能。

(3)防水防潮：外围护系统采用防水设计，能够有效地阻止雨水、地下水等外部水源侵入建筑内部，保护建筑结构和装修材料免受水损。

(4)隔音隔振：外围护系统可以有效地隔离建筑内部和外部的声音，提供一个安静、舒适的居住和工作环境。

(5)美观装饰：外围护系统作为建筑外观的重要组成部分，能够通过设计和装饰，提升建筑的美感和品质，塑造建筑的形象和特色。

装配式建筑外围护系统的概念和重要性体现在其为装配式建筑提供了整体性的保护和功能支持，符合现代建筑对安全、节能、环保、舒适的需求，是装配式建筑设计和施工中不可或缺的重要组成部分。

6.1.2 外围护系统分类

凡是可用于现浇混凝土建筑和其他非装配式建筑的外围护系统都可用于装配式建筑。不过装配式建筑强调外围护系统的集成化和预制化，故不应简单地照搬其他外围护系统的常规做法。装配式建筑外围护系统可按照集成方式、建筑部位、材料、结构功能以及施工现场有无骨架组装等分类。

1. 按照集成方式分类

(1)门窗一体化围护系统；

(2)保温一体化围护系统，包括夹心保温、内保温和反打外保温；

(3)装饰一体化围护系统；

(4)多功能一体化围护系统。

2. 按照建筑部位分类

(1)屋盖围护系统；

(2)墙体围护系统；

(3)屋盖墙体一体化围护系统。

3. 按照材料分类

(1)水泥基围护系统；

(2)木结构围护系统；

(3)金属围护系统；

(4)玻璃单元式幕墙。

4. 按照结构功能分类

(1)承重外围护系统包括：预制混凝土剪力墙外墙板、兼有围护功能的预制混凝土梁柱、木结构承重组合结构等。

(2)非承重外围护系统包括：预制混凝土外挂墙板(PC 墙板)、玻璃纤维增强水泥墙板(CRC 墙板)、超高性能混凝土墙板(UHPC 墙板)、蒸压加气轻质混凝土墙板(ALC 板)、蒸压加气轻质纤维水泥板、压型保温复合钢板、木结构墙板。

5. 按照施工现场有无骨架组装分类

(1)预制墙板类

①预制混凝土外挂墙板

预制混凝土外挂墙板是安装在主体结构上，起围护、装饰作用的非承重预制混凝土外墙板，简称外挂墙板，如图 6-1 所示。它适用于抗震设防烈度不大于 8 度地区的混凝土结构或钢结构，构造设计详见国家建筑标准设计图集《预制混凝土外墙挂板(一)》(16J110—2 16G333)。

图 6-1　预制混凝土外挂墙板

按不同分类因素，预制混凝土外挂墙板又可分为以下几种类型。

a. 按建筑外墙功能分类，预制混凝土外挂墙板可分为装饰板系统和围护板系统，其中围护板系统又可以按建筑立面特征细分为竖条板体系、横条板体系、整间板体系和窗间墙板体系等，如图 6-2 至图 6-5 所示。横条板体系指将立面设计表现为横向线条，以楼层为单位划分若干开间的墙板作为一个预制构件；竖条板体系以竖向线条为主，以开间为单位划分竖向楼层的墙板作为一个预制构件；整间板体系指当外墙板预留窗洞口，每个开间是一块标准单元的外墙板；窗间墙板体系指当外墙板与窗洞分开时，可以将横向的上下侧窗台板或竖向的左右侧窗间板作为标准单元的外墙板。

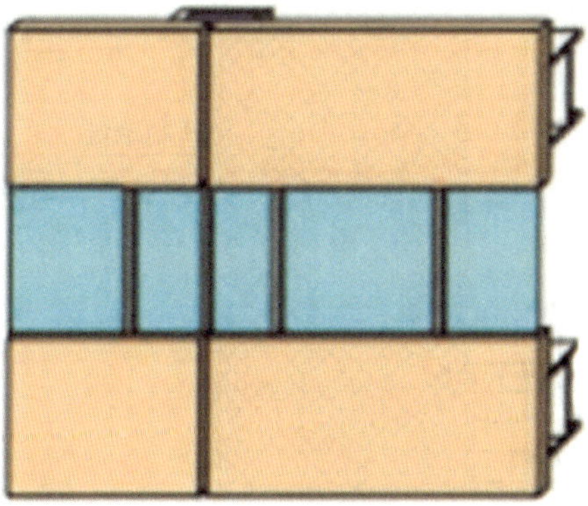

图 6-2　横条板体系

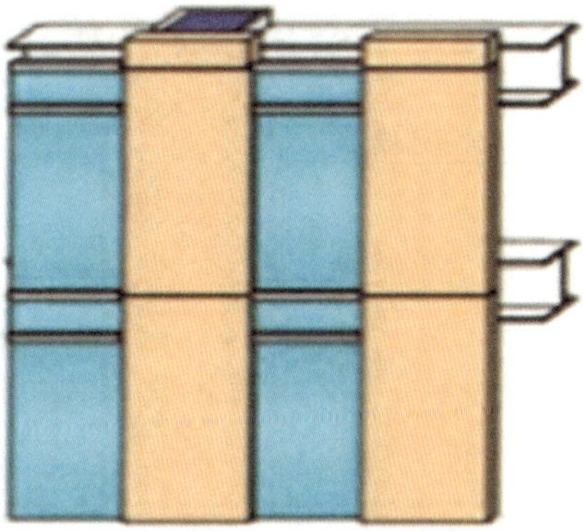

图 6-3　竖条板体系

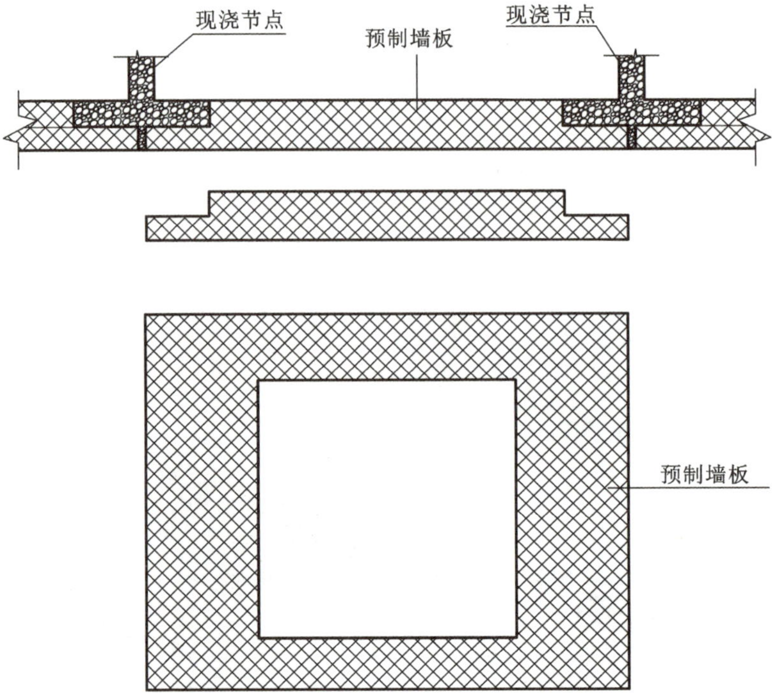

图 6-4 整间板体系

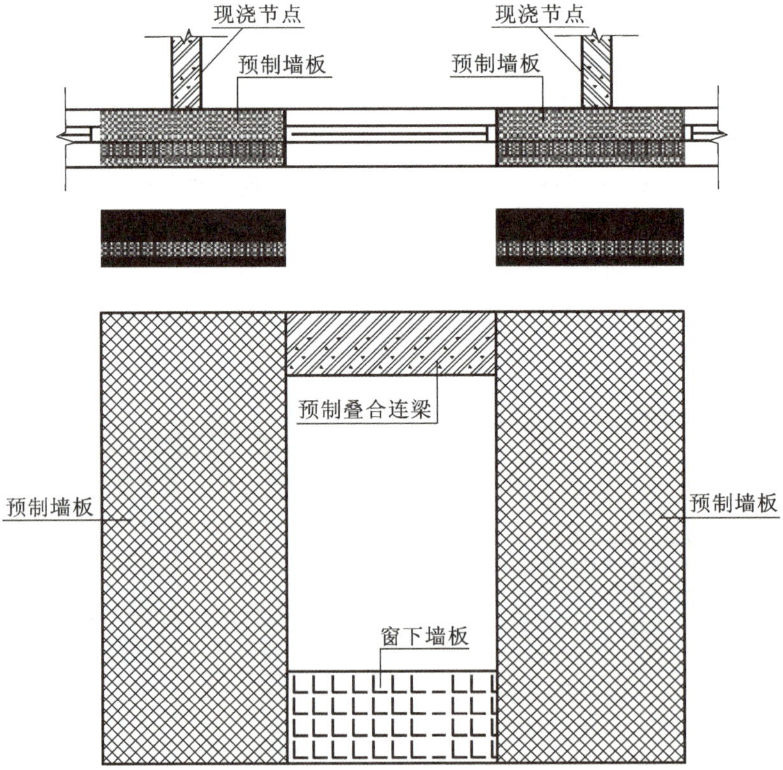

图 6-5 窗间墙板体系

b. 按保温类型分类，预制混凝土外挂墙板可分为外墙外保温系统、外墙内保温系统、夹心保温系统，如图 6-6 至图 6-8 所示。外墙外保温系统指将保温层置于主体墙材外侧的保温做法；外墙内保温系统指在外围护墙体内预设保温层的做法；夹心保温系统指外围护墙由内外两层板组成，保温层填充中间，并通过局部现浇及钢筋套筒连接等有效的连接方式组装。

c. 按结构形式分类，预制混凝土外挂墙板可分为预制钢筋混凝土复合保温外挂墙板、预制钢框架混凝土复合保温外挂墙板。

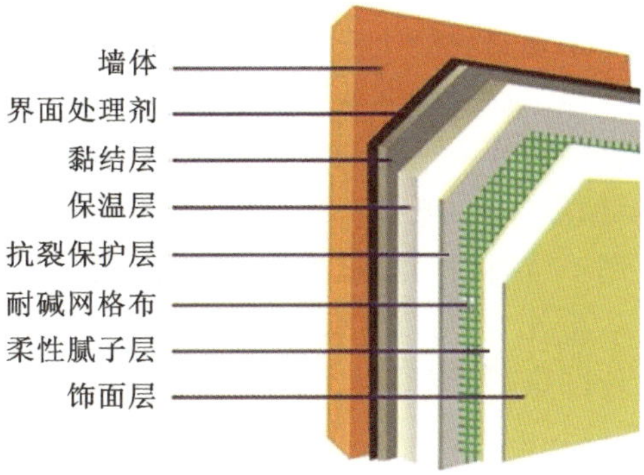

图 6-6　外墙外保温系统

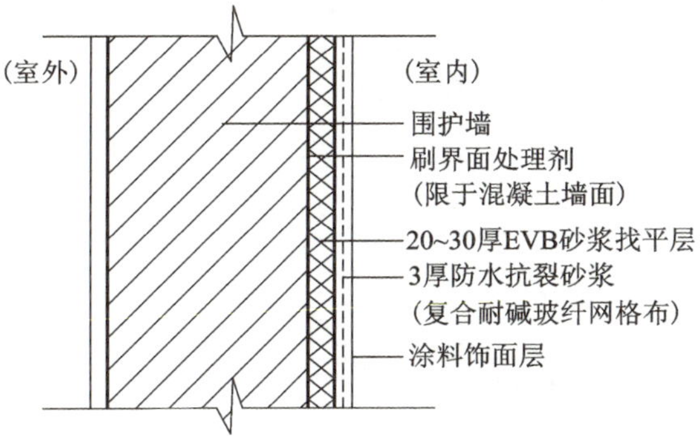

图 6-7　外墙内保温系统

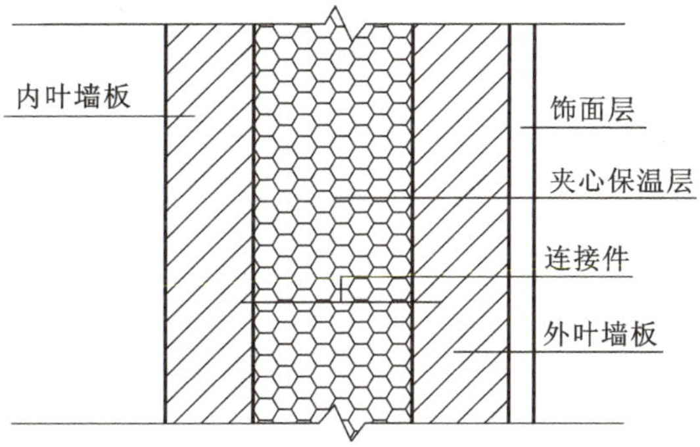

图 6-8　夹心保温系统

d. 按混凝土类型分类，预制混凝土外挂墙板可分为预制普通混凝土外挂墙板、预制轻质混凝土外挂墙板。

e. 按外立面效果分类，预制混凝土外挂墙板可分为预制清水混凝土外挂墙板、预制彩装混凝土外挂墙板，如图 6-9 和图 6-10 所示。预制清水混凝土外挂墙板是直接保留混凝土本身的肌理颜色，呈现出自然质朴的感觉。预制彩装混凝土外挂墙板是在混凝土板外刷彩色涂料或将混凝土与色料相混合制作出彩色混凝土，从而形成丰富的立面效果。

图 6-9　预制清水混凝土外挂墙板

图 6-10　预制彩装混凝土外挂墙板

f. 按生产工艺分类，预制混凝土外挂墙板可分为正打外挂墙板与反打外挂墙板。

②预制混凝土三明治夹心外墙板

预制混凝土三明治夹心外墙板由内叶板、外叶板、夹心保温层和连接件组成，其中连接件主要采用纤维增强塑料或不锈钢金属材料，保温层按材料可分为有机类保温层和无机类保温层，如图 6-11 所示。饰面层、保温层与结构同寿命，具有良好的耐久性、整体性以及防火性能。适用于抗震设防烈度 8 度及以下地区的高层建筑，包括混凝土结构中装配式外墙和钢结构中非承重外墙，目前在装配式混凝土剪力墙结构中的应用最为广泛，构造设计详见国家建筑标准设计图集《预制混凝土剪力墙外墙板》(15G365—1)。

图 6-11 预制混凝土三明治夹心外墙板

③蒸压加气混凝土条板

蒸压加气混凝土条板是一种集保温、隔热、隔声、防火与结构于一体的绿色建材，可根据保温和受力设计要求确定板材的厚度，如图 6-12 所示。它主要适用于钢结构以及混凝土结构建筑内墙，其中用于高层建筑时，强度等级不应低于 A3.5，用于多层建筑时，强度等级不宜低于 A3.0，与主体结构的连接方法主要有摇摆型工法、钩头螺栓法、内置锚法、滑动螺栓法等。

图 6-12 蒸压加气混凝土条板

蒸压加气混凝土板外墙应做饰面防护层，可采用金属或石材外饰面，也可采用涂料饰面，对于节能保温设计要求高的地区，可与其他轻型保温装饰板组合应用，以满足安全性、防水、防火以及耐久性等要求。以下为国内最具有代表性的两种蒸压加气混凝土条板。

a. ALC 板。ALC 板是蒸压加气轻质混凝土条板中最具代表性的一种，也是目前国内应用最为广泛的高性能蒸压加气混凝土条板，如图 6-13 所示。ALC 板主要以石灰、粉煤灰(或硅砂)、水泥等为主要原料，结合发泡工艺，经过高压蒸汽养护后形成的多气孔型混凝土板材，其中板体内部增强钢筋需特殊处理。ALC 板材根据用途分类，可分为 ALC 自保温外墙板、内隔墙板、屋面板、楼层板和防火板等，可直接应用于学校、医院、住宅等各种结构形式的建筑内、外墙。其相关技术要求及构造措施详见《蒸压加气混凝土制品应用技术标准》(JGJ/T 17—2020)和《蒸压轻质加气混凝土板(NALC)构造详图》(03SG715—1)。

图 6-13　ALC 板

b. CF 板。瓷粉蒸压加气混凝土板简称 CF 板，主要以陶瓷渣粉为原材料，墙体内设焊接钢筋网片，以生石灰、水泥等作为钙质材料，铝粉作发泡剂，经蒸压养护工艺而成的轻质绿色板材，如图 6-14 所示。CF 板将瓷粉等固体废弃材料资源化，具有轻质、高强、防火、保温、隔声、隔热等优点，符合我国建筑业“四节一环保”的发展要求。其具体技术要求及构造设计详见《装配式 CF 蒸压瓷粉加气混凝土墙板自保温系统构造》(L17ZJ110)、《装配式 CF 蒸压瓷粉加气混凝土墙板应用技术导则》。

图 6-14　CF 板

④复合夹心轻质条板

复合夹心轻质条板包含面板和填充材料，其中面板有纤维增强硅钙板、水泥硅钙板等，填充材料有水泥、粉煤灰、EPS 聚苯乙烯泡沫颗粒等，是一种轻质、节能复合板材，广泛应用于各种结构类型建筑的非承重内墙、分户墙、节能保温外墙等。

预制复合型墙板按材质分类，可分为钢筋混凝土绝热材料复合墙板、LCC-A 和 LCC-B 轻质复合墙板、钢丝网架水泥夹心板、LCC-C 轻质复合墙板、GRC 墙板等。

a. 钢筋混凝土绝热材料复合墙板。钢筋混凝土绝热材料复合墙板主要有内、外薄壁钢筋混凝土板、中间夹心保温板构成，保温板材料一般为岩棉或聚苯板。墙身单面混凝土层厚度不应小于 30 mm，保温层厚度可根据节能设计要求分为 50 mm、80 mm、100 mm 等几种规格。该板材体积密度较大、热惰性好，广泛应用于钢结构住宅中，施工方便、便于安装且有利于抗震处理。但由于保温层整体预制在复合板内部，在接缝处易形成热桥。

b. LCC-A 和 LCC-B 轻质复合墙板。LCC-A 和 LCC-B 两种轻质复合墙板是在钢筋混凝土绝热材料复合墙板的基础上研发的，其中 LCC-A 轻质复合墙板主要以隔热性能好的化学发泡材料作为墙板的夹心材料，以厚度小于 14 mm 的水泥压力板、硅酸钙板、水泥刨花板等板材作为墙身外墙面，以纸面石膏板、水泥刨花板、纤维石膏板等板材作为外墙板的内墙面或内隔墙的两侧墙面，墙面板具有良好的防火性能，可进行二次装饰。LCC-B 轻质复合墙板则主要以薄纤维水泥板作为面板，中间填充轻质芯料，与 LCC-A 轻质复合墙板具有相似的结构性能。

c. 钢丝网架水泥夹心板。钢丝网水泥夹心板骨架由高强冷拔钢丝焊接而成，形成三维空间网架，中间填充聚苯乙烯泡沫塑料、岩棉等阻燃型绝热材料，现场安装后，在墙身两侧喷抹水泥砂浆，形成钢丝网架水泥夹芯板，如图 6-15 所示。该墙板根据材质不同可分为泰柏板、3D 板、太空板和舒乐舍板等几种类型。钢丝网架水泥夹心板主要应用于钢结构住宅的内、外填充墙、接层墙等，该墙体贴附在外墙的内侧（或外侧），经喷抹水泥砂浆处理后，可作为墙体保温层，满足节能设计要求。同样，钢丝网架水泥夹心板在使用中也存在墙板接缝处容易形成热桥的问题。

图 6-15　钢丝网架水泥夹心板

d. LCC-C 轻质复合墙板。LCC-C 轻质复合墙板是在钢丝网架水泥夹心板的基础上进一步优化而成，以三维钢丝网架作为骨架，聚苯乙烯板作为夹芯保温板，选用细石混凝土作为墙体两侧保护层，经工厂预制而成，具有良好的保温、隔热以及整体稳定性能。

e. GRC 墙板。玻璃纤维增强水泥复合板(简称 GRC 板)，是一种主要由低碱水泥、抗碱玻璃纤维、膨胀珍珠岩等材料复合而成的新型绿色墙体，如图 6-16 所示。与保温材料结合用于外围护墙体时，保温材料可选用挤塑聚苯板、聚氨酯板、岩棉板、无机保温砂浆板、模塑聚苯板等。GRC 墙板可广泛应用于钢结构建筑中。其物理性能见表 6-1。

图 6-16　GRC 墙板

表 6-1　GRC 墙板物理性能

项目	指标
体积密度/(kg/m^3)	≥2000
抗折强度/MPa	22～26
抗冲击强度/(kJ/m^2)	≥8～10
吸水率/%	≤9.3
干缩性/%	0.12

⑤预拼装大板

预拼装大板是采用钢结构框架或钢梁把数块小板(如 600 mm 宽 ALC 板)在平台上预先拼装连接在一起，其节点连接、接缝、表面防水和油漆等细部构造措施均在地面平台提前完成，之后整体吊装与结构主体连接。预拼装大板可有效提高施工效率，接缝、防水等细部构造措施质量得以保证。

⑥FK 轻型预制外围护系统

FK 板以轻型钢龙骨为支撑，与新型墙体材料复合而成，同时具有外围护功能和装饰功能，可满足建筑外围护系统的抗风压、抗阻尼、水密、气密、防火、保温、隔声、耐候等设计要求，主要适用于 100 m 以下的装配式建筑外围护墙体。

FK 轻型预制外围护系统的具体技术要求及构造措施详见《FK 轻型预制外围护系统技术

规程》《FK 轻型预制外围护系统产品设计图集》和《FK 轻型预制外围护系统企业标准》。

(2)骨架组装类

骨架组装类外墙主要以镀锌轻型龙骨为钢骨架，由内、外面层和填充层组装而成，钢龙骨一般现场安装，也可以预制拼装后现场整体装配，如图 6-17 所示。

图 6-17　钢骨架轻型外墙板

骨架组装类墙体具有以下技术要点。

①钢骨架一般选用镀锌轻钢(0.8～1.5 mm 厚)，与主体结构之间采用弹性连接方式，可很好地吸收结构变形。

②外面层材料可选用具有拉结措施的薄型砌块、OSB 板(欧松板)、水泥纤维板、乙烯条板、金属面板等。

③内面层材料一般选用 OSB 板(欧松板)或石膏板。

④填充层材料有铝箔玻璃棉毡、喷聚苯颗粒、岩棉、石膏砂浆等。

⑤根据设计要求可设置功能膜，如防水膜、反射膜、隔汽膜等。

(3)幕墙类

幕墙作为建筑的外围护墙体，具有独特的装饰效果，但不承重，广泛应用于大型和复杂造型建筑中，主要由骨架、面层、结构连接材料和密封材料组成。各组成部分主要材质见表 6-2。幕墙系统按照不同分类标准，可分为以下类型。

表 6-2　幕墙组成材质

幕墙系统组成	骨架	面层	结构连接材料	密封材料
主要材质	钢	玻璃	玻璃胶	密封胶条
	不锈钢	金属	双面胶	硅酮耐候胶
	铝合金	石材	角钢(铝)	密封衬垫材料
	—	人造板材	螺栓	—

①按材质分类，幕墙可分为玻璃幕墙、金属幕墙、石材幕墙和人造板材幕墙，如图 6-18 至图 6-21 所示。玻璃幕墙按玻璃类型分类，可分为单片玻璃幕墙、胶合玻璃幕墙、中空玻璃幕墙；按安装方式分类，可分为全玻璃幕墙(包括吊挂式和坐地式)、玻璃砖幕墙(包括框架式和填

充式)、点接驳式玻璃幕墙(包括拉杆式、拉索式和桁架式)。金属幕墙按材质分类,可分为铝板幕墙、铝塑板幕墙、彩钢板幕墙、不锈钢板幕墙、钛合金板幕墙等。人造板材幕墙可分为千思板幕墙、蜂巢复合板幕墙、钙塑板幕墙、陶瓷板幕墙和预铸造型水泥加工板幕墙等;石材幕墙可分为短槽式、通槽式、背栓式、组合式、钢销式、湿贴式、蜂窝式和小单元式等。

图 6-18　玻璃幕墙

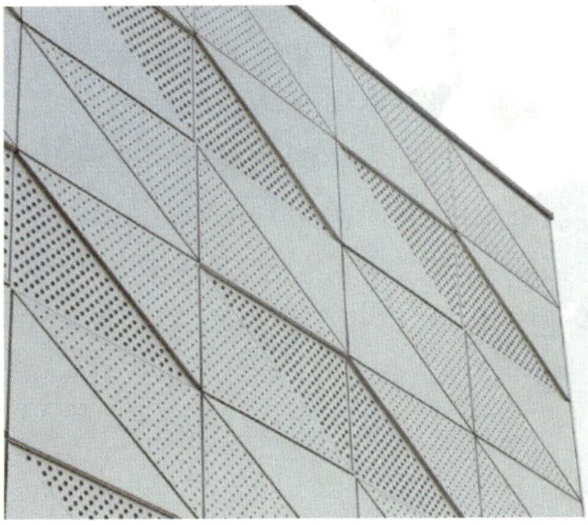

图 6-19　金属幕墙

图 6-20　石材幕墙

图 6-21　人造板材幕墙

②按构件分类,幕墙可分为框架式(元件式)和单元式两种。框架式幕墙又可以分为明框式、隐框式、横明竖隐式和横隐竖明式。单元式幕墙又可以分为单元式、半单元式和小单元式。

③按封闭类型,幕墙可分为封闭式和开放式(如双层玻璃幕墙)。

6.1.3　外围护系统的特点

为了抵御风雨、温度变化、太阳辐射等,装配式外围护系统应具有保温、隔热、隔声、防水、防潮、耐火、耐久等性能。除上述功能外,装配式外围护系统还应满足建筑艺术装饰的要求。

装配式外围护系统相较于传统外围护系统具有以下几个显著特点:

(1)施工效率高。装配式外围护系统采用工厂预制和现场组装的方式,可以大大缩短施工周期,提高施工效率,节约时间和人力成本。

(2)质量可控。装配式外围护系统在工厂环境下进行预制,能够对材料和构件进行严格的质量控制和检测,保证产品质量稳定可靠,降低施工过程中的质量风险。

(3)资源利用率高。装配式外围护系统采用标准化、模块化设计和生产,能够最大限度地节约建筑材料和资源，减少浪费，降低成本。

(4)环保节能。装配式外围护系统可以采用环保材料，结合先进的节能技术，提高建筑的能效性能，减少能源消耗，有利于可持续发展和环境保护。

(5)设计灵活性强。装配式外围护系统具有灵活的设计和组合方式，可以根据不同的建筑需求进行个性化定制，满足建筑的各种设计要求。

(6)施工安全性高。装配式外围护系统在工厂环境下进行预制，减少了施工现场的施工人员数量和施工风险，提高了施工安全性。

(7)建筑周期短。装配式外围护系统施工快速，可大幅缩短建筑工程施工周期，加快项目落地速度，提高投资回报率。

(8)适用范围广泛。装配式外围护系统适用于各种建筑类型和用途，包括住宅、商业、工业、公共建筑等，具有较广泛的应用前景和市场需求。

6.2 装配式建筑外围护保温系统

外围护系统的保温隔热、气密性是影响寒地建筑室内舒适性的关键因素，国内相关学者通过对建筑室内环境进行实地观测，得出建筑外墙、门窗、屋面部位是影响建筑热舒适性的主要因素。国外利用热像图反映装配式建筑建造情况，图 6-22 清楚地反映窗户周围、材料间接缝、金属部位都是发生热传导和能量损失的主要位置。预制外墙保温隔热性能比较好，传统砌筑外墙的保温性能比较差，尤其窗户周围、钢梁以及砌块缝隙处热能损失严重。在接缝良好的情况下，预制外墙板的窗框、金属连接件周围热量损失明显减少。

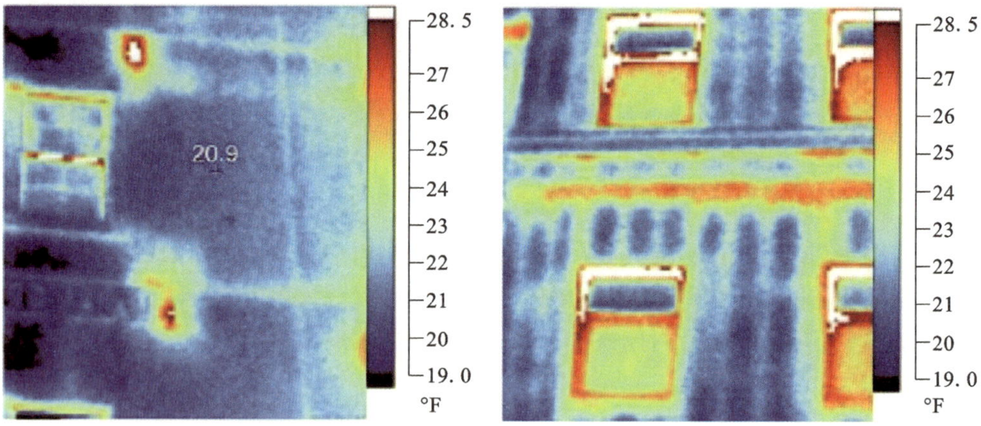

图 6-22 (左)预制外墙与(右)砌筑外墙的热像图

6.2.1 外围护系统保温的核心部分——外墙

从砖石、木建筑到现代建筑，外墙的形态无时无刻不在发生着变化，建筑外墙的边界日益模糊，但是作为建筑内外环境的过渡这个特征从未改变。外墙作为建筑保温的核心，不仅要满足使用者的功能要求，而且要达到规范对其承载力、保温隔热、防火隔声等性能的指标要求。

外墙是建筑与外界环境之间的重要界面，其保温性能直接影响着建筑的能耗和室内舒适度(图 6-23)。装配式建筑外墙保温的主要方法包括：

1. 外墙保温材料选择

常见的外墙保温材料包括聚苯板、岩棉板、玻璃棉板等，这些材料具有良好的隔热性能和抗压性能，能够有效减少热量传输。

2. 外墙保温结构设计

采用适当的保温结构设计，如夹心保温、外保温等，以减少冷热桥效应，提高外墙的整体保温性能。

3. 外墙保温施工工艺

采用现代化的施工工艺，如预制装配、干挂等，以确保外墙保温材料的正确安装和有效密封，提高施工效率和保温效果。

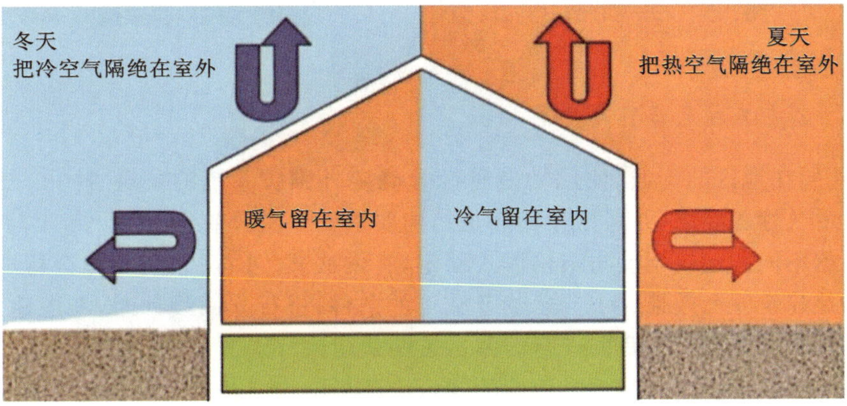

图 6-23　外墙保温隔热

6.2.2　外围护系统保温的重要部分——屋顶

随着建筑保温、防水材料的多样化，建筑屋面形式有更多选择，其性能也得到提高。对于有造型要求的建筑，屋顶常作为建筑的第五立面，需要考虑承载力、刚度和稳定性等。同时屋顶是建筑中热量损失较大的部位之一，其保温性能直接影响着建筑的能耗和节能效果。装配式建筑屋顶保温的主要方法包括：

1. 保温层选择

选择适当的保温材料，如聚苯板、聚氨酯泡沫板等，覆盖在屋顶结构上，形成保温层，减少热量传输。

2. 屋顶结构设计

设计合理的屋顶结构，增加保温层厚度，减少热量散失，提高保温效果。

3. 屋顶防水保护

确保屋顶保温材料的防水性能，防止水汽渗透，保证屋顶保温层的长期稳定性。

6.2.3　外围护系统保温的关键部位——门窗

门窗是建筑中热量交换最为显著的部位，其保温性能直接影响着建筑的整体能耗和室内舒适度。装配式建筑门窗保温的主要方法包括：

1. 隔热材料选择

选择具有优良隔热性能的材料，如双层或三层中空玻璃、PVC 窗框等，以减少热量传导和散失。

2. 密封设计

采用高性能密封材料，确保门窗与墙体之间的密封性能，防止冷热空气交换，提高保温效果。

3. 框体结构设计

合理设计门窗的框体结构，增加隔热层厚度，减少热量传输，提高保温性能。

通过对外墙、门窗和屋顶等关键部位的保温设计和施工，装配式建筑可以有效提高整体的保温性能，实现节能减排的目标，为建筑环境提供更加舒适和可持续的居住体验。

6.3 装配式建筑外围护系统的设计要求

6.3.1 外围护系统整体性及规范汇总

根据建筑所在地区的气候、使用功能等综合确定外围护系统的抗震、防火、气密性、隔声性、热工性及耐久性等要求，并考虑屋面满足结构要求。外围护系统的设计年限与建筑主体结构相协调；根据不同的建筑类型与结构形式而定，有内嵌式、外挂式等；要符合标准化、系列化和通用化，满足建筑立面效果、生产、运输及施工的条件；进行立面设计时，考虑建筑的构成条件、材料颜色和质感等要求。我国现行规范对装配式建筑外围护系统的设计内容，根据不同建筑构件位置，不同构件设计内容都有明确的规定，有关外墙、门窗及屋顶规范摘引见表 6-3。

表 6-3 与装配式建筑外围护系统相关规范摘引

构件名称	设计内容	引用规范
建筑门窗	铝合金门窗设计	《铝合金门窗工程技术规范》(JGJ 214—2010)
	塑料门窗设计	《塑料门窗工程技术规程》(JGJ 103—2008)
建筑外墙	采用预制混凝土墙板	《装配式混凝土结构技术规程》(JGJ 1—2014)
	采用蒸压加气混凝土墙板	《蒸压加气混凝土制品应用技术标准》(JGJ/T 17—2020)
	采用木骨架组合墙体	《木骨架组合墙体技术标准》(GB/T 50361—2018)
	玻璃幕墙设计	《玻璃幕墙工程技术规程》(JGJ 102—2003)
	金属与石材幕墙设计	《金属与石材幕墙工程技术规程》(JGJ 133—2001)
	人造板材幕墙设计	《人造板材幕墙工程技术规范》(JGJ 336—2016)
建筑屋顶	根据屋面防水等级进行防水设计	《屋面工程技术规范》(GB 50345—2012)
	太阳能系统与屋面一体化设计，考虑电气性能	《民用建筑太阳能热水系统应用技术标准》(GB 50364—2018)
	太阳能系统与屋面一体化设计，考虑电气性能	《建筑光伏系统应用技术标准》(GB/T 51368—2019)
	采光顶与金属屋面设计	《采光顶与金属屋面技术规程》(JGJ 255—2012)
围护结构	建筑节能性能评价及评价报告	《建筑围护结构整体节能性能评价方法》(GB/T 34606—2017)

6.3.2　外围护系统外墙构造及接缝要求

根据气候条件，外墙板接缝合理选用构造防水、材料防水相结合的防水措施。综合考虑外墙板材料、立面分格、结构层间位移、温度变化等，确定外墙板接缝宽度和材料；所选用的接缝材料及构造应满足防水防渗、抗裂、耐久等要求；材料与外墙板紧密连接，也要与支撑结构的连接处设置阻断热桥构造。

在保证支撑结构整体受力的前提下，外墙板与支撑结构的连接采用柔性连接方式，适应支撑结构的变形能力；连接节点应牢固可靠、受力明确、传力简捷且构造合理；在受力极限内，连接节点不应发生破坏，且单个连接节点失效时，外墙板不能脱落；节点设计要便于标准化、通用化、易于运输和现场安装，连接件的耐久性应符合设计使用年限要求。由于在外墙板方面，对于外墙板与支撑结构的连接构造以及整个外墙体系的安全性、功能性以及耐久性的规定比较匮乏，目前只针对具体外墙板做出过相关规定。以下为装配式建筑外墙的两种形式：

(1)预制外墙板使用的材料包括混凝土、龙骨、基板、面板、保温材料、密封材料、连接固定材料等，各种材料、整体预制条板和复合夹芯条板符合国家现行标准的规定，比如预制构件的混凝土强度等级不宜低于 C30，预应力混凝土预制构件的混凝土强度等级不宜低于 C40，且不应低于 C30。非承重外墙使用燃烧性能等级为 B1 或 B2 级夹芯保温材料，其内外叶墙板材料厚度不应小于 50 mm 且不燃烧。预制外墙板的性能、连接构造、板缝构造、内外面层做法等都应满足现行相关标准的规定，构造形式有拼装大板、横条板和竖条板，安装方式有钩头螺栓法、滑动螺栓法、内置锚法、摇摆型工法等。

(2)装配式骨架外墙采用的骨架具有足够的承载力、刚度和稳定性，与支撑结构连接可靠，应进行整体及连接节点的验算。根据墙板特点和形式进行墙体整体防水，当墙内设电气线路时，对其进行穿管保护。因骨架材料的不同，将装配式骨架外墙板分为金属骨架组合外墙、木骨架组合墙体。金属骨架需设置有效的防腐蚀措施，骨架外部设防护层，中部设隔离层和保温层，内部设内饰层。木骨架组合墙体应符合《木骨架组合墙体技术标准》(GB/T 50361—2018)的规定，与支撑体的连接用可靠的连接件，内侧墙体选用的石膏板应耐火、防潮，外侧墙板材料宜采用防潮型纸面石膏板或水泥纤维板等，填充材料等级应为 A 级燃烧性能，多采用岩棉或玻璃棉等材料用于保温隔热、隔声吸声。

6.3.3　外围护系统门窗及屋面设计要求

外门窗采用的应是工业化生产的标准构件，且带有批水板的外门窗配套构件，利于防止雨水渗透。外门窗与墙体连接可靠，门窗洞与窗框接缝处保温性能、气密性能和水密性能不低于外门窗的相关性能。预制外墙中的门窗固定有企口、预埋两种方式，同时也有两种施工方式，一种在工厂将门窗与外墙整体成型称为预装法，另一种在门窗洞口设置预埋件称为后装法。建筑屋面设计应符合现行国家规范规定，例如屋面防水等级应符合国家标准《屋面工程技术规范》(GB 50345—2012)。根据不同建筑类型、造型，宜选择单元式幕墙系统。由于板面材料不同，选择相应的幕墙结构、配套材料和构造方式等。幕墙与支撑体有适应层间变形的能力，与支撑体的连接部分能承受幕墙传递的荷载和作用，连接件与支撑体的锚固极限承载力应大于连接件本身的全塑性承载力。

6.3.4 外围护系统设计的难点及关键环节

1. 外围护系统的集成化

装配式外围护系统突出集成化和预制化，不同于现浇混凝土及非装配式建筑的常规做法，装配式建筑外围护系统在装配式建筑中承担了多重功能，是装配式建筑设计、制作、施工的难点和关键环节之一。

2. 连接节点的处理

选择安全可靠的节点形式，使围护结构既满足结构性能要求，又实现保温隔热功能，做到结构、围护、保温一体化。

3. 建筑美学的表达

装配式建筑具有模块化、标准化的特点，而建筑外围护呈现的艺术效果也是其重要功能之一。

4. 行业标准的不成熟

目前，我国的装配图集和规范标准不统一，部品部件生产未成体系，构件尺寸参差不齐，阻碍了装配市场的发展，不利于产业化进程。近年来，国家开始倡导新型材料的研发，而此类建筑材料价格偏高，短期内大规模推广困难。

课后思考题

1. 装配式建筑外围护系统按照施工现场有无骨架组装可分为哪些？
2. 外围护系统保温的核心、重要和关键部分分别是哪些？
3. 简述装配式建筑外墙保温的主要方法。
4. 简述装配式建筑门窗保温的主要方法。
5. 简述外围护系统设计的难点及关键环节。

参 考 文 献

[1] 安百平，崔文涛，赵桂云. 装配式建筑外围护系统分析[J]. 建筑技术，2018，49(S1)：191-193.

[2] 陈学忠. 寒地装配式建筑外围护系统关键技术比较研究[D]. 长春：吉林建筑大学，2019.

[3] 吴刚. 装配式建筑[M]. 北京：中国建筑工业出版社，2020.

[4] 田春雨，王晓锋，赵勇，等.《建筑业 10 项新技术（2017 版）》装配式混凝土结构技术综述[J]. 建筑技术，2018，49(3)：254-259.

[5] 张睿峰. 北方严寒地区既有建筑围护结构的节能改造技术[J]. 建筑技术，2017(05)：465-469.

[6]《建筑施工手册》(第五版)编委会. 建筑施工手册 3[M]. 5 版. 北京：中国建筑工业出版社，2012.

[7] 装配式钢结构建筑技术标准：GB/T 51232—2016[S]. 北京：中国建筑标准设计研究院有限公司，2017.

[8] 陈卫平. 装配式混凝土结构工程施工技术与管理[M]. 北京：中国电力出版社，2019.

[9] 肖明和，苏洁. 装配式建筑混凝土构件生产[M]. 北京：中国建筑工业出版社，2018.

[10] 关瑞，任媛. 装配式混凝土结构[M]. 武汉：武汉大学出版社，2018.

[11] 胡军林. 装配式混凝土预制构件制造技术[M]. 长沙：中南大学出版社，2020.

[12] 刘学军，詹雷颖，班志鹏. 装配式建筑概论[M]. 重庆：重庆大学出版社，2020.

[13] 赵富荣，李天平，马晓鹏. 装配式建筑概论[M]. 哈尔滨：哈尔滨工程大学出版社，2019.

[14] 文林峰. 装配式木结构技术体系和工程案例汇编[M]. 北京：中国建筑工业出版社，2019.

[15] 袁翱. BIM 工程概论[M]. 成都：西南交通大学出版社，2017.

[16] 张立茂，吴国贤. BIM 技术与应用[M]. 北京：中国建筑工业出版社，2017.

[17] 李云贵. 建筑工程设计 BIM 应用指南[M]. 北京：中国建筑工业出版社，2017.

[18] 罗琼，王娜. 装配式建筑施工技术[M]. 重庆：重庆大学出版社，2023.

[19] 程国强. BIM 改变了什么：BIM＋建筑施工[M]. 北京：机械工业出版社，2018.

[20] 刘凯，张英彤，段万国，等. 国内外装配式建筑发展现状及趋势[J]. 北方建筑，2021，6(03)：5-9.

[21] 刘伟. 浅谈装配式建筑的现状与发展前景[J]. 居业，2023(08)：181-182.

[22] 黄国财. 装配式建筑发展现状与发展策略研究[J]. 住宅与房地产，2023(26)：57-59.

[23] 谢红波，许红升，夏勇. 装配式建筑的发展现状与前景分析[J]. 广东建材，2024，40(04)：153-156.

[24] 韩赟聪，王江. 国内外装配式建筑发展简述[J]. 居舍，2017(16)：47-48.

[25] 王莹瑞，潘和平，蔡伟芹. 中国装配式建筑产业政策、现状及发展趋势探究[J]. 安徽建筑大学学报，2020，28(04)：47-51.